EDITION Gefiederte Welt

Horst Bielfeld

# Kanarien

Gesangskanarien, Farbenkanarien, Positurkanarien, Mischlinge

5., vollständig überarbeitete Auflage
80 Farbfotos
26 Zeichnungen

Ulmer

# Inhalt

## Mischlinge 154



## Serviceseiten 174

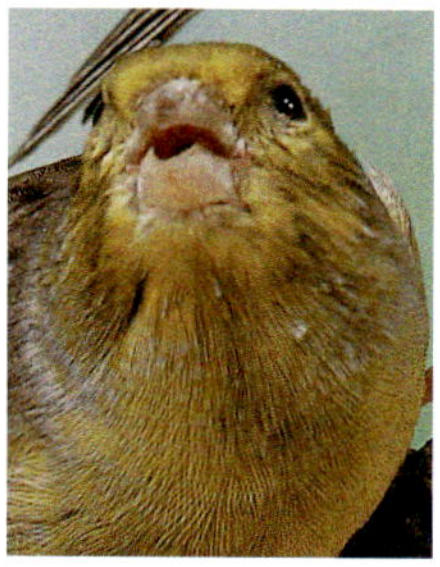

# Vorwort und Dank

Der Kanarienvogel gehört zu den beliebtesten Heimtieren. Er begeistert unzählige Vogelliebhaber mit seinem herrlichen Gesang und seinem schönen Aussehen. Immer mehr Menschen halten einen Kanarienvogel, um mit ihm ein wenig die Natur ins Heim zu holen, die uns Menschen im letzten Viertel des vergangenen Jahrhunderts ständig mehr zu entfremden drohte.

Zwar hat der Wellensittich in seinen mehr als 150 Jahren der Heimtierwerdung einen Siegeszug ohnegleichen angetreten, doch braucht der Kanarienvogel deswegen um seine Beliebtheit nicht zu fürchten. Ist der Wellensittich ein Clown, ein lauter, fröhlicher Spielgeselle, so ist der Kanarienvogel ein sanfter Sänger, der mehr beglückt als erheitert. Seine Farben sind mild bis feurig, doch nie bunt.

Für den Vogelliebhaber, der aus Freude seine Pfleglinge so hält, dass sie zur Brut schreiten und ihn mit Nachwuchs beglücken, ist der Kanarienvogel in idealer Weise geeignet. Er begnügt sich mit wenig Raum. Das Weibchen baut ein napfartiges Nest, also oben offen, sodass es dem Züchter gestattet ist, den ganzen Brutablauf, die Fürsorge der Eltern und die Entwicklung der Jungen unmittelbar mitzuerleben. Werden andere Vögel für die Brutzeit ängstlich und heimlichtuerisch, einige größere sogar bösartig, so wird der Züchter bei den Kanarien dann geradezu zum Vertrauten. Diese enge Bindung des Kanarienvogels an den Menschen, begründet durch seine fast fünfhundertjährige Domestikation, ist eine ganz besondere Quelle der Freude und Erbauung.

Weiterhin bietet der Kanarienvogel durch seine Mutationsfreudigkeit und die daraus entstandene Vielfältigkeit ein Betätigungsfeld für den experimentierenden Züchter. Ob er bei den Gesangskanarien den Gesang zu noch mehr Reinheit und Vielseitigkeit zu verbessern sucht, oder Farbenkanarien in die Gesangsstämme einkreuzen möchte, ob er neue Farben oder Positurvögel erzüchtet, oder sich gar der Mischlingszucht verschreibt, er wird mit den Kanarien ein ausfüllendes Hobby finden, das ihn nicht mehr loslässt. Der freundschaftliche, faire Wettstreit mit Züchterkollegen um den Lorbeer des besten Vogels ist ein weiterer Aspekt der Kanarienzucht. Durch die Auswahl der Besten auf den jährlichen Schauen erfährt die Kanarienzucht eine stetige Aufwärtsentwicklung. Gerade in den letzten Jahren haben sich Verbesserungen in allen Sparten der Kanarienliebhaberei gezeigt. In der Farbenkanarienzucht sind interessante neue Farbspielarten entstanden. Der Farbenzüchter, der sich dem Neuen verschrieben hat, muss zu einem Amateurgenetiker werden, denn es gibt Hunderte von Verpaarungsmöglichkeiten. Er muss mit den unterschiedlichen Vererbungsregeln vertraut sein, will er sein Ziel erreichen.

Dieses Buch wendet sich an den Liebhaber eines einzelnen Vogels, der ihn seines Gesanges, seiner Farben und der Gesellschaft wegen pflegt. Er wendet sich gleichzeitig aber auch an den Kanarienzüchter, egal, ob er nun ein Paar des Erlebnisses wegen hält, oder aber eine größere Zucht aufbaut, um eine oder mehrere Rassen zu vermehren und zu verbessern. Hierin sollen Ratschläge für jeden sein. Sie sollen ihm helfen, seinem Hobby erfolgreich und zum Wohle seiner Pfleglinge nachzugehen.

Es wäre mir kaum gelungen, dieses Buch in seiner Vielseitigkeit zu schreiben, hätten mir nicht zahlreiche Kanarienliebhaber und

-züchter ihre Erfahrungen mitgeteilt, mir ihre Aufzeichnungen und Fachbücher ausgeliehen und ihre Vögel zur Verfügung gestellt, damit ich sie fotografieren konnte. Ihnen allen sei an dieser Stelle herzlich gedankt, vor allem den Herren Herbert Faber, Walter Fischer, Dr. Helmut Groeneveld, Joachim Hass, Andreas Heuer, Jean-Claude Huber, Karl Krieger, Horst Noffke, Paul und Elise Pütz, Georg A. Radtke, Helmut Rappenglitz, Heinz Schnoor, Karl Wendt sowie Frau Gisela Heumann. Ganz besonderen Dank bin ich dem aus seinem Amt geschiedenen Obmann der Arbeitsgemeinschaft der Farben-, Gestalts- und Mischlingskanarien (AFZ), Herrn Horst Tettenborn und seinem Nachfolger Paul Grünhagen schuldig.

Nun ist dieses Buch in seiner 5. Auflage erschienen, ein Beweis dafür, dass immer mehr Vogelliebhaber Kanarienvögel halten und züchten. Das Interesse am Buch zeigt, dass die Mehrzahl der Kanarienfreunde sich umfassend informieren will, um ihre Vögel besser pflegen, versorgen und züchten zu können.

Jameln, Herbst 2008
Horst Bielfeld

Aus den Kanarengirlitzen sind all die vielen Rassen und Spielarten des heutigen Kanarienvogels entstanden.

# Geschichtliches
## über den Kanarienvogel

Rechte Seite: Harzer Roller gelb intensiv und gelb schimmel mit Melaninzeichnung am Kopf, Pärchen.

### Der Kanarienvogel in der Natur

Der Kanarienvogel ist in der Familie der Finken (Fringillidae) zu Hause. Innerhalb der Unterfamilie Carduelinae gehört er der Gattung der Girlitze *(Serinus)* an. Als Wildvogel wird er darum häufiger **Kanarengirlitz** als Kanarienvogel genannt und heißt wissenschaftlich *Serinus canaria.*

Damit sind wir bei der Heimat des Kanarengirlitzes. Es sind die Kanarischen Inseln, ferner Madeira und die Azoren. Der eigentliche Girlitz *(Serinus serinus),* der ähnlichste Verwandte des Kanarengirlitzes, ist im gesamten europäischen Mittelmeerraum Jahresvogel, ferner im Nordwesten Afrikas. Bis dicht zu den Kanarischen Inseln und Madeira reicht also das **Verbreitungsgebiet** des Girlitzes. Es ist darum mit Sicherheit anzunehmen, dass der Kanarengirlitz früher mit dem Girlitz zu ein und derselben Art gehört hat. Einige Vögel sind vor langer Zeit auf die Inseln verschlagen worden und haben sich dort in etwas anderer Art weiterentwickelt als der Girlitz des Festlandes, der sich zur Zeit im ganzen westlichen Europa immer mehr nach Norden ausbreitet. Die **Beschreibung** des Wildvogels Kanarengirlitz: Länge 12,5 cm, das Männchen besitzt eine hellgrünlich gelbe Brust. Gelb sind Kehle, Gesichtsseiten und Überaugstreif. Bauch, Bürzel und Nackenseiten sind grün. Entlang der Brustseiten und Flanken zeigen sich grüngraue Strichelungen. Schwingen und Schwanz sind dunkel mit hellen Säumen, die Rückenmitte graugrün mit dunklen Stricheln, der Schnabel hell hornfarben, die Füße fleischfarben. Das Weibchen zeigt weniger Gelb, ist grauer und insgesamt matter gefärbt.

Auf den gut mit Büschen und Bäumen bewachsenen Inseln Gran Canaria, Teneriffa, Ferro, Gomera und Palma ist der Kanarengirlitz recht häufig. Er bevorzugt die Parklandschaft, also ein Gelände, in dem Baumbestände mit Grasflächen abwechseln. Dieses ist sowohl im Flachland wie an den Hängen der Berge recht häufig gegeben. In den vom Menschen geschaffenen Obstbaumplantagen und Gärten fühlt sich der Kanarengirlitz ebenfalls wohl und kommt bis in die Ortschaften. Dort zeigt er sich oft recht zutraulich.

Im Februar oder März beginnt die Brutzeit des Kanarengirlitzes. Jetzt singen die Hähne unermüdlich. Sie werben damit um ein Weibchen und grenzen ihr kleines Revier gegenüber Rivalen ab. Oft wird der **Gesang** im Balzflug vorgetragen, sonst von den Spitzen oder seitwärts herausragenden Zweigen kleinerer Bäume oder von Büschen. Das **Nest** wird zumeist in zwei bis 3 m Höhe in Gabeln des dünnen Geästs gebaut, manchmal auch in der Nähe des Baumstammes. Es wird recht kunstvoll vom Weibchen allein aus weichen Gräsern, Fasern und Pflanzenwolle gefertigt. Das Gelege besteht aus 3 bis 5 Eiern. Die **Brutzeit** beträgt 13 Tage, seltener 14 Tage. Das Weibchen brütet und wird während dieser Zeit, wie auch schon in der Balz- und Paarungszeit, vom Männchen gefüttert. Es werden zwei bis 3 Bruten nacheinander durch-

**Hinweis**

Im Gegensatz zu den domestizierten Kanarienweibchen beginnt das Kanarengirlitzweibchen erst zu brüten, wenn das Gelege vollständig ist.

Auf den Kanarischen Inseln werden die Vögel auch heute noch gerne an den Häusern gehalten.

geführt, was bei dem gleichbleibend milden Klima auf den Inseln und einem fortlaufend guten Futterangebot auch nicht verwunderlich ist. Nach der Brutzeit finden sich die Kanarengirlitze zu großen Flügen, ja zu regelrechten **Schwärmen** zusammen und ziehen unbeständig auf den Inseln umher.

Der Kanarengirlitz lebt von den verschiedensten **Wildkrautsämereien**. Es sind sowohl öl- wie mehlhaltige Samen in unterschiedlichsten Reifestadien. Unter den mehlhaltigen Samen ist Glanz, auch Kanariensaat und Spitzsaat genannt, besonders beliebt. Es ist ein zu den Gräsern zählendes Gewächs, das auf den Kanarischen Inseln heimisch ist und das jetzt in vielen Ländern der Welt für Kanarienvögel und andere Gefiederte angebaut wird. Zur **Jungenaufzucht** werden von den Wildvögeln neben vielen halbreifen Sämereien auch einige kleinere Insekten gesucht. Ferner werden süße, weiche Früchte verfüttert, vor allem Feigen, die wie manches Grünfutter zur ganzjährigen Nahrung der Kanarengirlitze gehören.

## Seine Zucht begann in spanischen Klöstern

Die Kanarischen Inseln wurden von den Spaniern im Jahre 1496 erobert. Seitdem brachten Soldaten und Seeleute, später auch Händler Kanarienvögel nach Spanien mit. Die kleinen, gelbgrünen Sänger erlangten sehr schnell große Beliebtheit und konnten wegen der damals noch abenteuerlichen und unregelmäßigen Seereisen längst nicht in der Zahl mitgebracht werden, in der sie begehrt waren. Die Preise für die Kanarienvögel stiegen so hoch, dass sich nur reiche Leute welche leisten konnten. Sie wurden ein besonderes Geschenk für die Damen und zwar in reich verzierten, oft sogar goldenen Käfigen. Mönche, schon immer praktisch und auf Einnahmen für ihren Orden und für die Kirche bedacht, begannen Kanarienvögel zu züchten. Bald konnten sie mit den Vögeln eigener Zucht schwungvollen **Handel** treiben. Die Vögel wurden nicht nur im eigenen Lande verkauft, sondern auch nach Italien, Frankreich und England. Um aber das Geschäft mit Kanarien für sich zu behalten, verkauften die spanischen Mönche keine Weibchen, sondern nur die **Männchen**. Diese waren ihres Gesanges wegen zuerst ja auch nur gefragt. Auf diese Weise war die **Zucht** der Kanarienvögel bis nahe zu 1600 ausschließlich Sache der Spanier.

## Italien und England, die nächsten Stationen seiner Domestikation

Auf welche Weise Kanarienweibchen nach Italien gelangt sind, wird immer ein Geheimnis bleiben. Vielleicht kamen mit einem Handelsschiff Wildfänge von den Kanarischen Inseln direkt nach Italien. Es kann aber auch sein, dass durch Zufall oder Schmuggel **Kanarienweibchen** aus den spanischen Zuchten nach Italien gelangten. Jedenfalls begann noch vor 1600 die Zucht von Kanarien in verschiedenen Städten Italiens. Hier kamen auch schon erste **Mutationen** vor, was aus Gemälden der damaligen Zeit hervorgeht: Es waren Vögel mit gelber Scheckung.

Ziemlich zur gleichen Zeit kamen auch Kanarienvögel nach England. Es war zu Zeiten Elisabeths I. von England, die gegen Ende des sechzehnten Jahrhunderts begeisterte Liebhaberin war und zur Pflege und Zucht eigens Bedienstete am Hofe hatte.

Wie zuvor in Spanien wurde es zur Mode unter den Edelleuten, einen Kanarienvogel zu halten. Doch erst in den Händen der „kleinen" Leute, der Handwerker und Arbeiter, begann die Zucht der Kanarienvögel größere Ausmaße anzunehmen. Wie es heute noch für die Engländer typisch ist, wurde bei der Zucht der Kanarienvögel vor allem Wert auf ihr **Erscheinungsbild** gelegt, auf äußere Merkmale und eine besondere Haltung. So entstanden schon frühzeitig die Vorfahren mancher **Gestaltsrassen**, von denen England ja so viele besitzt. Auf die Kultivierung eines besonders schönen Kanariengesanges wurde dagegen kaum Wert gelegt.

Nachdem die Spanier das Monopol der Kanarienzucht verloren hatten, muss neben Italien und England noch Frankreich als Wegbereiter der Kanarienliebhaberei und -zucht angesehen werden. So sollen schon während der Hugenottenverfolgung gegen Ende des 16. Jahrhunderts und einhundert Jahre später, als viele von ihnen Frankreich verließen, Kanarienvögel verschiedener Färbung nach England, Holland, Deutschland und der Schweiz mitgebracht worden sein.

## In Tirol wurden Kanarienzucht und -handel zum Broterwerb

Von den in Italien gezüchteten Kanarienvögeln wurden etliche über die Alpen nach Deutschland gebracht. Dabei kam es schon um 1600 zu Zuchten in Tirol. Die **Bergarbeiter** in den Tiroler Orten erkannten in der Zucht der Kanarienvögel bald einen lohnenden Nebenverdienst. Für viele von ihnen wurde die Kanarienzucht zum Broterwerb, zumal die Arbeit unter Tage schwer, gefährlich und schlecht bezahlt war. Außerdem ging der Bergbau in Tirol zurück. Die Nachfrage nach Kanarien stieg dafür überall in Europa mehr und mehr. So entwickelte sich in dem nach allen Seiten günstig gelegenen Tirol eine Zucht- und Handelszentrale. Es wurde sogar eine Gesellschaft in Imst am Inn gegründet, die den Aufkauf der Vögel bei den Züchtern und den Versand in alle Welt betrieb.

Mit ihren hohen Holzgestellen auf dem Rücken wanderten die **Vogelhändler** durch ganz Europa. Oft hatten sie an die 200 Kanarienvögel in kleinen Holzbauern zu tragen. Es waren lustige und zähe Burschen, die mit einem Volksfest für die Monate ihrer strapazenreichen Wanderschaften von zu Hause verabschiedet wurden. Zwar wurden sie überall erwartet und hatten wenig Mühe, ihre Vögel zu verkaufen, doch kündigten sie sich oft mit lustigen Liedern an, die sie auf ihren Panflöten spielten.

In Tirol wurden viele Schecken und gelbe Kanarienvögel gezüchtet, aber auch schon weiße und Schecken in Weiß. Der Farbe maß man damals allerdings weniger Bedeutung bei. Es kam vor allem auf den **Gesang** der Kanarienhähne an. Wenn dieser auch von Natur bereits schön und abwechslungsreich war, so kam man in Tirol auf die Idee, den jungen Hähnen den Schlag der Nachtigall beizubringen.

**Hinweis**

Nachtigallen wurden als Vorsänger gehalten, und siehe da, die jungen Kanarienhähne lernten mehr oder weniger perfekt, deren Gesang nachzusingen. Es waren die sehr begehrten „Nachtigallenschläger".

Die Blütezeit der Tiroler Kanarienzucht war im 18. Jahrhundert. Dann klang sie langsam ab, zumal viele Tiroler in eine andere Gegend mit guten Verdienstmöglichkeiten im Bergbau gelockt wurden. Es war der Harz.

## Der Harzer Roller – ein Markenartikel für den Export

Die Tiroler Bergleute brachten natürlich auch Kanarienvögel mit in den Harz. Der durch seinen besonderen Gesang bald weltberühmte **Harzer Roller** oder Harzer **Edelroller** stammte also aus den Tiroler Zuchten. Es war zu Anfang des 19. Jahrhunderts, als die Zucht der Kanarienvögel im Harz „anlief". Nun wurden die Städte Europas von

**Hinweis**

In der Operette „Der Vogelhändler" und in Mozarts „Zauberflöte" wurden den Tiroler Vogelverkäufern musikalisch-fröhliche Denkmäler gesetzt.

hier mit Kanarienvögeln beliefert, ab 1842 auch Amerika. Die Zucht nahm einen rasanten Aufschwung, und gegen Ende des 19. Jahrhunderts wurden schon mehr als eine Million der inzwischen berühmten Harzer Roller exportiert.

Die Zucht von Vögeln mit besonders schönem Gesang folgte der damaligen Geschmacksrichtung. Die großen Handels- und Exportfirmen verzeichneten eine große Nachfrage für hervorragende Sänger. So wurde auch von den Ankäufern eine Auswahl nach **Gesangsqualität** vorgenommen. Die Züchter erhielten mehr für gute Sänger, folglich verbesserten sie den Gesang ihrer Vögel nach Kräften. Um dieses zu erreichen, behielten sie die allerbesten Sänger, damit sie den jungen Hähnen als **Vorsänger** dienen konnten. Es war ja nicht mehr neu, dass der Kanarienvogel ein gutes **Nachahmetalent** besaß, hatte man ihnen in Tirol 100 und mehr Jahre zuvor ja schon den Nachtigallenschlag beibringen können. Natürlich war dieser nicht vererbbar, sondern musste, wie auch die Vollkommenheit im arteigenen Gesang, erlernt werden. Wird aber, wie beim Harzer Roller, eine Auslese der begabtesten Sänger über viele Generationen getroffen, so sind schon die Grundbegabung und die Fähigkeit dazuzulernen, weitaus größer als bei einem Landkanarienvogel, wie die einfachen, nicht nach Gesangsqualität gezüchteten Vögel genannt wurden. Natürlich war es auch der Initiative und dem Fleiß einiger besonders talentierter Züchter zuzuschreiben, dass Vögel mit so schönem Gesang gezüchtet werden konnten. Wilhelm Trute, Heinrich Seifert, beide aus St. Andreasberg, und Peter Erntges aus Elberfeld waren die bedeutendsten Züchter der **Harzer Gesangskanarien** in ihrer Entstehungszeit in der zweiten Hälfte des neunzehnten Jahrhunderts.

**Hinweis**

Die Zucht der Harzer Edelroller hatte um die Wende vom 19. zum 20. Jahrhundert ihren Höhepunkt. Von 1880 bis 1914 wurden die unbegreiflich hohen Exportzahlen erreicht.

## Die heutigen drei Zuchtrichtungen

Neben den in Deutschland gezüchteten und so berühmt gewordenen **Gesangskanarien** schlug man in anderen Ländern andere Richtungen in der Zucht der Kanarien ein. In England wurden schon früh Vögel mit besonderen figürlichen Merkmalen hervorgebracht, in Frankreich und bald auch in Holland die **„frisierten" Kanarienvögel**, die ein lockiges Gefieder tragen und in manchen Rassen obendrein noch von veränderter Gestalt waren. Die frisierten wie die glattfiedrigen Vögel mit besonderen körperlichen Merkmalen werden schon im 18. Jahrhundert erwähnt und beschrieben. Dass bei der Herauszüchtung besonderer Größe, eigentümlicher **Posituren** und einer Fülle gelockter Federn die Qualität des Gesangs nachließ, ist verständlich. So besitzen die meisten **Gestaltskanarien** einen recht lauten und schrillen Gesang.

Dies gilt auch für die Farbenkanarien, die heute die größte Beliebtheit aller Zuchtformen erlangt haben. Kanarienvögel anderer **Farben** als die des Wildvogels traten schon bald nach Beginn seiner regelmäßigen Zucht in Spanien und Italien auf. Zuerst waren es teilweise aufgehellte Vögel, die also gelbe Flecke im Gefieder aufwiesen. Aber auch Reingelbe erschienen schon vor 1600. Die Tiroler Kanarienvögel waren überwiegend Gelbe.

Außer der Mutation des teilweisen oder gänzlichen Melaninausfalls war auch schon früh die des gesamten Farbstoffausfalls im Gefieder vorgekommen. Schon aus dem Jahre 1667 wurde von reinweißen Kanarienvögeln in Deutschland berichtet, zuvor, nämlich um 1610 waren weiß gescheckte Kanarien auf Gemälden zu sehen. In Büchern des 17. und 18. Jahrhunderts werden auch graue und grau gezeichnete Vögel erwähnt. Braune Vögel traten ebenfalls gegen Ende des 17. Jahrhunderts auf, ferner die Achatvögel in Holland. Da zu der Zeit die **Vererbungsregeln** noch nicht bekannt waren, konnten diese **Mutationen** nicht lange erhalten werden. Die weißen und die grauen Kanrienvögel verschwanden ebenso wie die Achatvögel.

Farbenkanarien-Männchen, achat topas rot mosaik Typ 2.

Erst zu Beginn des 20. Jahrhunderts wurde die Farbenzucht von Kanarienvögeln richtig populär und zu einer Zuchtrichtung ihrer selbst wegen. Die jahrhundertelang ausgestorbenen Mutationen traten erneut auf, weitere kamen hinzu. Mit dem Wissen um die **Mendelschen Vererbungsregeln** war es nicht mehr so schwer, die Mutationen zu festigen, also Zuchtstämme dieser neuen **Farbspielarten** zu erzüchten. Die Forschungsarbeiten Dr. Hans Dunckers gaben Züchtern wertvolle Hinweise zur Anwendung der Vererbungsregeln.

**Hinweis**

Wohl das wichtigste Ereignis in der Farbenkanarienzucht war das Einkreuzen des Kapuzenzeisigs und damit die Realisierung des Traumes vom roten Kanarienvogel.

Zwar war es sehr mühsam, das **Rot** in die Kanarien zu bringen, denn nur ein geringer Prozentsatz der männlichen **Mischlinge** aus dem dafür eingekreuzten Kapuzenzeisig war fruchtbar, doch gelang es in jahrelanger Arbeit zwischen 1915 und 1925 einigen deutschen Züchtern, vor allem dem in Ostpreußen lebenden Bruno Matern. Seitdem ist die Farbenkanarienzucht sehr in den Vordergrund gerückt, zumal weitere Mutationen in den letzten Jahrzehnten und Jahren für eine noch größere Vielfalt sorgten. Die **Farbenkanarienzucht** bekam zwar in Deutschland einige der wichtigsten Impulse, doch wurde sie im Ausland, namentlich in Holland und Belgien viel fleißiger betrieben. Seit Ende der fünfziger Jahre des 20. Jahrhunderts nimmt aber auch bei uns die Farbenkanarienzucht ständig zu, sodass sie die Zucht der Gesangskanarien überflügelt hat.

Einige ernsthafte Züchter bemühen sich heute um die Integration von **Farbe und Gesang** bei den Kanarienvögeln. Es ist ein langsamer und mühsamer Prozeß, in die Farbenkanarien den herrlichen Gesang guter Harzer Roller zu übertragen. Ebenso schwierig dürfte es sein, andere als die traditionellen Farben, Gelb, Grün und Gescheckt in die Stämme der Gesangskanarien zu kreuzen, ohne Einbußen in der Qualität des Gesanges hinnehmen zu müssen. Dieses ist inzwischen schon vielfach gelungen und es sind rotgrundige und weiße Vögel in verschiedenen Rassen zu bewundern und zu hören. Dies bedeutet eine **vierte Richtung** in der Kanarienzucht – oder die Verschmelzung zweier Richtungen.

# Haltung und Pflege des Kanarienvogels

Rechte Seite: Harzer Roller gelb schimmel mit Melaninzeichnung im Nacken, Männchen.

Die meisten Kanarienvögel werden in den Zoofachgeschäften von Liebhabern gekauft, die sich einen singenden, gefiederten Hausgenossen wünschen.

## Als singender Stubenvogel

Die guten Sänger sitzen beim Händler einzeln in kleinen Bauern, ohne andere Vögel sehen zu können, und üben fleißig ihren schönen Gesang. Es ist für den Liebhaber darum meistens nicht schwer, den Gesang der verschiedenen Vögel abzuhören. Nur etwas Zeit ist mitzubringen, um die in der Qualität und im Repertoire unterschiedlichen Gesänge der Vögel vergleichen zu können. Über die Beurteilung des Gesanges wird bei der Beschreibung der einzelnen Gesangsrassen ab Seite 68 im Einzelnen eingegangen.

**Hinweis**

Wer Wert auf einen besonders guten Sänger legt, sollte einen Fachmann beim Kauf mitnehmen, vorher Schauen von Gesangskanarien besuchen oder Cassetten/CDs von hervorragenden Kanariensängern anhören. Im Zoofachhandel und in den Fachzeitschriften werden diese Tonträger stets angeboten.

Ansonsten möchte ich raten, einen Gesangskanarienvogel ganz nach eigenem Geschmack auszuwählen, sowohl was den Gesang als auch die äußere Erscheinung betrifft. Zu achten wäre nur darauf, dass der Gesang nicht zu laut und zu schrill ist, was besonders bei den farblich abweichenden, den orangen, roten, weißen und schiefergrauen Vögeln vorkommt. Sie sind eben mehr Farben- als Gesangsvögel.

## Die richtige Unterkunft

Vogelbauer für einzelne Kanarien gibt es in großer Auswahl im Zoofachhandel zu kaufen. Sie können gern nach Ihrem eigenen Geschmack bei der Auswahl gehen, sollten dabei aber zwei Punkte im Auge behalten, die für das **Wohlbefinden des Vogels** wichtig sind: Das Bauer sollte groß genug sein. Die Mindestmaße sind 50 cm Länge, 40 cm Höhe und 30 cm Breite. Wenn junge Kanarienhähne für die Zeit ihrer gesanglichen Ausbildung und vom Händler vor dem Verkauf in den sehr kleinen Harzer Bauern gehalten werden, die nicht größer als 28 × 28 × 18 cm sind und Singbauer oder Einsatzbauer genannt werden, so ist das kein Grund, die Vögel auch weiterhin so beengt zu halten und auch von deren vorgeschriebenen **Mindestanforderungen** für die Haltung her nicht zulässig.

Während ihrer Entwicklung werden die jungen Kanarien von den Züchtern in großen Volieren im Zimmer oder Garten gehalten, wo sie nach Herzenslust fliegen können. Das Gesangsstudium und der Verkauf stellen für die Vögel nur Übergangszeiten dar. Dass ein großes Bauer und **Freiflug** im Zimmer den Kanarienvogel vom Gesang ablenken, trifft zwar in einem gewissen Grade zu, doch ein Vogel, der fast ständig

**Hinweis**

Kann ein Kanarienvogel täglich seine Flügel gebrauchen, wird er zwar manchmal auch etwas anderes als den Gesang im Kopf haben; er wird aber viele Jahre lang ein glücklicher Vogel bleiben, der seinen Gesang bis ins hohe Alter vorträgt.

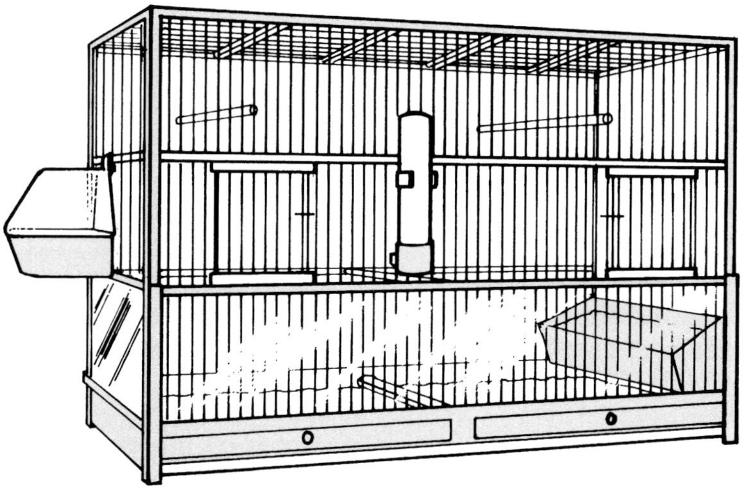

Oben: Geräumiger Kanarienkäfig.

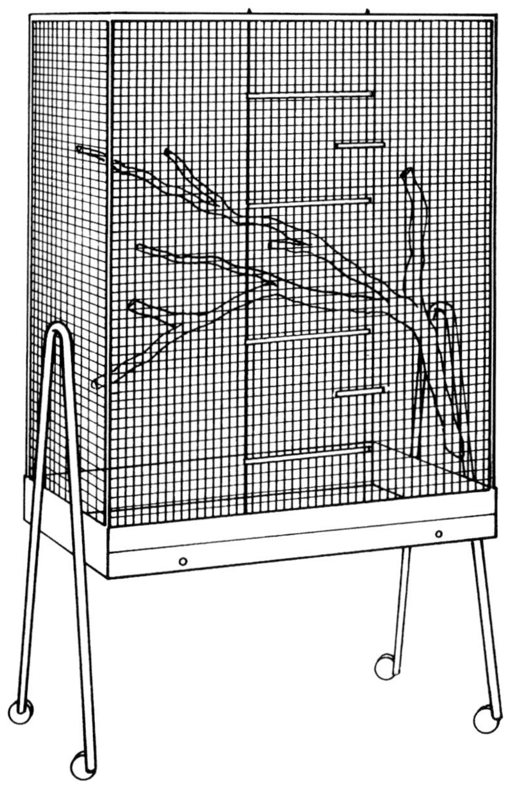

Oben: Bewegliche Zimmervoliere.

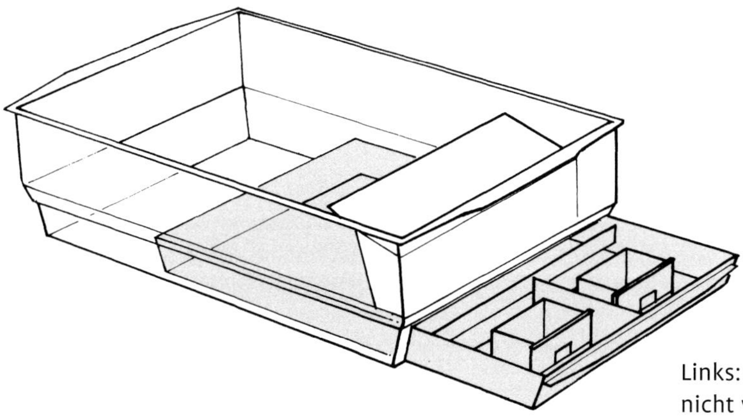

Links: Hohe Bodenwanne am Käfig sorgt dafür, dass nicht viel herausgeschleudert wird.

singt, nach ein bis zwei Jahren wegen Bewegungsmangels aber erkrankt oder eingeht, hat ein erbärmliches Los.

Neben der Größe ist die **Zweckmäßigkeit** des Vogelbauers zu beachten. Das Bauer darf keine unnötigen Schnörkel und Winkel haben, in denen sich leicht ein Fuß oder Flügel des Vogels verfängt. Möglichst rechteckige, sachliche Formen erleichtern außerdem die Reinigung und Sauberhaltung des Bauers. Eine hohe Wanne aus Plastik sollte den unteren Teil des Bauers umschließen, damit möglichst wenig Sand, Futterspelzen und Federchen in das Zimmer gelangen. Auch ist eine **Schublade** zu empfehlen, die sich unabhängig herausziehen lässt. Das ist leider nicht bei allen Bauern der Fall. Hängt nun ein Bauer an der Wand, so ist es nach unten offen, sobald der Unterteil zwecks **Reinigung** abgenommen wird. Bei größeren Bauern sind ohnehin Schubladen und ca. 10 cm hohe Glas- oder Plastikscheiben rundum vorhanden.

Der **Standort** des Bauers sollte hell, zugluftfrei und etwa in Augenhöhe sein. Die Anbringung an der Wand in Fensternähe mit zeitweiser Sonnenbestrahlung wäre ideal. Es gibt Halterungen, an die das Bauer gehängt werden kann. Auch ein kurzes Wandregal ist als Stellplatz des Bauers geeignet. Schließlich sei noch ein Ständer mit Fuß für das Bauer erwähnt, der es jederzeit ermöglicht, den Vogel im Bauer in die Sonne zu stellen. Wandhaken, Regal und Ständer sind auch zu empfehlen, wenn Hund oder Katze zum Haushalt gehören.

Hat sich der Vogel etwa zwei Wochen lang an seine neue Umgebung gewöhnt, dann

**Hinweis**

Der Freiflug sollte jedem, im kleinen Bauer gehaltenen Kanarienvogel gewährt werden.

ist er mit dem Raum schon einigermaßen vertraut. Er darf dann am Nachmittag aus seinem Bauer gelassen werden. Doch nicht hinausjagen, sondern nur die Bauertür öffnen. Der Vogel wird die Öffnung früher oder später entdecken. Von der offenen Tür aus wird er sich umschauen und den Rückweg ins Bauer finden. Man sollte ihm außerhalb des Bauers kein Futter und Wasser geben und an die offene Bauertür eine Anflugstange stecken, auch einen kleinen Zweig. Dann wird der Vogel bei Hunger und Durst zu Abend in sein gewohntes Bauer zurückkehren und man kann ohne Hast die Tür wieder schließen. Überhaupt sollten alle hastigen Bewegungen und vor allem das **Einfangen** des Vogels vermieden werden. Er wird dadurch nur scheu und ängstlich. Halten wir ihm statt dessen Leckerbissen auf der Hand hin, wird er früher oder später **handzahm** werden und auf der Hand oder dem Finger landen. Ist er erst handzahm, haben wir noch mehr Freude an dem Kanarienvogel und keinerlei Schwierigkeiten, ihn jederzeit ins Bauer zurückzusetzen.

Es ist möglich, von zwei Sängern auch wirklich den **doppelten Gesang** zu bekommen. Sie sollten dann außer Sichtweite voneinander untergebracht werden, entweder in zwei veschiedenen Räumen, oder die Bauer werden übereinander aufgestellt oder aufgehängt. Das Hören eines anderen Männchens regt die Sangeslust oft beträchtlich an.

**Hinweis**

Zwei Kanarienhähne dürfen nicht im gleichen Bauer untergebracht werden, will man sozusagen doppelten Gesang haben. Die Vögel würden vielmehr weit weniger singen und sich wohl auch bekämpfen.

## In Bauer und Zuchtanlage

Sind im vorigen Abschnitt die allseitig mit Drahtgitter versehenen Bauer für die Haltung eines einzelnen Kanarienvogels empfohlen worden, so sollen hier die Bauer beschrieben werden, die sich zur **Zucht** von Kanarienvögeln eignen. Natürlich kann auch ein Drahtbauer entsprechender Größe zur Zucht von Kanarienvögeln verwendet werden. Früher war das auch überwiegend der Fall. Heute sind die Züchter jedoch zu **Kistenbauern** übergegangen. Dieses sind Bauer aus Holz, Kunststoff oder Blech, die nur vorne eine Gitterwand oder Drahtgeflecht besitzen. Alle anderen Seiten sind geschlossen. Das hat Vor- und Nachteile. Vorteilhaft ist, dass die Vögel sich in einem Kistenbauer viel sicherer fühlen. Sie sind darin auch gut vor Zugluft geschützt. Von Nachteil ist, dass es in Kistenbauern leicht zu dunkel ist.

Der Raum, in dem Kistenbauer aufgestellt werden sollen, darf nicht zu düster sein. Er sollte vielmehr hell, luftig und möglichst nach Süden, Südosten oder Südwesten gelegen sein und große Fenster besitzen. Das ist leider bei vielen Liebhaberzüchtern nicht möglich. Dann ist es notwendig, den Raum und die Innenseiten der Kistenbauer weiß oder in ganz hellen Pastellfarben mit Lack oder abwaschbarer Fassadenfarbe zu streichen. Ferner sind im Raum und möglichst auch in allen Bauern Leuchtstofflampen anzubringen.

Als **Deckenbeleuchtung** für den Raum empfehlen sich Röhren von 20 und 40 Watt, am besten True-Lite-Duro-Test-Röhren, die vor allem in Aquariengeschäften zu bekommen sind. Sie geben das nahezu vollständige **Spektrum des Tageslichtes** ab, auch infrarote und ultraviolette Strahlen. Das wirkt sich auf die Gesundheit, die Zuchtfreudigkeit und eine reibungslose Mauser der Vögel sehr positiv aus.

Sollte die Helligkeit in den Bauern immer noch unzureichend sein, dann können vorn unter der Decke eines jeden Bauers Leuchtstofflampen (Röhren) in Normalweiß mit einer Leistung von 4, 6 oder 8 Watt angebracht werden. Sie sind nur fingerdick und lassen sich mit einer dünnen

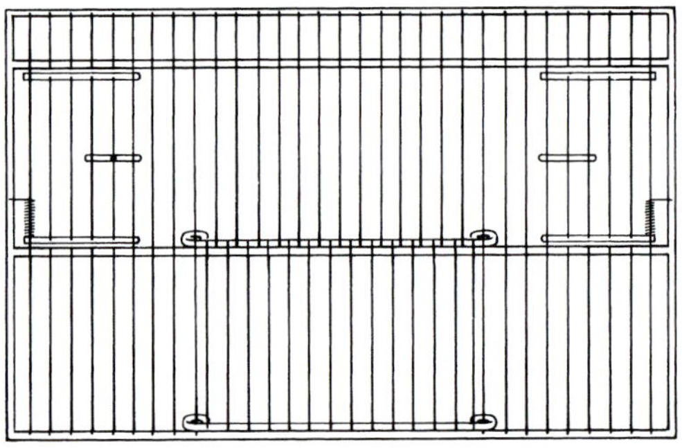

Vorsatzgitter für Kistenkäfig.

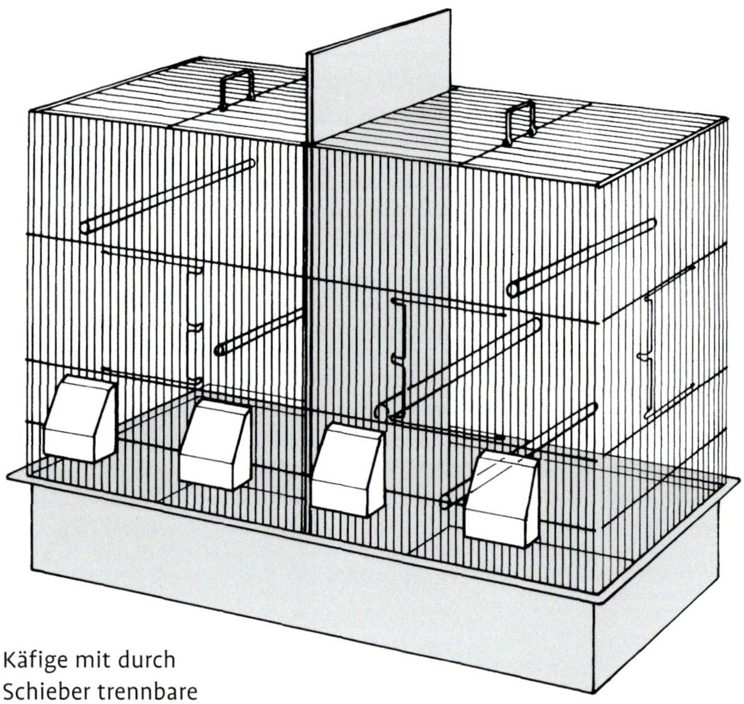

Käfige mit durch Schieber trennbare Abteile sind manchmal sehr nützlich.

Leiste verblenden, sodass sie für den Betrachter nur indirektes Licht werfen. In höheren Kisternbauern oder kleinen Zimmervolieren können True-Lite-Duro-Test-Röhren von 15 Watt angebracht werden, die ebenfalls dünner als die lichtstärkeren, sonst üblichen Röhren sind.

## Selbst bauen

Doch zurück zu den eigentlichen Kistenbauern, die leider nur von wenigen Herstellern zu beziehen sind. Die meisten Züchter werden ihre Bauer **selbst anfertigen**, wobei sie sich ganz nach dem vorhandenen Platz und den eigenen Wünschen und Vorstellungen richten können. Hartfaserplatten, Spanplatten und Sperrholz können als **Baumaterial** verwendet werden. In die Vorderseiten werden am besten Vorsatzgitter eingehängt, die es in vielen verschiedenen Größen im Fachhandel zu kaufen gibt. Sie haben unterschiedlich große Türen, auch passende zum Vorhängen von Badehäuschen, Kaisernestern und Futternäpfen.

**Schubladen** sind für alle Bauer notwendig. Sie sollten nicht zu flach sein, sondern einen Rand von vier bis 8 cm Höhe haben. Sie können aus Zinkblech, kunststoffbeschichtetem Holz oder Hartplastik hergestellt werden. **Holzklappen** vor den Schubladen verhindern, dass Vögel während des Reinigens aus den Bauern entweichen. Über den Klappen geben 15 bis 20 cm hohe **Glas- oder Plexiglasscheiben** einen zusätzlichen Schutz vor dem Hinauswirbeln von Federchen und Samenhülsen. Dieses wird dort wünschenswert sein, wo die Vogelbauer in Wohnräumen aufgestellt sind.

Einzelbauer für die Zucht sollten mindestens 80 cm lang, 40 cm breit und 60 cm hoch sein. Es empfiehlt sich jedoch, dann gleich längere Bauer mit zwei oder drei Abteilungen zu bauen, die durch Schieber aus Holz oder Gitter unterteilt werden können. Dann sind vollwertige **Zuchtanlagen** vorhanden, die ganz nach den sich wandelnden Gegebenheiten gebraucht werden können. Ein Bauer sollte dann nicht kürzer als 180 cm sein und Führungen für zwei Trennschieber bekommen. Dann können aus dem einen langen **Flugbauer** für Jungvögel oder für Zuchtvögel in der Ruhezeit drei Zuchtbauer von je 60 cm Länge, oder eine Wechselhecke für zwei Weibchen und einen Hahn im Mittelabteil gemacht wer-

**Hinweis**

Die Zucht und Haltung der Vögel in Bauern mit Trennschiebern hat den Vorteil, dass die Reinigung ohne viel Aufregung für die Vögel vonstatten gehen kann. Die Vögel werden einfach ins Nebenabteil dirigiert und mit einem Holzschieber für diese Zeit abgesperrt. Das gilt auch für Nestkontrollen und beim Herausfangen eines bestimmten Vogels.

den. Wer ständig **Wechselheckenzucht** betreibt, wird die Abteile für die Weibchen 70 cm lang wählen, das Abteil für den Hahn in der Mitte 40 cm. Diese Maße sollen Richtwerte darstellen. Für besonders große Rassen sind eher 200 cm Gesamtlänge, 50 cm Breite und 60 cm Höhe zu empfehlen, während für die kleineren auch 150 cm Länge, 40 cm Breite und 50 cm Höhe ausreichen.

## In Zimmer- und Gartenvoliere

Wer eine Kanarienvogel-Gesellschaft pflegen oder den gezüchteten Jungvögeln viel Flugraum bieten möchte, wird ohne **Voliere** kaum auskommen. Ist in der Wohnung genügend Platz vorhanden, ist eine **Zimmervoliere** ideal. Sie hat viele Vorteile: Sie ist witterungsunabhängig und darum das ganze Jahr über zu besetzen. Die Vögel sind in ihr geregelten bzw. gleichbleibenden Temperaturen ausgesetzt. Krankheiten, die draußen durch Tauben, Sperlinge, Mäuse und Mücken übertragen werden können, treten in einer Zimmervoliere nicht auf. Auch sind Beunruhigung, Verletzung oder Verluste von Vögeln durch Katzen, Marder, Greife und Ratten so gut wie ausgeschlossen.

### Wichtig: Genug Licht

Fast jeder Raum eignet sich für eine Zimmervoliere. Am besten ist es, wenn er große Fenster nach Süden besitzt, sodass es hell und sonnig ist. Dann können die Zimmervolieren so aufgestellt oder eingebaut werden, dass die Vögel für einige Zeit des Tages direktes Sonnenlicht erhalten. In anderen Räumen, die weniger günstig gelegen sind und kleine oder gar keine Fenster besitzen, ist die Haltung und Zucht von Kanarienvögeln durchaus möglich wenn mit Glühbirnen oder Leuchtstoffröhren der Raum ausreichend beleuchtet wird. Am günstigsten für die **Gesundheit der Vögel** sind die Tageslicht-Leuchtstoffröhren. Für hohe und große Volierenräume eignen sich die Röhren von 20 Watt (60 cm Länge), 30 Watt (90 cm Länge), 40 Watt (120 cm Länge) und 65 Watt (150 cm Länge). Zwar sind diese Röhren etwas teurer als die üblichen Leuchtstoffröhren, haben dafür aber auch eine Lebenszeit von weit mehr Stunden (Brennzeit). Heute sind **Tageslicht-Leuchtstoffröhren** von allen namhaften Herstellern zu beziehen. Bei Volieren von 1,50 bis 2,50 m Höhe sollten pro Quadratmeter Deckenfläche 15 bis 20 Watt an Beleuchtung gerechnet werden.

> **Hinweis**
>
> Höhensonnen und Ultra-Vitalux-Lampen strahlen so starkes UV-Licht ab, dass die Vögel Bindehautentzündungen davontragen können.

Alle Leuchtstoffröhren können unmittelbar in die Volieren gehängt werden. Sie werden für die Vögel nicht zu heiß und schaden ihnen auch sonst in keiner Weise. Doch vor einem Zuviel an Licht brauchen die meisten Kanarienzüchter nicht gewarnt zu werden. Im Gegenteil, die meisten von ihnen halten ihre Vögel bei zu wenig Licht. Hier wird meiner Erfahrung nach am falschen Ende gespart, denn zu wenig Licht geht auf Kosten der **Vitalität** und der **Zuchtleistung** der Vögel.

### Größe und Bauweise

Wie eine Zimmervoliere gebaut sein sollte, welche Größe und Form sie besitzen sollte, hängt vor allem von dem vorhandenen Platz ab. Werden gewisse Grundregeln beachtet, erleichtert dies das täglich notwendige Hantieren, das wöchentliche Reinigen sowie das Herausfangen bestimmter Vögel. Wo der Platz es erlaubt, können Zimmervolieren von der Decke bis auf den Fußboden herab geführt werden. Dann sollte die Länge wenigstens zwei oder 2,5 m betragen. Für die Reinigung der Volieren ist es meistens angenehmer, wenn diese auf etwa 70 cm hohen Füßen stehen. Die Schubladen sind dann besser zu handhaben. Auch kann der Platz unter den Volieren gut bis in die äußeren Winkel staubgesaugt oder feucht aufgewischt werden.

> **Hinweis**
>
> Ganz wichtig ist, die Volieren und deren Unterbau so gradlinig und sachlich zu erstellen, dass nirgends schwer zu erreichende Winkel entstehen. In diese könnte sich für die Wohnung, die Menschen und die Vögel schädliches Ungeziefer einnisten, ferner Schmutz und Geruch.

Für das **Beobachten** der Vögel ist es ebenfalls vorteilhaft, wenn die Volieren in einer Höhe von etwa 70 cm beginnen. Besonders bei der Futteraufnahme können die Vögel dann sehr gut gesehen werden. Von vielen Züchtern wird der Platz unter den Volieren in der Weise genutzt, dass Schränke zur Aufnahme des Vogelfutters und der zur Pflege notwendigen Geräte daruntergebaut werden.

Während es für die Zuchtbauer Vorsatzgitter aller gängigen Größen fertig zu kaufen gibt, sind für die Volieren quadratische, punktgeschweißte, mit Kunststoff überzogene **Drahtgeflechte** oder reine Kunststoffgeflechte am geeignetsten. Sie haben eine Maschenweite von 12,5 bis 13 mm und eine Stärke von 0,9 mm. Mit ihrer dunkelgrünen oder schwarzen Farbe haben sie mehrere Vorteile gegenüber den einfach verzinkten, quadratischen oder sechseckigen Geflechten. Erstens wird die Sicht auf die Vögel und von ihnen kaum behindert, auch nicht, wenn die Sonne darauf scheint. Zweitens verletzen sich die Vögel an ihnen nicht die Zehen, da durch den Kunststoff alles schön abgerundet und glatt ist. Der reine Kunststoffdraht gibt bei einem Aufprall, besonders erschreckter Jungvögel, nach.

Bei dem nur verzinkten Geflecht bilden sich in den Ecken messerscharfe Zinkrückstände. Nach Beseitigung der scharfen Stellen wäre eine Anstrich mit fest haftender, dunkler Farbe ohnehin ratsam. Und Sechseckgeflecht erinnert leicht vom Eindruck her an einen Hühnerstall.

Werden die einzelnen Elemente einer längeren Zimmervoliere ungefähr 80 cm lang gebaut, haben die Schubladen aus Kunststoff oder Zinkblech noch eine handliche Größe. In diesen Abständen von ungefähr 80 cm sollten Führungen zur Aufnahme von **Trennschiebern** angebracht werden. Dann lassen sich Teile der Voliere reinigen, ohne dass die Bewohner zu sehr beunruhigt werden. Auch können einzelne Vögel mittels Trennschieber abgesondert werden. Dann geht Herausfangen ohne das erschreckte Herumflattern aller Volierenbewohner vonstatten.

## Gartenvoliere

Wer ein eigenes Haus mit Garten besitzt, kann eine große Zimmervoliere mit einer Gartenvoliere verbinden. Kanarienvögel sind recht harte Vögel. Sind sie an das Le-

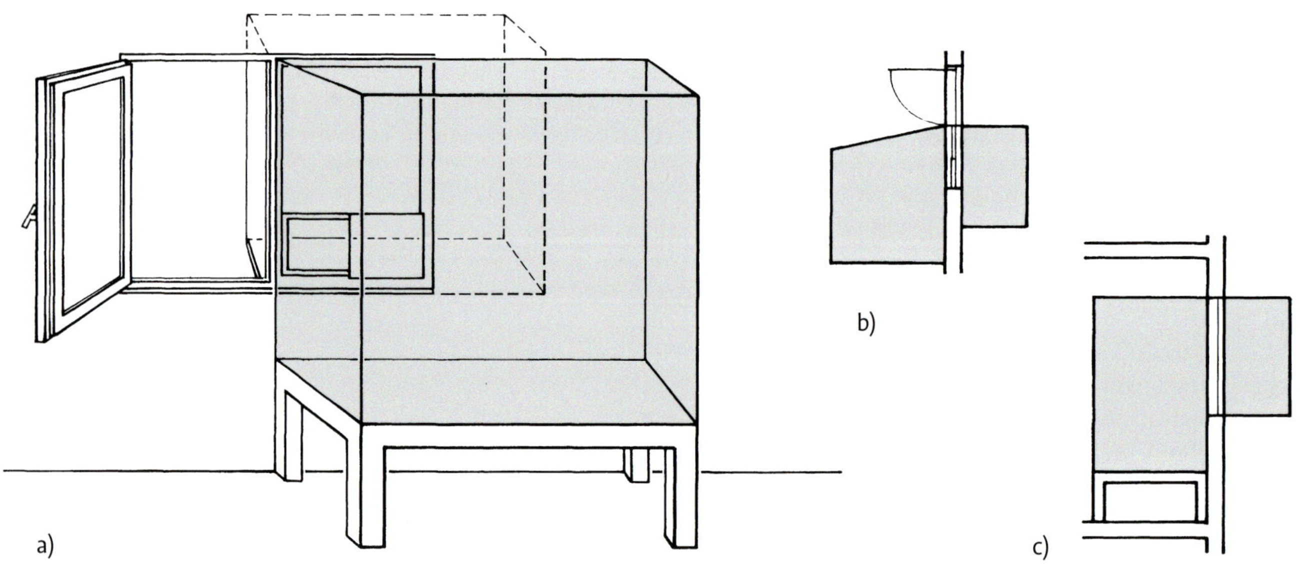


Schema einer Zimmervoliere mit Nutzung deines Fensters mit Ausflug, a) Gesamtansicht, b) Ansicht von oben, c) Ansicht von der Seite.

Gartenvoliere mit Innenvoliere.

ben in einer Gartenvoliere gewöhnt und können sie jederzeit in die beheizte Zimmervoliere gelangen, dann können sie ganzjährig nach draußen gelassen werden, sehen wir von den kältesten und unwirtlichsten Wintertagen ab. Die **frische Luft** und die direkte **Sonnenbestrahlung** tun den Vögeln gut. Sie besitzen unter solchen idealen Bedingungen eine hervorragende Kondition, die Jungvögel beste Entwicklungsmöglichkeiten.

Kanarienvögel gewöhnen sich schnell an **Fensterscheiben**. Sie fliegen dann nicht dagegen. Doch wenn sie durch irgend etwas erschreckt worden sind, könnten sie das Vorhandensein der Scheiben vergessen, im Fluge dagegenprallen und verunglücken. Um dieses zu vermeiden, sollten vor den Fenstern Drahtgeflechtrahmen angebracht werden.

## Drinnen und draußen sicher

In eine Scheibe kann der **Durchflug** von der Zimmervoliere in die Gartenvoliere gebaut werden. Er sollte nicht größer als 20 × 20 cm sein und sich im unteren Teil des Fensters befinden. Sind zwischen drinnen und draußen größere Temperaturunterschiede, kann so die Wärme im Innenraum gut aufrechterhalten werden.

Es ist ratsam, auf der Innen- wie der Außenseite des Durchfluges ein ca. 15 cm breites **Anflugbrett** anzubringen. Manche der Vögel mögen nicht hindurchfliegen; sie begeben sich lieber zu Fuß ins Freie hinaus. Je nach Zugang des Pflegers zum Fenster kann die Lukentür von der Volierenseite als Schieber oder durch Seilzug als Falltür getätigt werden. Die Lukentür sollte auf jeden Fall aus dunklem Material bestehen, damit die Vögel sofort erkennen, wann sie geschlossen ist.

Gartenvolieren sollten stets ein **Fundament** haben, das Sicherheit vor Ratten, Hermelinen, Mauswieseln und anderen, den Vögeln gefährlichen Tieren bietet. Das Drahtgeflecht 25 oder 50 cm tief in den Erdboden einzulassen, reicht in keiner Weise aus, wie sich in vielen Fällen herausgestellt hat. Es kam so schon oft zum Verlust des gesamten Vogelbestandes. Darum sollte das Fundament und der Boden solide gemauert oder ausbetoniert werden. Wer in der Voliere natürlichen Erdboden belassen möchte, sollte das Fundament einen ganzen Meter tief in den Boden hinabreichen lassen. Die Eisenträger für die Volierendrahtbespannung werden gleich mit eingemauert. Wer den **Boden** der Voliere ausbetoniert, braucht deswegen nicht auf Erde, Grassoden und/oder Sand in der Gartenvoliere zu verzichten. Vielmehr schafft er sich mit dem festen Unterbau nicht nur Schutz vor vierbeinigen Räubern, sondern auch vor Salmonellen und Spulwürmern. Die

**Hinweis**

In einer ausbetonierten Gartenvoliere ist es viel leichter, das Erdreich öfter vollständig zu erneuern und somit die Krankheitserreger zu beseitigen.

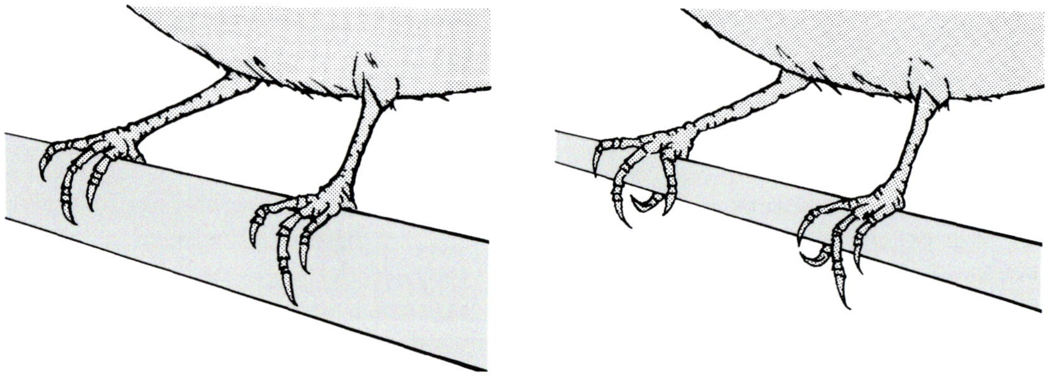

Unterschiedliche Sitzstangenstärken sorgen für die Beweglichkeit der Füße und damit für guten Halt der Vögel.

Wurmeier und andere Krankheitserreger nehmen im feuchtwarmen Spätsommer im Erdreich stark besetzter Volieren oft dermaßen zu, dass seuchenartig Erkrankungen unter den Vögeln ausbrechen können.

Um die Sicherheitsfaktoren gleich in ihrer Gesamtheit abzuhandeln, hier noch folgende Ratschläge: Gegen Beunruhigung der Vögel durch Katzen und Marder sollte nicht ein zweiter Maschendraht in ca. 10 cm Abstand von der eigentlichen Volierenbespannung gezogen werden. Das würde das Aussehen der Voliere sehr beeinträchtigen und den Anblick und das Beobachten der Vögel sehr erschweren. Vielmehr bietet sich die Lösung des Problems nach dem Prinzip des **elektrischen Weidezauns** an. Mit Schwachstrom gespeist, sollten in etwa 80 cm Höhe und 8 cm vom Volierendrahtgeflecht entfernt sowie rund um die Oberseite der Voliere Drähte verlaufen, mit denen Katzen und Marder unweigerlich in Kontakt kommen würden, falls sie auf die Voliere zu gelangen versuchten. Sie tun dies höchstens zweimal und meiden dann die Voliere für immer.

Die andere Vorkehrung ist die, etwa ein Drittel der Gartenvoliere mit lichtdurchlässigen Plastikplatten oder Drahtglas zu bedecken. In diesem Teil der Voliere finden die Vögel **Schutz** vor heftigen Regengüssen, Hagel und Sturm, aber auch vor Eulen. Dies gilt natürlich für Vögel, die im Sommerhalbjahr auch nachts in der Gartenvoliere gelassen werden. Dann sollte nicht nur ein Drittel der Volierendecke geschlossen sein, sondern auch die entsprechenden Seitenwände.

Im offenen Teil der Voliere, der nur mit Draht bespannt ist, dürfen die **Sitzgelegenheiten** nicht zu nahe an das Gitter geführt werden, um Verletzungen der Vögel durch Tag- und Nachtgreife zu vermeiden. Gebüsch und Zweige sollten nirgends dichter als 15 cm zum Drahtgeflecht reichen.

## Einrichtung der Bauer und Volieren

Als einen der wichtigsten Einrichtungsbestandteile sind die Sitzgelegenheiten anzusehen. In den üblichen kleinen Bauern für einen einzeln gehaltenen Sänger werden üblicherweise Sitzstangen aus Holz oder gerillte aus Plastik genommen. Auch in Zuchtbauern sind diese fast immer zu sehen, und zwar wegen ihrer einfachen Anbringung an den Gittern und an dafür käuflichen Plastikmuffen, die es auch für die hinteren Wände von Kistenbauern gibt. Gegen die **Holz- und Plastikstangen** ist nichts einzuwenden, sofern sie nicht nur in einer Stärke verwendet werden. Üblicherweise sind sie 12 mm stark. Der oder die Vögel müssen dann womöglich ihr ganzes Leben lang bei jedem Sprung und Anflug den gleichen Griff ausführen. Ihre Füße

**Hinweis**

Die Sitzstangen sollten nicht alle horizontal angebracht werden, sondern mehr oder weniger schräg. Das gibt den Vögeln die Möglichkeit, viele verschiedene Griffe anzubringen und damit Beine und Zehen elastisch zu halten.

und Zehen werden allmählich steif. Wenn schon Sitzstangen, dann in unterschiedlicher Stärke von 8, 12, 15 und 20 mm. Ein weiterer Nachteil der Sitzstangen ist ihre Härte. Sie sind aus Hartholz gefertigt oder aus ebenso hartem Plastik, wodurch jeder Anflug und jeder Sprung ein ziemlicher Aufprall ist. Um diesem zu begegnen, haben manche Züchter die Stangen nur an einem Ende befestigt, und zwar mit Hilfe eines federnden Stahlblechs oder einer Spiralfeder. Auch bringt eine abwechslungsreiche Anbringung der Sitzgelegenheiten den Vögeln mehr Spaß.

Alle diese Ausführungen weisen schon auf meinen Rat hin, es doch lieber mit Naturzweigen zu versuchen. Zweige, und möglichst nicht ganz gerade gewachsene, bieten alle die Vorteile, auf die wir unsere Vögel nicht verzichten lassen sollten. **Zweige mit Rinde** von Obstbäumen, Weiden, Pappeln, Ahorn, Holunder, Eberesche und vielen anderen Laubbäumen, sowie von Ginster, Fichten und Kiefern sind bestens geeignet. Bei fast allen ist die Rinde weich. Werden sie häufig gewechselt, haben sie immer natürliche Elastizität. In Volieren können verzweigte Äste angebracht werden, in denen die Vögel nach Herzenslust herumturnen werden. Die Zweige und Äste können mit Hilfe von Werkzeughaltern, die es in allen Größen gibt, an den Wänden oder Gittern befestigt werden. Starke Äste können aber auch in löcherige Mauersteine oder Betonsockel für Sonnenschirme gestellt werden. Immer wieder bin ich davon entzückt, wie die Vögel auf den dünnsten Ginster- und Weidenzweigen wippen und balancieren. Es steht außer Zweifel, dass solcherart **Gymnastik** den Vögeln eine besonders gute Haltung und Figur verleiht.

Großer Wert ist auch auf die Wahl der geeignetsten **Futter- und Trinkgefäße** zu legen. Wer gemischtes Körnerfutter gibt, sollte keine großen, offenen Näpfe wählen, sondern kleine überdachte, oder solche mit einer Öffnung, durch die gerade der Kopf des Vogels passt. Dann kann kein Futter herausgeschleudert werden. Es gibt auch **Futterautomaten** oder Futtersilos für Einzelvögel, kleinere und größere Gesell-

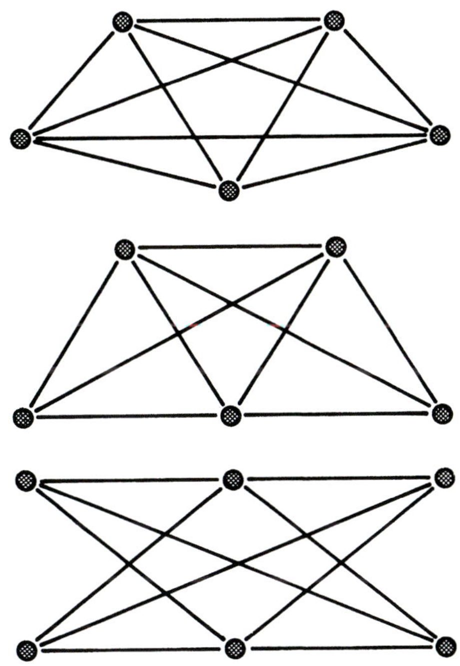

Sitzstangenanordnungen für vielfältige Flug- und Bewegungsmöglichkeiten.

Trinkröhrchen und Badehaus zum Einhängen am Gitter des Vogelbauers.

**Hinweis**

Es gibt vielerlei Möglichkeiten, Zweige und Äste in Bauern und Volieren auf eine Weise anzubringen, dass Vögel wie Betrachter ein Höchstmaß an Freude daran haben.

Tränkeautomat für Kanarien in der Außenvoliere.

schaften in Flugbauern und Volieren. Auch bei ihnen ist es den Vögeln meistens nicht möglich, das Futter herauszuwühlen. Manche laufen allerdings sofort vollständig aus, sobald die Vögel mit dem Schnabel im Futter herumstochern. Andere verstopfen leicht, sodass der Nachfluss des Futters unterbrochen ist und die Vögel bei gefülltem Silo verhungern können. Dieses ist schon vorgekommen, wenn der Besitzer für mehrere Tage verreiste und die Vögel gut versorgt wähnte. Bei Anschaffung der Automaten ist also genau zu kontrollieren, wie gut ihre **Funktionsfähigkeit** ist. Einer der besten Automaten ist der inzwischen vielfach bewährte Joko-Silo, bei dem der Nachlauf der Samen sehr gut funktioniert.

Wer viele Zuchtbauer besitzt und über wenig Zeit verfügt, wird meistens Vorsatzgitter und Näpfe benutzen, die eine **Außenfütterung** gestatten. Bei dieser Methode werden hohe halbrunde Glas- oder Plastiknäpfe mit einer Aussparung auf der flachen Seite vor runde Löcher im Vorsatzgitter gehängt. Durch diese können die Vögel gerade den Kopf hindurchstecken. Der Züchter sieht bei diesen Näpfen auf einen Blick, welche nachzufüllen sind. Er braucht sie dafür noch nicht einmal aus der Drahtschlaufe zu nehmen, in der sie stecken. Einfaches Nachschütten aus einer vorn zugespitzten Schaufel genügt und ist blitzschnell getan. Da einige der Vorsatzgitter Löcher für vier Außenfütterungen haben, besteht auch die Möglichkeit, die verschiedenen Samen getrennt zu geben, etwa Rübsen, Nigersaat und Glanz in je einem Napf für sich, im vierten Napf dagegen abwechselnd Mohn, Hirse, geschälten Hafer, Hanf oder Leinsamen. Diese Samen werden von vielen Züchtern im richtigen Verhältnis gemischt im vierten Napf gegeben. Zu dieser Art der Außenfütterung gehört auch das Tränken mit **Plastik-Trinkröhren**. Sie werden außen an den Bauern angebracht, der Fuß in der Nähe einer Sitzgelegenheit durch das Gitter gesteckt. Es kann aber auch einer der Futternäpfe als Trinknapf benutzt werden.

**Hinweis**

Da sich die Näpfe außerhalb des Bauers befinden, werden die Vögel durch das Nachreichen von Futter überhaupt nicht gestört. Ein weiterer Vorteil der Außenfütterung ist, dass das Futter kaum verschmutzt werden kann.

Wo mehr als ein Vogelpaar in einem Bauer untergebracht ist, würde die Außenfütterung zu ständigem **Streit** führen. In Flugbauer und Volieren gehören entweder mehrere größere Automaten oder eine Anzahl der etwa 10 cm langen, ovalen Porzellan- oder Plastiknäpfe. Hierin sollten alle Hauptfuttersorten getrennt angeboten werden. Dann werden die Kanarienvögel sehr manierlich Futter aufnehmen und keinesfalls alles aus den Näpfen werfen, wie sie es bei einem Gemisch sehr häufig tun. Als Tränken sind die größeren Automaten zu empfehlen, die es mit einem Fassungsvermögen von ½ bis 5 Liter gibt. Sie sind fast alle so konstruiert, dass die Vögel das Wasser nicht **verschmutzen** können. Werden sie etwas erhöht aufgestellt, etwa auf einen Mauerstein, dann geraten weder Sand, Federchen noch Futterreste ins Wasser.

Einzeln gehaltene Kanarien können Weichfutter, Biskuit und Samen, die nur in kleinen Mengen als Leckerbissen gegeben werden sollen, in den schmalen Naschnäpfen erhalten, die einfach zwischen zwei Gitterstäbe geschoben werden und darin einrasten. Den Zuchtvögeln und den Jungvögeln in den Volieren wird das **Weichfutter** auf umgedrehten Einmachglas-Deckeln gereicht. Auf diesen wird das Weich- und das **Keimfutter** in dünner Schicht ausgebreitet. So bleibt es den ganzen Tag über frisch. In Näpfen mit normal hohem Rand würde es mangels Luftzirkulation nach wenigen Stunden zu säuern beginnen.

Die im Handel üblichen **Badehäuschen** verschiedener Fabrikate eignen sich für Kanarienvögel ausgezeichnet. Sie werden von diesen auch fast immer angenommen. Einige Kanarien sind allerdings durch nichts dazu zu bewegen, in ein Badehäuschen zu gehen. Ihnen kann eine flache Schale, etwa ein Blumentopfuntersatz aus unglasiertem Ton, geboten werden. Sollte auch dieser die Zustimmung des Vogels nicht finden, kann ihm ein großes, **nasses Salatblatt** ins Bauer gelegt werden. Hierauf baden manche Kanarienvögel gern. Wird das Salatblatt dann in eine flache Schale gelegt, kann man ihn schließlich darin zu einem vollwertigen Bad verhelfen. Aber auch diese List hilft bei einigen Vögeln nicht.

**Hinweis**

Kanarien, die partout nicht selbst baden wollen, sollten dann einfach täglich mit lauwarmem Wasser aus der Blumen-Sprühflasche befeuchtet werden.

Zur Einrichtung von Bauern und Volieren gehören ferner Halter für **Kalksteine**, **Sepiaschale**, Raufen für **Grünfutter**, Salat und Scharpie. Auch sind die sehr nützlichen Halteklammern zu empfehlen, in die Kolbenhirse, Grünfutter, Apfelstücke und anderes Obst geklemmt werden können. Über die verschiedenen **Nistkörbchen** wird im Kapitel „Zucht“ ausführlich gesprochen.

## Lichtsteuerung

Dass durch besondere Leuchtstoffröhren ein helles, dem **Sonnenlicht** ähnliches Licht in den Räumen mit den Kanarien geschaffen werden kann, wurde schon erwähnt. Werden mehrere Bauerreihen übereinander gestellt, dann kann es trotzdem im hinteren Teil der Abteile recht düster sein. Dann können vorn unter der Decke eines jeden Bauers kleine, dünne **Leuchtstoffröhren** mit einem Stromverbrauch von nur 4, 6 oder 8 Watt angebracht werden. In Volieren von 1,50 m Höhe können auch die kleinsten im Handel erhältlichen True-Lite-Duro-Test-Röhren von 15 Watt Leistung installiert werden. Werden alle diese dünnen Röhren zum Betrachter hin durch eine schmale Leiste verblendet, können die Vögel in ihrer ganzen Farbenpracht gesehen werden, ohne dass das Licht stört.

Eine flache Wasserschale animiert die meisten Kanarienvögel zum Baden.

Es gibt **Schaltuhren**, die zur vorprogrammierten Zeit die Beleuchtung anschalten und wieder ausschalten. Diese sind für solche Vogelliebhaber von großem Wert, die oft unregelmäßig kommen und gehen. Andere Schalter besitzen eine **Fotozelle** und schalten zusätzliche Beleuchtung ein, wenn das Tageslicht verlischt oder durch Regen, Gewitter und düstere Wolken gemindert wird. Die plötzlich hell erleuchteten Innenräume locken die Vögel hinein und schützen sie so vor Regen, Hagel und Sturm.

Als dritte elektrotechnische Errungenschaft ist der **Dämmerungsautomat** zu nennen. Dieses Gerät schaltet zu einer bestimmten Zeit die Leuchtstoffröhren aus und gleichzeitig einige Glühbirnen ein. Innerhalb von 15 bis 30 Minuten wird das Licht dieser Glühbirnen allmählich zum Erlöschen gebracht. Das langsame Dunkelwerden lässt die Vögel in Ruhe ihre gewohnten Schlafplätze aufsuchen. Weibchen, die gerade nicht auf dem Nest saßen, haben noch genügend Zeit, sich auf ihre Gelege oder kleineren Jungvögel zu setzen. So können mit einem Dämmerungsautomaten abgestorbene Eier und an Unterkühlung gestorbene Jungvögel vermieden werden.

Eine weitere nützliche Einrichtung ist die eines „**Notlichtes**" für die Nacht. Ob es mit dem Dämmerungsautomaten gekoppelt oder vom Züchter abends per Hand eingeschaltet wird, bleibt gleich. Eine ganz schwache Glühbirne reicht aus. Ich benutze dafür eine 6 bis 10 Watt starke Backofen-Glühbirne. Diese ist hell genug, dass sich die Vögel nachts orientieren können. Bei völliger Dunkelheit kommt es sonst leicht zu Panik, die mit Verletzungen und Verlusten von Vögeln verbunden sein kann.

**Hinweis**

Während der Zuchtperiode ist es ratsam, vorsichtiger in der Nähe der Bauer zu hantieren. Natürlich müssen sich dann die Reinigungsarbeiten auf das Notwendigste beschränken, damit die Weibchen deswegen nicht zu brüten oder zu füttern aufhören. Wenn die meisten Kanarienvögel in dieser Hinsicht auch recht unempfindlich sind, so gibt es doch Vögel, die bei Beunruhigungen Eier und Junge verlassen.

## Regelmäßige Pflegearbeiten

Bei mir bekommen die Vögel morgens zwischen 7 und 7.30 Uhr zuerst ihr frisches Trinkwasser, dann das täglich zubereitete Ei-Weichfutter und das Keimfutter. Anschließend werden die Näpfe mit den einzelnen Körnerfutterarten kontrolliert und, wo nötig, nachgefüllt. Dann werden die Badehäuschen in die Bauer und Volieren gestellt. Beim Staubsaugen des Raumes werden die gröbsten Verschmutzungen, lose Federn und Samenspelzen aus den Bauern und Volieren gesogen. Die Vögel haben sich daran wie an den ganzen **Rhythmus** der Versorgung so sehr gewöhnt, dass sie bei einer kleinen Verspätung schon ungeduldig warten. Besonders wenn Junge in den Nestern sind, warten sie sehr auf das Weich- und Keimfutter. Die **morgendlichen Arbeiten** nehmen zwischen ½ und 1 Stunde in Anspruch. Die Zeiten werden auch an Samstagen und Sonntagen ziemlich genau eingehalten. Für einen gewissenhaften Vogelliebhaber gibt es kein länger Schlafen an den Wochenenden, wenn er weiß, dass seine Pfleglinge auf ihn warten.

Ebenso wie das tägliche Füttern zu einer bestimmten Zeit ist auch das **wöchentliche Reinemachen** für einen bestimmten Tag vorgesehen, nämlich für den Samstagvormittag. Bei vielen anderen Liebhabern ist es ebenso. Auf diese Weise werden die Arbeiten nicht vergessen oder hinausgeschoben.

Wer eine Kanarienzucht aufbauen, oder sie gern erweitern will, sollte bedenken, dass sich mit jedem Vogel und jedem Bauer die Arbeiten vermehren. Wer die Pflege und Zucht als Liebhaberei neben seinem Beruf ausübt, sollte sich auf eine kleine Anzahl von Vögeln beschränken. Er wird mehr Freude an den Vögeln haben und ein besserer Vogelpfleger sein, als wenn ihm die Arbeiten über den Kopf wachsen. Natürlich kann und soll ein Vogelliebhaber in seinem Hobby aufgehen, aber er sollte sich darin nicht verlieren.

Spätestens zur **Urlaubszeit** macht sich auch die Bürde eines solchen Hobbys bemerkbar. Wer nur einen Einzelvogel oder

**Pflege-Checkliste**

| Wann? | Was? |
|---|---|
| Täglich | ◆ Futterautomaten kontrollieren<br>◆ frisches Trinkwasser reichen<br>◆ frisches Badewasser reichen<br>◆ bei Zuchtpaaren darauf achten, dass ausreichend Nistmaterial zur Verfügung steht<br>◆ bei Zuchtpaaren außerdem Nestkontrollen vornehmen, gelegte Eier gegen Kalkeier austauschen und evtl. Gelege „setzen"<br>◆ auf richtige Temperatur und Luftfeuchtigkeit im Zuchtraum achten<br>◆ die Vögel beobachten |
| Wöchentlich | ◆ Bauer und Volieren säubern, besonders Sitzstangen, Äste und Zweige<br>◆ Sand erneuern<br>◆ alle Futternäpfe und Futterautomaten gründlich reinigen, ebenso die Trink- und Badegefäße<br>◆ Zuchträume gründlich ausfegen, staubsaugen und evtl. feucht ausschrubben<br>◆ in Gartenvolieren Sand und Rasen gründlich durchharken, Gesträuch und Steinplatten mit Wasserstrahl absprühen |
| Monatlich | ◆ Vögel auf Ungeziefer nachsehen<br>◆ die Bauer, Volieren, Ritzen und Nester auf Milben kontrollieren<br>◆ falls nötig, den Vögeln die Krallen beschneiden<br>◆ Grassoden in Gartenvolieren mit Betonboden auswechseln, ebenso Sand und Erde<br>◆ das Drahtgeflecht gründlich auf schadhafte Stellen kontrollieren |
| Vierteljährlich | ◆ alle Bauer, Volieren, Sitzstangen und Gerät desinfizieren<br>◆ alle Äste und Zweige gegen frische austauschen<br>◆ Gartenvolieren mit Naturboden umgraben oder eine Schicht Kiefer-, Tannen- oder Lärchennadeln einbringen |
| Halbjährlich | ◆ Naturboden in Gartenvolieren spatentief erneuern |

eine kleine Gesellschaft zu versorgen hat, kann diese für die Urlaubszeit leicht zu Bekannten oder Verwandten **in Pflege geben**. Oder Nachbarn versorgen die wenigen Vögel. Wer aber eine große Anzahl Kanarien pflegt, kann von Glück reden, wenn er eine zuverlässige Urlaubsvertretung findet. Bei manchen Liebhabern mit großem Bestand ist es so, dass Mann und Frau getrennt verreisen. Andere verzichten ganz auf eine Urlaubsreise. Das muss aber kein Verzicht sein, denn die geruhsame Beschäftigung mit den Tieren in der Urlaubszeit kann auch die reinste Freude bedeuten.

## Krankheiten und ihre Behandlung

Im Folgenden werden die wichtigsten Krankheiten beschrieben, die auch bei Kanarien auftretetn können. Dabei sollte der Tierarzt bei der Behandlung der wichtigste Partner sein.

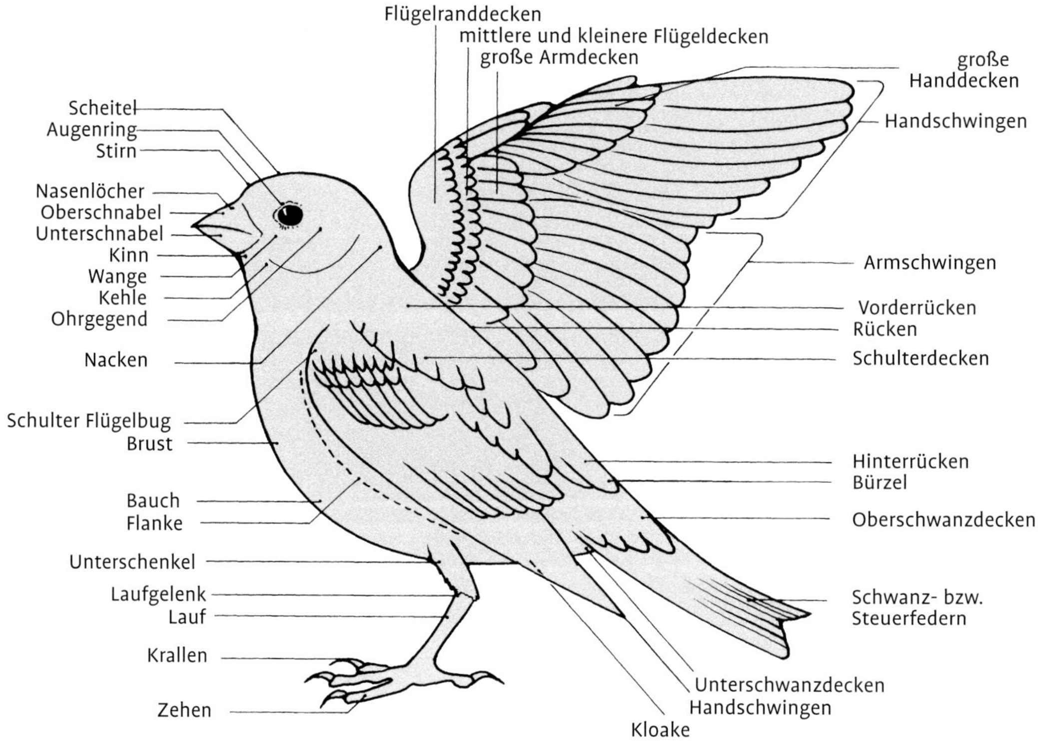


Kanarienvogel, Bezeichnung der Körperpartien.

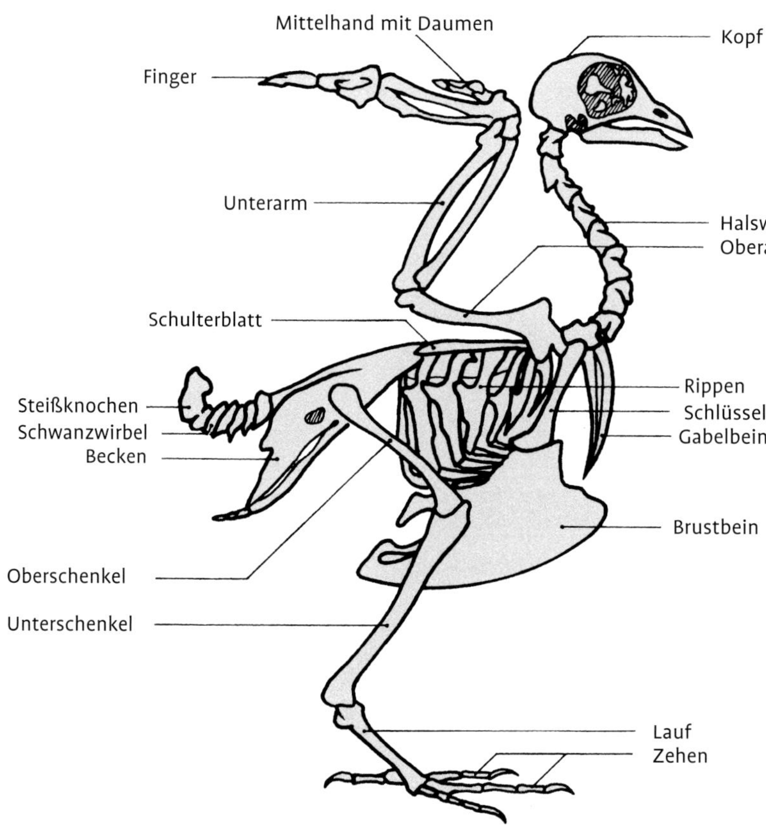


Skelett, Kanarienvogel.

## Aspergillose

Diese durch Schimmelpilze verursachte Erkrankung der **Atmungsorgane** ist bei Kanarienvögeln sehr selten. Jungvögel erkranken manchmal an Aspergillose, aber auch Finken, die aus tropischen Gebieten importiert werden und für die Mischlingszucht von Kanarienliebhabern begehrt sind.

Durch feuchtes, faulendes Futter, schlechte Kolbenhirse, faulende Holzteile und feuchten Kot, besonders im Sommer in **Gartenvolieren**, können sich die Vögel durch die hochwirbelnden Schimmelpilzsporen und direkte Aufnahme diese Krankheit holen. Daran erkrankte Vögel atmen sehr schwer mit geöffnetem Schnabel, magern ab und sterben entweder an Schwäche, Erstickung oder Vergiftung durch die Schimmelpilze.

Eine erfolgreiche **Behandlung** des erkrankten Vogels ist kaum noch möglich. Darum sollten alle **vorbeugenden Maßnahmen** ergriffen, indem Schimmelpilzherde vermieden werden.

## Augenerkrankungen

Zu Augenerkrankungen kommt es meistens nur bei **ungünstigen Haltungsbedingungen**. **Zugluft** ist eine häufige Ursache für Augenentzündungen. Wenn im Raum, in dem der Vogel gehalten wird, stark geraucht wird, können ebenfalls Augenentzündungen auftreten. Zumeist entzünden die Bindehäute, schwellen an, beginnen zu wässern oder gar zu eitern. Zugeklebte und verkrustete Augen oder Augenränder können durch Auftupfen mit einem in Borwasser oder Kamillenlösung getränkten Leinenläppchen erweicht und zart ausgewaschen werden. Es kommt meistens schnell zur Heilung, wenn die Ursache für die Entzündung abgestellt wird.

Manchmal kommt es auch zu einer infektiösen Entzündung der Bindehäute. In diesem Falle helfen nur Antibiotika-Salben, die der Tierarzt verordnen muss. Da die verschiedenen Augenentzündungen kaum voneinander zu unterscheiden sind, ist es ratsam, eine **Behandlung** durch den Tierarzt nicht lange hinauszuzögern, falls die Hausmittel wie Borwasser und Kamille nicht zur Besserung beitragen.

## Äußere Verletzungen

Durch Beißereien, scharfe Drahtenden und Gegenprall kann es zu Verletzungen am Kopf, an den Flügelbugen und an den Füßen kommen. Häufig bluten die Wunden stark und sehen dadurch bedrohlicher aus, als sie meistens sind. Die Blutungen können mit Eisenchloridwatte gestillt werden, wenn diese wenige Minuten daraufgehalten wird. Von Blut verschmiertes Gefieder kann mit Kamillentee gesäubert werden. Die Wunden heilen von selbst sehr gut, besonders wenn Kamasol-Salbe dünn aufgetragen wird.

Ist eine Kralle oder Zehe abgerissen, wächst diese natürlich nicht nach, doch der Vogel überwindet den Verlust sehr schnell und fühlt sich nicht lange dadurch behindert. Sogar wenn ein Bein verlorengehen sollte, wird der Vogel hinterher ein zufriedenes und wenig behindertes Leben führen können. Ein durch Unfall einbeinig gewordenes Männchen war bei mir eines der zuverlässigsten in der Zucht. Bei größeren **Platzwunden**, die manchmal auf dem Kopf vorkommen, sollte ein Tierarzt aufgesucht werden. Wenn solche Wunden nicht zusammengezogen und eventuell genäht werden, kann es zu einer bleibenden Glatze kommen.

## Bürzeldrüsenverstopfung

Durch Schmutz, Verkrustung und Verletzung kann es zu einer Bürzeldrüsenverstopfung kommen. Der Vogel hält das Bürzelgefieder gesträubt, stochert viel mit dem Schnabel in der Nähe des Bürzels herum und zeigt vor allem ein ungepflegtes, mattes und zerfranstes **Gefieder**. Die Bürzeldrüse kann entzündet sein und dem Vogel Schmerzen bereiten. Eine Behandlung von seiten des Pflegers hat sehr behutsam zu erfolgen. Verkrustungen können mit lauwarmem Kamillentee oder lauwarmem Speiseöl erweicht und vorsichtig entfernt werden. Durch eine leichte Massage der Bürzeldrüse in Richtung Drüsenausgang kann die Verstopfung beho-

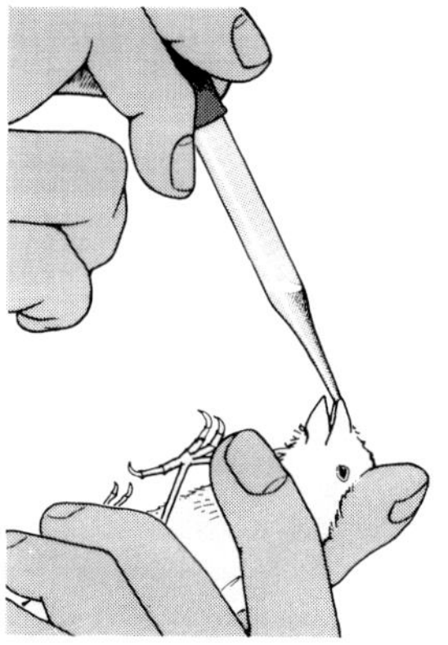

Handhabung beim Medikamenteingeben.

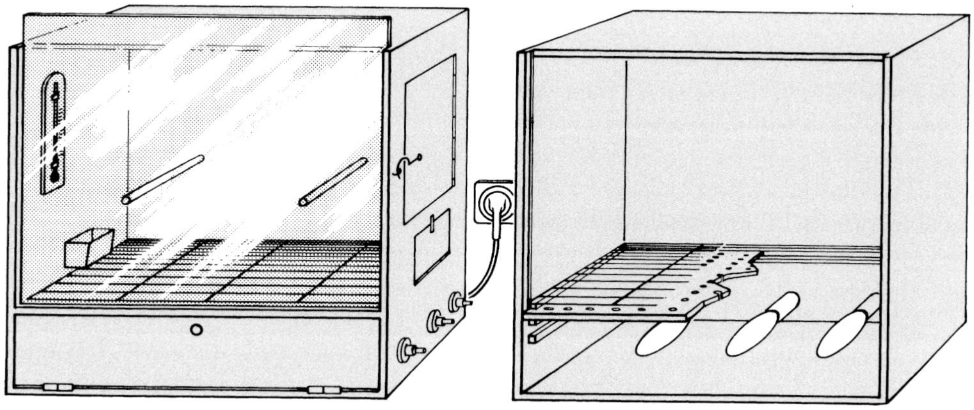

Krankenkäfig mit Beheizung von unten durch Glühbirnen.

ben werden. Gelingt dies nicht ohne Druck, dann sollte die weitere **Behandlung** einem Tierarzt überlassen werden. Notfalls ist ein Schnitt und ein Ausräumen der Drüse erforderlich.

## Diphtherie

siehe Kanarienpocken

## Durchfall

Durchfall ist eine ernstzunehmende und bei Kanarien nicht seltene Krankheitserscheinung. Harmlos ist Durchfall nur, wenn er infolge von **Aufregung** bemerkt wird, etwa wenn der Vogel aus der Voliere gefangen wird. Dann zeigen alle in Mitleidenschaft gezogenen Vögel für eine oder mehrere Stunden Durchfall. Dies kann ich auch jedesmal nach dem wöchentlichen Großreinemachen beobachten. Im frischen Sand sind dann die **wässrigen Entleerungen** deutlich zu erkennen. Solche Art Durchfall gibt sich in der Regel von selbst wieder, sobald die Aufregung vergessen ist.

In allen anderen Fällen von Durchfall muss mit einer **Darmreizung** oder **Darmentzündung** gerechnet werden. Die Ursachen dafür können verschiedener Natur sein. Sehr häufiger Grund ist **Zugluft**, besonders im Sommer, wenn Fenster und Türen achtlos geöffnet werden. In Gartenvolieren sind plötzliche **Temperaturstürze** am häufigsten für Durchfall verantwortlich. **Verdorbenes** Ei- und Aufzuchtfutter ist ebenfalls eine häufige Ursache. Dann kommt es manchmal noch zu seuchenartigen Darmentzündungen. Diese werden durch **Salmonellen** und andere **Bakterien** hervorgerufen. Vor allem wenn Gartenvolieren nach der Zuchtsaison überbesetzt und nicht genügend sauber gehalten werden, brechen Epidemien aus. In solchen Fällen ist der Tierarzt zu rufen, denn nur eine schnelle und gezielte **Behandlung** mit Sulfonamiden oder Antibiotika kann hier helfen. Da diese Medikamente rezeptpflichtig sind, ist der **Tierarzt** in jedem Falle einzuschalten.

Es ist schwer, zwischen einem solchen durch Darmentzündungen hervorgerufenen Durchfall und einem harmloseren zu unterscheiden. Doch sollte nicht in jedem Falle sogleich mit Sulfonamiden oder Antibiotika angerückt werden. Damit kann oft mehr zerstört werden, nämlich eine eventuell noch intakte Darmflora, als dem Vogel geholfen werden kann. Bei Zugluft, Verkühlung oder verdorbenem Futter kann dem Vogel oft mit **Wärme** zwischen +30 und +32 °C, Infrarotbestrahlung, Kamillentee, Schwarzem Tee, Vogelkohle, Vitamin-B-Komplex-Gaben oder einer Balsomin-Kur schonende Besserung gebracht werden.

Einzelne Fälle können am besten in einem Krankenbauer behandelt werden, in dem die Temperatur ganz nach Notwendigkeit eingestellt werden kann. Sind mehrere Vögel erkrankt, ist es meistens besser, die Raumtemperatur zu erhöhen, Infrarot-Dunkelstrahler Tag und Nacht eingeschaltet zu lassen und Vitamine wie Medikamente an alle Vögel zu verabfolgen.

## Entzündete und verschorfte Füße

Wenn Kanarienvögel peinlich sauber gehalten werden, die Sandeinlage in Bauern und Volieren nicht zu knapp bemessen wird (2–3 cm hohe Sandschicht), dann leiden sie ebensowenig unter entzündeten Füßen wie die übrigen Vögel. Doch wer in diesen Dingen etwas leichtsinnig ist, kann sehr schnell fußkranke Kanarienvögel haben. Kot, Sand und Futterreste kleben an den Füßen fest, verklumpen und rufen **Entzündungen** und **Schwellungen** hervor. Der betroffene Vogel mag schließlich nicht mehr hüpfen, zieht abwechselnd ein Bein hoch und ruht zuletzt auf dem Bauch liegend.

Die **Verkrustungen** an Füßen, Zehen und Krallen werden in einem lauwarmen Kamillenbad erweicht. Sie lassen sich dann meistens gut mit einer abgerundeten Pinzette oder mit den Fingernägeln lösen. Vorsicht ist geboten! Bei Schwellungen und hochstehenden Hornschilden kann es sonst zu Verletzungen kommen. Die sauberen, aber entzündeten Füße werden mit Kalkbeinsalbe, Kamasol-Salbe oder Perubalsam hauchdünn eingerieben. Der Vogel sollte bis zum völligen **Abheilen** der Entzündungen in seinem Bauer **keinen Sand** haben, der wegen der Salbe sogleich wieder an den Füßen ankleben würde. Als **Bodenbelag** kann Fließpapier oder einer der im Handel erhältlichen „Vogelsand-Teppiche“ verwendet werden.

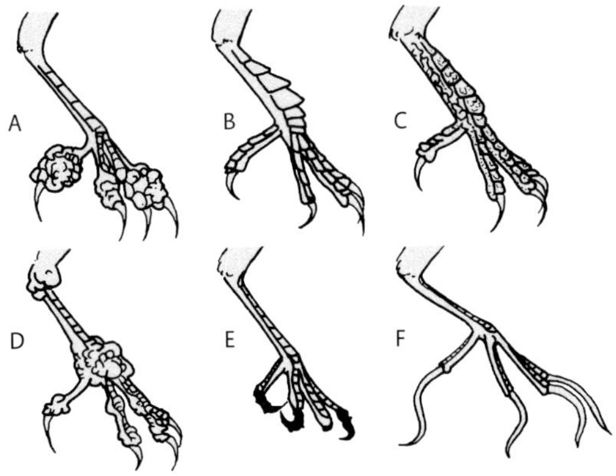


Fußveränderungen A) Pockenwucherungen, B) sehr alter Vogel, C) Kalkbeine, D) Gichtknoten, E) nach Erfrierungen oder Verbrennungen, F) Korkenzieherkrallen, bei Pariser Trompetern und anderen frisierten Rassen als Wucherungen sehr häufig.

## Fettleibigkeit

Dieser Ernährungszustand, der leicht zu einer Krankheit werden kann, kommt hauptsächlich bei zu fetthaltiger **Ernährung** und zu wenig Bewegungsfreiheit vor. Wie im Kapitel „Richtige Ernährung“ schon dargelegt, darf das Futter nicht zu viele fetthaltige Sämereien enthalten. Es muss vielmehr ganz dem Ernährungszustand des Vogels angepasst werden. Am meisten sind einzeln in zu engen Bauern untergebrachte Kanarienvögel von der Fettleibigkeit bedroht. Diesen Vögeln muss täglich eine oder mehrere Stunden **Freiflug** im Zimmer geboten werden. Die Ernährung sollte vor allem aus mehlhaltigen Samen wie Glanz und Hirse bestehen und natürlich aus viel Obst und Grünfutter.

Leider erkennen die meisten Besitzer bei ihren Vögeln die Fettleibigkeit erst, wenn diese kaum noch fliegen können und sehr bewegungsfaul geworden sind. Eine regelmäßige **Kontrolle** des Ernährungszustandes ist darum notwendig. Leider müssen die Vögel dafür in die Hand genommen werden. Ein zu gut genährter Vogel hat einen sehr kräftigen, walzenförmigen Körper. Wird das Brust- und Bauchgefieder auseinandergepustet, kann das Fett gelb durch die Haut schimmernd gesehen werden. Dann ist es höchste Zeit, für eine **Schlankheitskur**. Der Vogel sollte in keinem Falle fasten. Das wäre gesundheitsschädigend. Viel Bewegung und eine Ernährungsumstellung bringen meistens Erfolg. Ohne eine Kur stirbt der Vogel oft früher, kränkelt viel und hat Schwierigkeiten mit der Mauser (s. Stockmauser).

## Hinterzehenfehler

Es ist gar nicht so selten, dass Jungvögel die hintere Zehe nach vorn gebogen halten oder dass diese nach hinten hochsteht. In beiden Fällen kann mit dem Fuß die **Sitzstange** nicht ordentlich umfasst werden. Schwierigkeiten bein Anfliegen von Sitzgelegenheiten sind die Folge. Manche Züchter meinen, dass die Jungvögel sich die Zehe bei den ersten Flugversuchen an zu harten oder zu dicken Sitzstangen verrenkt hätten.

Das glaube ich aber nicht. Ich konnte diese Fehler nämlich schon feststellen, als die Jungen noch im Nest hockten. Es scheint vielmehr rachitisch bedingt zu sein, denn es handelte sich jeweils um zwei oder drei Vögel aus dem gleichen Nest. Während des Hockens verbiegen sich die Hinterzehen nach vorn oder nach hinten und verbleiben in dieser Stellung.

Es gibt verschiedene **Behandlungsmethoden**. Bei nach vorn gehaltener Hinterzehe habe ich zwei kurze Stückchen Fahrradventilschlauch abgeschnitten und eins über den Fuß, das andere über die Hinterzehe gezogen. Nun habe ich ein Stückchen Zwirnsfaden mit einer Nadel durch die locker sitzende Öse gezogen und so weit stramm gezogen, dass die Zehe etwas nach hinten gerichtet war. Der Vogel fühlte sich mit dieser Bandage nicht behindert. Durch die Elastizität des Gummis konnte er sogar etwas mit der hinteren Zehe greifen und fand wegen der Bremswirkung des Gummis auch einen besonders guten Halt. Die Bandage konnte nach zwei bis drei Monaten abgenommen werden. Einfacher ist eine **Bandage** aus Leukoplast.

Steht die hintere Zehe steil hoch, ist es schwieriger, sie in die natürliche Lage zurückzubringen. Am besten helfen hier sehr **dünne Zweige** von Weiden und Ginster als Sitzgelegenheit. Ferner sind in beiden Fällen Vitamine, besonders **Vitamin $D_3$** (Vigantol), Eigelb und Lebertran zu geben, natürlich auch in genügender Menge **Mineralstoffe und Spurenelemente**. Ein gutes Mineralwasser sollte als Getränk gegeben werden.

## Kalkbeine

Dieses ist eine durch die **Räudemilben** *Knemidocoptes pilae* und *Knemidocoptes nutans* verursachte Beinräude. Die Milben lassen durch ihre Bohrtätigkeit auf den Beinen und Zehen weißliche Krusten und Puder entstehen, wovon der Name Kalkbeine abgeleitet wurde. Sie bohren sich in und unter die Hornschilde der Füße und Zehen und ernähren sich von den Eiweißstoffen der hornigen Haut. Bei starkem Befall heben sich die Schilde, sodass die Beine rau und schuppig werden. Die Vögel leiden unter starkem **Juckreiz**. Es kann zu **Entzündungen** kommen. Oft wird der Vogel auch geschwächt, wahrscheinlich durch die Ruhelosigkeit, die ihm das Jucken bereitet. Das Einreiben mit Vaseline oder Kalkbeinsalbe hilft in leichten Fällen. Eine schnellere Vernichtung der Milben wird mit dem Waffenöl **Ballistol** erreicht. Es wird hauchdünn, aber unverdünnt auf die befallenen Stellen aufgetragen. Die Behandlung wird alle drei Tage durchgeführt. Nach fünf Behandlungen wird eine Pause von zwei Wochen eingelegt, dann noch dreimal auf gleiche Weise behandelt.

## Kanarienpocken

Die gefürchtetste Krankheit für die Kanarienvögel sind die Pocken. *Borreliota avium* ist ein Pockenvirustyp, der speziell Kanarien und verwandte Finkenvögel und wohl auch Sperlinge befällt. Andere Typen des gleichen **Virus** sind auf Hühnervögel, wieder andere auf Tauben spezialisiert.

Die **Übertragung** erfolgt am häufigsten durch zugekaufte Vögel aus Beständen mit nicht mehr daran erkrankenden **Dauerausscheidern**. Ferner können die Viren durch Sperlinge und alle Angehörigen der Finkenfamilie, also durch freilebende Vögel, aber auch durch Mücken übertragen werden.

Kanarienpocken können in verschiedener Weise auftreten. Die bekanntese Erscheinung sind die weißlich gelben **Knoten** und **Bläschen**, die einen Durchmesser von 5 mm erreichen können und meistens rund sind. Sie machen sich hauptsächlich an den Schnabelwinkeln, an den Lidern, auf der Brust, den Flügelspannhäuten und den Zehen bemerkbar. Eine andere Form der Erkrankung äußert sich in starker **Atemnot**, die mit rasselnden oder quietschenden Geräuschen einhergeht. Es wird durch Kopfschlenkern Schleim abgeschleudert. Dann röchelt der Vogel nur noch und versucht mit ständig geöffnetem Schnabel dem **Ersticken** zu entgehen, was meistens aber nicht gelingt.

Eine dritte Form der Erkrankung verläuft so schnell, dass praktisch noch kerngesunde Vögel plötzlich tot auf den Boden fallen. Bei ihnen haben sich die Viren so plötzlich zu einer ungeheuren Zahl vermehrt und eine

Blutvergiftung verursacht. Die Pocken machen sich noch in einer anderen Form bemerkbar, nämlich als **weißliche Beläge** auf der Zunge und auf den Rachenwänden. Es wird dann von **Diphtherie** gesprochen. Die Beläge werden so dick und die Schleimhäute schwellen so sehr an, dass die Atmung stark behindert wird und der Vogel erstickt. Nur in wenigen Fällen können die Pocken überstanden werden, egal in welcher Form sie sich äußern. Die verschiedenen Formen können auch gemeinsam auftreten und um so sicherer zum Tode des Vogels führen. Eine Diagnose ist für den Vogelliebhaber in den meisten Fällen sehr schwer. Da bei Ausbruch der Pocken die Heilungschance ohnehin auf ein Minimum gesunken ist, bleibt als einziger Schutz die **vorbeugende Impfung**. Zwar kann und sollte bei Ausbruch der Krankheit jeder noch lebende Vogel geimpft werden, doch wird man nur noch wenige von ihnen dadurch retten können. Die Krankheit ist leider so ansteckend und so gefährlich, dass ganze Vogelbestände innerhalb weniger Tage vernichtet werden können. Überlebende Vögel bleiben häufig Dauerausscheider der Pockenviren, wodurch sie für neu hinzugekaufte Vögel gefährlich werden können.

Die **Inkubationszeit** (von der Ansteckung bis zum Ausbruch der Krankheit), beträgt rund zwei Wochen. Neue Vögel sollten drei bis vier Wochen in **Quarantäne** bleiben und eine Woche nach dem Kauf geimpft werden. Jungvögel werden am besten nach dem Wechsel ins Erwachsenenkleid geimpft. Drei Wochen lang sollten die Vögel keine Gelegenheit zum Bad bekommen. Es ist ratsam, den Vögeln in dieser Zeit ein Multivitamin-Präparat über das Futter oder Trinkwasser zu verabfolgen, zusätzlich vielleicht auch Vitamin A. Dieses ist als Epithelschutz-Vitamin bekannt und macht die Haut resistenter gegen Infektionen.

Bei einer Pockenerkrankung sollten alle Bauer, Volieren und Geräte mehrmals in Abständen von ein bis zwei Wochen **desinfiziert** werden. Die Impfung ist einem Tierarzt zu überlassen. Der Impfstoff ist verschreibungspflichtig und wird mit einer Nadel, an der der Impfstoff haftet, in die Flügelspannhaut eingebracht.

**Schiene anlegen**

Wir nehmen dafür einen Trinkhalm aus Stroh oder Plastik und schneiden ihn der Länge nach auf. Die beiden Hälften werden um den Fuß gelegt und mit Leukoplast oder Tesaband umwickelt, doch nicht zu fest, da sonst der Fuß absterben kann. Wer keine Erfahrung im Anlegen einer solchen Schiene hat, sollte es einem Tierarzt überlassen.

## Knochenbrüche

Knochenbrüche kommen bei Kanarienvögeln recht selten vor. Ist ein Flügel gebrochen, lassen wir ihn am besten von einem Tierarzt schienen. Versuchen wir selbst, einen Verband oder eine **Schiene** anzulegen, wächst der Bruch meist nicht ordentlich zusammen. Auch ein vom Tierarzt geschienter Flügel wächst selten so perfekt zusammen, dass der Vogel seine **volle Flugfähigkeit** wiedererlangt. Wichtig für eine gute Heilung ist, dass der Vogel zwei bis drei

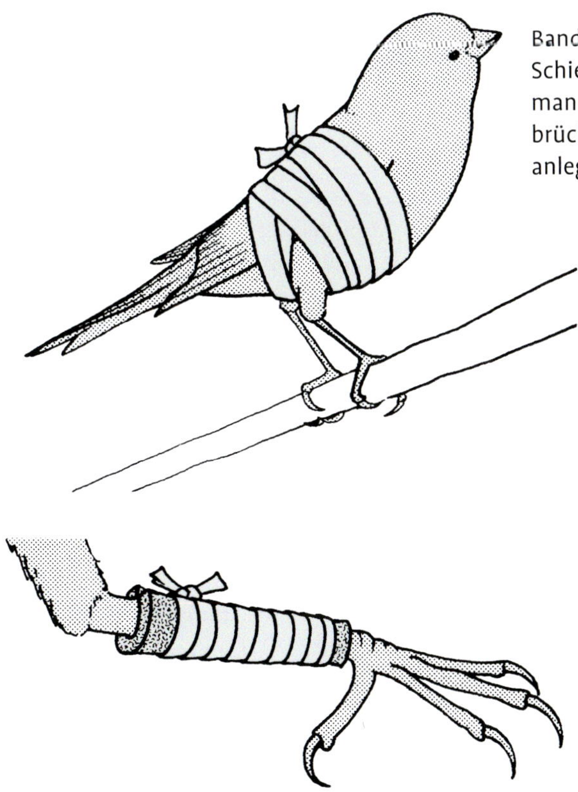

Bandagen und Schienen, die man bei Knochenbrüchen selbst anlegen kann.

Wochen in einem kleinen Bauer ohne Sitzstangen untergebracht wird und Wasser und Futter in flachen Schalen auf dem Boden des Bauers hingestellt bekommt. Ein ganz **ruhiger Standort** ist für die Zeit der Heilung notwendig. Ist der Vogel sehr unruhig, sollte sein Bauer für die meiste Zeit des Tages mit einem Tuch bedeckt werden.

Hat sich der Vogel ein Bein gebrochen, und zwar den unbefiederten Teil, der eigentlich der Fuß zwischen Ferse und Zehen ist, dann können wir eine Schiene anlegen.

## Kokzidiose

Diese seuchenartige Erkrankung kommt besonders im Sommer bei feuchtwarmem Wetter vor. Sie bricht vor allem unter Vögeln in überbesetzten und nicht peinlich sauber gehaltenen Volieren aus. Die Kokzidiose wird von mikroskopisch kleinen Lebewesen, den **Kokzidien**, ausgelöst. Es kann zu ganz plötzlichen Todesfällen kommen. Häufiger siechen die Vögel langsam dahin, sitzen aufgeplustert herum, fressen kaum, bekommen Durchfall und Nasenausfluss und nehmen in vielen Fällen sehr viel Grit auf. Die Kokzidiose kann nur durch eine parasitologische **Kotuntersuchung** bestätigt werden. Kokzidien verschiedener Art werden aber auch von gesunden Vögeln in kleiner Anzahl beherbergt. Erst bei einem schlechteren Allgemeinbefinden oder fortwährender Ansteckung erkrankt der Vogel an Kokzidiose. Die **Behandlung** erfolgt eine Woche lang mit Sulfonamiden oder Furazolidon, die mit dem Trinkwasser gereicht werden. Eine sachgemäße **Desinfektion** ist sehr wesentlich für Vorbeugung und Therapie.

## Legenot

Wenn ein Kanarienweibchen Legenot hat, dann gibt es dafür verschiedene Ursachen.

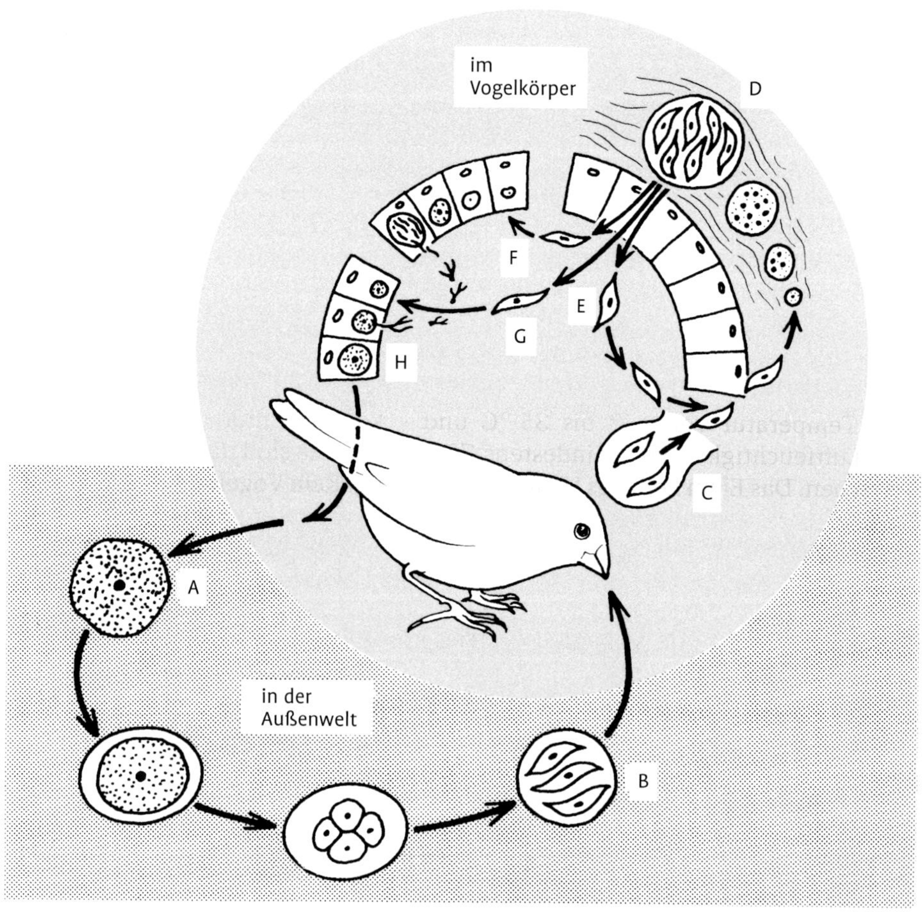


Lebenszyklus der Kokzidien: Im Erdboden entwickeln sich die Zysten (A + B) der Kokzidien und werden vom Vogel aufgenommen. In dessen Darm schütten die Zysten viele Sporozoiten aus (C), die in die Schleimhaut eindringen und sich vermehren (D + E). Mit den männlichen (F) und weiblichen (G) Geschlechtszellen kommt es in der Darmschleimhaut zur Befruchtung, die weiblichen bekommen eine feste Hülle (H) und werden ausgeschieden.

Einer ist, dass das Weibchen noch zu jung ist. Als häufigster Grund muss **Temperatursturz** angesehen werden. Auch bei Weibchen, die nicht in bester **Kondition** sind, kommt es häufig zu Legenot. Schließlich führt Mangel an Kalk und anderen Mineralstoffen zu einer anderen Art von Legenot. Es bilden sich **schalenlose Eier**. Ein solches Ei ist weich und kann nicht aus dem Eileiter gepresst werden.

Zu schalenlosen Eiern kommt es manchmal auch, wenn einem Weibchen **zu viele Bruten** gestattet werden. Nach drei Bruten sollte Weibchen keine Gelegenheit zu einer weiteren Jungenaufzucht gegeben werden. Nistkörbchen und Nistmaterial sind aus dem Bauer zu entfernen oder das Weibchen in eine Flugvoliere zu anderen Kanarienvögeln zu setzen.

Im Falle von hartschaligen Eiern, die nicht ausgestoßen werden können, ist die Kloake noch zu eng, oder die Muskeln sind nicht kräftig genug, oder sie sind durch Kälte oder durch Schwäche erlahmt. In allen diesen Fällen können **Wärme**, Massage und etwas Speiseöl sehr gut helfen. Wird der Vogel vor einem Infrarotstrahler in die Hand genommen, ein Tropfen lauwarmes Speiseöl in die Kloake und rund um die gerötete und durch das Ei verdickte Stelle des Unterleibs massiert, dann legt das Weibchen das Ei häufig sofort in die Hand. Sonst sollte es anschließend in ein feuchtwarmes Tuch gewickelt werden, aus dem nur noch sein Kopf herausschaut, oder in ein **Krankenbauer** gesetzt werden, in dem eine Temperatur von +32 bis 35 °C und eine Luftfeuchtigkeit von mindestens 70% herrschen. Das Ei im Leib des Weibchens zu zerdrücken, wie manche Züchter raten, führt häufig zum Tode des Vogels. Bei einem schalenlosen Ei kann dieses allerdings die einzige Rettung sein. Es ist bei der Massage sehr gut zu fühlen, ob es sich um ein schalenloses Ei handelt.

Auf die tierärztliche Behandlung der Legenot soll hier ebenfalls hingewiesen werden.

**Hinweis zur Legenot**

Leider gehen recht viele Weibchen an Legenot ein, weil während des Tages oft niemand da ist, der dem Tier helfen kann. Das Weibchen sitzt aufgeplustert und unfähig zu einer Bewegung auf dem Boden des Bauers oder der Voliere und verendet nach wenigen Stunden. Eine gleichmäßige Temperatur, Vitamingaben, Mineralstoffe und etwas Lebertran zum Futter helfen, die Legenot zu vermeiden.

## Luftsackmilben

siehe Milbenbefall

## Lumps

siehe Zysten

## Lungenentzündung

Schwere Erkältungen führen meistens zu Lungenentzündungen. Auch bei Infektionskrankheiten kommt es häufig zu Lungenentzündung. Die Symptome sind die gleichen wie bei Erkältungen, doch noch stärker. Nur schnelle **Behandlung** mit einem Antibiotikum kann noch Hilfe bringen. Im übrigen sollte so behandelt werden, wie bei „Durchfall" beschrieben ist.

## Milbenbefall

Am häufigsten werden Kanarienvögel von der Roten Vogelmilbe *(Dermanyssus gallinae)* befallen. Diese Milben saugen das Blut der Vögel, und zwar nachts. Am Tage leben sie versteckt in allen möglichen Ritzen, Spalten und Löchern. Rote Vogelmilben sind unwahrscheinlich zählebig. Sie kommen monatelang ohne alle Nahrung aus. Sie sind dann weißlich, fast durchsichtig. Kein Vogelbestand ist absolut sicher vor ihnen. In **Gartenvolieren** werden sie durch Wildvögel eingeschleppt, die sich auf die Volieren setzen. Durch Zukauf von Vögeln bekommt man sie fast mit Sicherheit gratis dazu. Selbst Einzelvögel, die jahrelang ohne Milben waren, sind plötzlich von ihnen befallen. Entweder werden sie von Spatzen und anderen Wildvögeln bis ans Fenster transportiert, oder vom Besitzer in der Kleidung oder mit dem Futter aus der Zoohandlung mitgebracht.

Der aufmerksame Vogelpfleger merkt sehr bald, wenn seine Vögel von der Roten

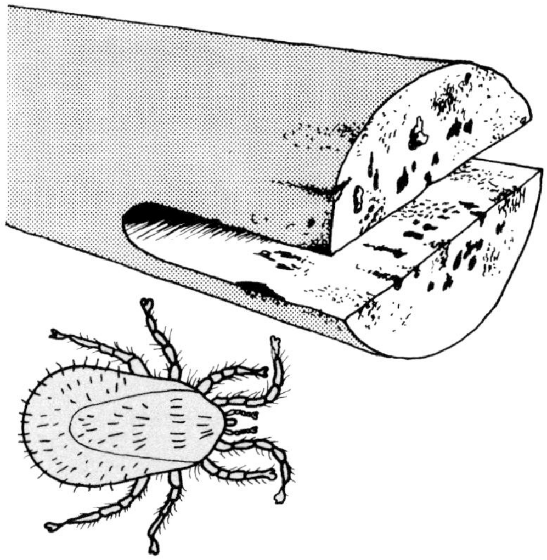

Die Rote Vogelmilbe ist der ärgste Parasit des Kanarienvogels. Nachst saugt sie sein Blut, während sie sich am Tage in Ritzen und Fugen versteckt, wie hier an den Sitzstangenkerben.

Vogelmilbe befallen sind. Die Vögel schlafen sehr **unruhig**, nesteln im Gefieder, schütteln es und trippeln von einem Bein aufs andere. Wer einen Einzelvogel pflegt, sollte zur Bestätigung oder Kontrolle ein weißes Tuch für die Nacht über das Bauer decken. Am Morgen zeigen sich die Milben als rotschwarze Punkte darauf. Rot sind sie jetzt, weil sie sich prall voll Blut des Vogels gesaugt haben. Und darin liegt die Gefahr für jeden Vogel: In jeder Nacht von unzähligen Milben angezapft zu werden, macht ihn blutarm und schwach. Er ist viel anfälliger gegenüber Infektionen, die zum Teil sogar durch die Milben übertragen werden. **Jungvögel** im Nest leiden besonders unter der Roten Vogelmilbe. Sie werden regelrecht leergesogen, ihre Haut wird gelb, sie betteln nicht mehr um Futter und gehen ein.

Zur **Bekämpfung** der Roten Vogelmilbe eignen sich alle Kontakt-Insektenmittel aus dem Zoohandel zum Sprühen oder Einstäuben. Wenn bei diesen Mitteln auch angegeben ist, sie seien für die Vögel völlig unschädlich, so sollten sie doch nicht direkt damit besprüht werden, zumindest Augen und Schnabel sind davor zu schützen. Die Sprüh- und Stäubemittel werden am wirkungsvollsten in **Gartenvolieren** angewandt. In Schutzhäusern, Zimmervolieren und Bauern können die Vögel am besten mit Blattanex-Strips (Bayer) vor Ungeziefer geschützt werden. Diese werden in der vorgeschriebenen Größe oder Anzahl (nach Kubikmeterinhalt) im Raum aufgehängt. Sie bleiben drei bis vier Monte wirksam, indem sie ein Gas verströmen, das alle Insekten und Milben abtötet. Ich kenne sehr viele Vogelzüchter, die seit vielen Jahren Strips anwenden. Sie haben genau wie ich selbst keine nachteiligen Wirkungen auf die Vögel bemerkt. Auch die Jungen und die Embryonen in den Eiern wurden nicht in Mitleidenschaft gezogen. Trotzdem möchte ich hier eine Warnung aussprechen: Wenn ein Raum keine guten **Lüftungsmöglichkeiten** hat, könnte sich das Gift akkumulieren und eine Konzentration erlangen, in der es den Vögeln doch schaden kann. Dieses kann vor allem in Kellerräumen der Fall sein. Manche Züchter hängen frische Strips zuerst einige Tage lang nach draußen, um die Vögel nicht der stärksten Wirkung auszusetzen.

Ob Blattanex-Strips oder andere Ungeziefermittel, es darf nie vergessen werden, dass es sich um **Giftstoffe** handelt. Sie sollten nur wo nötig und wohlüberlegt eingesetzt werden. Gebrauchsanweisungen beachten! Strips nie über Heizungen oder andere Wärmequellen hängen!

*Federlinge* sind weitere, ziemlich harmlose Parasiten der Kanarienvögel. Zumeist treten sie bei Vögeln auf, die in Gartenvolieren untergebracht sind. Sie leben von abgestoßenen Hautschuppen und Federteilchen im Untergefieder der Vögel. Dort legen sie auch die Eipakete an den Federschäften ab. Das **Gefieder** kann durch sie stumpf und zerfranst aussehen. Es kann zu **Juckreiz** für die Vögel kommen. Das Schlimmere an den Federlingen ist, dass sie verschiedene Krankheiten übertragen können. Beim Besprühen oder Bestäuben des Vogels mit einem Milbenmittel sind Augen und Schnabel zuzudecken.

Die **Kahlköpfigkeit** vieler Kanarienvögel ist auf *Grabmilben* zurückzuführen. Sie leben in der Oberhaut von den Eiweißstoffen der Federwurzeln. Die Federn fallen dadurch aus. Am besten hilft ein hauchdünnes Einreiben mit Ballistol (s. Kalkbeine). Da manche Vögel gegenüber Ballistol im Kopfbereich empfindlich sind, kann auch Kalkbeinsalbe oder Vaseline genommen werden. Durch diese Mittel werden die Bohrgänge der Milben geschlossen, sodass sie ersticken oder selbst eingeschmiert werden. Die Federn wachsen meistens erst nach der nächsten Mauser nach, da sie ja nicht herausgezogen, sondern nur abgeknabbert wurden.

Zu piepsenden Atemgeräuschen kommt es bei Kanarienvögeln manchmal durch *Luftsackmilben*. Diese, in die Luftsäcke eindringenden Milben können Atembeschwerden, Stimmverlust, Husten, Niesen, schlechtes Allgemeinbefinden und in schweren Fällen auch den Tod bewirken. Die **Behandlung** erfolgt mit einer Ivomeclösung. Dabei wird den befallenen Vögeln mit einer Spritze (ohne Kanüle) die winzige Menge von 0,50 ml auf eine nackte Stelle zwischen den Federfluren im Nacken geträufelt. Diese sogenannte Tropfimpfung ist nach jeweils 5 Tagen drei- bis viermal zu wiederholen. Die Lösung ist bei jedem Tierarzt als Spot-on-Präparat zu bekommen. Über die Behandlung mit der Neguvon-Lösung berichten Kummerfeld & Hinz 1982 in der Zeitschrift „Die Voliere". Eine andere Behandlungsmethode ist die Verwendung von Blattanex-Strips (Bayer). Diese werden in der für die Kubikmeterzahl des Raumes vorgeschriebenen Anzahl aufgehängt. Durch Einatmen des Gases, das den Strips entströmt, werden die Luftsackmilben in ein bis zwei Tagen abgetötet. Es empfiehlt sich, in diese Behandlung alle Vögel einzuschließen, denn die Luftsackmilben werden durch direkten Kontakt der Vögel untereinander verbreitet.

## Newcastle-Kankheit, Atypische Geflügelpest

Diese Krankheit, die auch als „Newcastle Disease" bekannt ist, wurde früher nur bei Hühnervögeln festgestellt. Die Erreger der Geflügelpest sind **Viren**, die sich aber auch anderen Vögeln anpassen können und unter anderem auch Kanarien befallen. Die Übertragung kann durch Wildvögel erfolgen, die sich auf eine Gartenvoliere setzen und ihren Kot hineinfallen lassen. Eine häufige Infizierung erfolgt durch rohe Hühnereierschalen. Diese dürfen in keinem Fall an die Vögel verfüttert werden, sondern nur solche von gekochten Eiern. Rohe Eierschalen müssen vorher im Backofen einige Minuten lang bei einer Temperatur von über 100 °C erhitzt werden.

Die Geflügelpest kann sich auf verschiedene Weise äußern. Fast immer wird **Atemnot** festgestellt, ferner **Appetitlosigkeit**, wäßriger **Durchfall**, **Fieber**. Die Vögel können auch **Lähmungen**, Verdrehen des Kopfes und **Krämpfe** zeigen. Oft schwellen auch die Augenlider, die Augen wässern und kleben zu. Die Vögel verkriechen sich in dunkle Ecken und sterben meistens nach wenigen Tagen, manche auch ohne vorherige Krankheitszeichen.

Leider gibt es noch keine wirksamen und für die Kanarien ungefährlichen Medikamente. Es kann aber vorbeugend immunisiert werden, und zwar mit einem **Lebendimpfstoff** aus gefriergetrockneten Viren, die aus embryonierten Hühnereiern gewonnen werden. Bei meinen Vögeln beuge ich halbjährlich mit „NC-Vaccine" vor, das über den **Tierarzt** bezogen werden kann. Das Mittel ist in Einheiten von 100, 500, 1000, 2500 und 5000 Impfstoffdosen erhältlich und wird, in Wasser aufgelöst, zum Trinken gegeben. Dabei reicht das 500er-Fläschchen für 1,5 l, das 1000er für 3 l Trinkwasser. Einen Tag lang wird nur das Wasser mit dem Impfstoff gereicht, nichts anderes zu trinken und auch kein Badewasser.

## Ornithose

Die Ornithose wird durch den Erreger *Chlamydia* oder *Chlamydophila psittaci* ausgelöst, der für Papageienvögel und deren gefürchtete **Papageienkrankheit** verantwortlich ist. Neben der Psittakose können Ornithosen von Enten und Puten besonders gefährlich für den Menschen werden. Aber auch die Ornithosen von Finken und damit von Kanarienvögeln können auf den Menschen übertragen werden. Zumeist wird sich diese Erkrankung wie eine Erkältung oder Grippe bemerkbar machen, wenngleich sie sich auf ganz verschiedene Art zeigen kann.

Auch bei den Finken und unseren Kanarien macht sich eine Infektion mit diesem Erreger zumeist in Form einer Erkältung bemerkbar. Es kommt zu **Atemnot**, piep-

**Hinweis**

Ornithose, Papageienkrankheit, ist eine meldepflichtige Krankheit.

senden und rasselnden Geräuschen, Nasenausfluss. Der Vogel sitzt zumeist mit gesträubtem Gefieder, hat Fieber, häufig auch **Durchfall**. Schließlich kommt es zu **Krämpfen** und **Lähmungen**, die dann meistens zum Tode führen. Manche Vögel erholen sich nach einem leichteren Krankheitsverlauf wieder. Sie werden zu Dauerausscheidern und damit für andere Vögel und für den Menschen zu Krankheitsüberträgern.

Eine Reihe anderer Krankheiten, an denen Kanarien durch Viren oder Bakterien erkranken können, zeigen sich in ähnlicher Form wie die Ornithose. Erkrankungen dieser Art erfordern immer die **Behandlung** durch den Tierarzt. Erst Untersuchungen von Kot oder gestorbenen Vögeln können Gewissheit über den Erreger geben. Bei Ornithose wird der Tierarzt eine Behandlung mit Antibiotika anordnen und überwachen.

Das Einschleppen der Ornithose kann durch Zukauf von Vögeln erfolgen, die die Krankheit überstanden haben und Ausscheider sind. Die Erkrankung kommt meistens in schmutzigen Anlagen mit geschwächten Vögeln zum Ausbruch. Es ist also wichtig, nur Vögel aus bekannten, gepflegten Anlagen zu kaufen. Eine **Ansteckungsgefahr** besteht auch durch Tauben und Sperlinge, die Kot in die **Gartenvoliere** fallen lassen, in dem sich Erreger befinden.

## Pseudotuberkulose

Vor allem durch Mäuse, Ratten, Sperlinge und Tauben wird diese seuchenartig auftretende Erkrankung in die Kanarienbestände eingeschleppt. Am meisten sind natürlich Vögel in **Gartenvolieren** bedroht, weil der Erreger mit dem Kot der übertragenden Tiere dort sehr leicht hineingelangt. Auch durch Mäuse verschmutztes Futter ist oft für eine Infektion verantwortlich. Meistens tritt die Erkrankung so plötzlich ein und nimmt einen so schweren Verlauf, dass die Vögel innerhalb eines oder zwei Tagen von den Bakterien vergiftet, sterben. Eine wirksame **Bekämpfung** ist kaum möglich. Es können allerdings Vögel gerettet werden, die noch kaum erkrankt erscheinen. Am wirksamsten haben sich Antibiotika wie Terramycin erwiesen.

## Rachitis

Diese **Mangelkrankheit** sollte in unseren Vogelbeständen nicht mehr anzutreffen sein, doch ist dies nicht der Fall. Auch viele junge Kanarienvögel verkrüppeln an dieser **Knochenweiche**, bekommen krumm wachsende Füße, Zehen und Krallen. Auch die Flügel können verkrüppeln. Diese Krankheit entsteht durch einen Mangel an Vitamin D. Dadurch können der zugeführte Kalk und Phosphor nicht vom Körper verwertet werden. Bei rechtzeitiger Versorgung mit Vitamin $D_3$ (Vigantol), mit Lebertran und Eigelb lässt sich die Knochenweiche im Frühstadium noch heilen. Natürlich darf es auch an allen notwendigen **Mineralstoffen und Spurenelementen** nicht fehlen. Günstig ist hier ein gutes Mineralwasser.

## Salmonellose

Zur Salmonellose kommt es durch mehrere Arten von Salmonellen-Bakterien, die sich unter günstigen Bedingungen, Wärme und Schmutz, ungeheuer schnell vermehren. Sie können durch ihre Giftstoffe den Tod des Vogels unter Krämpfen innerhalb weniger Stunden herbeiführen. Durch infizierten Kot von Sperlingen, Tauben und Möwen, auch Ratten, Mäuse und Fliegen kann die Krankheit auf die Vögel übertragen werden. Meistens dauert sie drei bis sechs Tage. Die Vögel sitzen aufgeplustert und teilnahmslos da, haben Durchfall, Fieber, oft auch Atemnot und übermäßigen Durst. Am häufigsten führt die Salmonellose bei **Jungvögeln** zum Tode. Eine **Kotuntersuchung** ist für eine Diagnose erforderlich. Antibiotika, Sulfonamide oder Furazolidon sind geeignete Medikamente, wobei die Behandlung durch den Tierarzt zu empfehlen ist.

## Schlupfunfähigkeit

Es gibt verschiedene Gründe für die Unfähigkeit eines voll entwickelten Embryos, aus dem Ei zu schlüpfen. Einer ist der Letalfaktor, der in den Kapiteln der Dominantweißen und der Haubenvögel genau beschrieben wird. Aus ähnlichen Gründen schlüpfen auch manche Mischlinge nicht. Sie sind einfach nicht vital genug, die Eischale zu durchbrechen. Bekommen die Elternvögel nicht genügend Mineralstoffe, Spurenelemente und Vitamine, können die Jungen ebenfalls zu schwach sein. Besonders bei Mangel an Vitamin E und des B-Komplexes sterben sie häufig im Ei. Weiterhin kann es zum Absterben der Jungen vor dem Schlupf durch Insektizide wie etwa DDT, durch Salmonellen-Infektion und durch zu niedrige **Luftfeuchtigkeit** im Zuchtraum kommen. Diese sollte zwischen 50 bis 60% liegen.

## Schnabelveränderungen

Manchmal kommt es bei Kanarien zu Schnabelrissen und zwar in der obersten Hornschicht. Diese tritt meist nur bei älteren Vögeln auf. Dünn Einreiben mit Vaseline oder Kamillensalbe und höhere Gaben an Mineralstoffen in Form von Grit oder Zusatz zum Trinkwasser helfen dann oft. Ein **Kreuzschnabel** entsteht manchmal bei Nestlingen in den ersten Lebenstagen. Der ganz weiche Schnabel verbiegt sich beim Füttern durch die Eltern. Hier helfen (wenn der Vogel selbstständig ist) meist nur regelmäßige Korrekturen mit der Schere.

Schnabelrisse und Kreuzschnabel

## Stockmauser

Zur Stockmauser kommt es bei Kanarienvögeln vor allem, wenn sie nicht vielseitig genug ernährt wurden. Besonders ein einzeln gehaltener Vogel, der jahrelang nur trockenes Körnerfutter, zu wenig Grünfutter und kaum Mineralstoffe und Spurenelemente zugeführt bekommt, leidet plötzlich unter Stockmauser. Der Vogel ist dann nicht in der Lage, sein Federkleid während einer normalen Mauser von sechs bis acht Wochen vollständig zu ersetzen. Die Bildung der Federn beansprucht den Stoffwechsel und die Kraftreserven sehr stark. Wenn er nicht ganzjährig mit allen **notwendigen Nähr- und Vitalstoffen** versorgt wurde, braucht er drei bis vier Monate für die Mauser oder bringt sie überhaupt nicht zum Abschluss. Die neu gebildeten Federn sind oft auch stumpf, brüchig oder fallen bald wieder aus. Ein Vogel mit Stockmauser singt nicht mehr und kränkelt die meiste Zeit. Ihm sollte mit folgenden Mitteln geholfen werden. Zum Trinkwasser Avisanol, Vitalino-quell oder ein ähnliches Mittel geben. Statt Leitungswasser kann dem Vogel auch ein gutes Mineralwasser gereicht werden. Die natürliche Kohlensäure muss vorher entweichen können. Darum das Wasser vor dem Geben etwas abstehen lassen. Ein **Kalkstein**, **Sepiaschale** und zerstoßene Schalen abgekochter Hühnereier sollten nie fehlen. Etwas **Vitakalk** sollte unter das Ei- und Weichfutter gemischt, Vitakalk oder **Mauserhilfe** können aber auch über das Körnerfutter gestreut werden. Ein Multivitamin-Präparat ist ebenfalls zum Trinkwasser oder Futter zu geben. Viel frisches Grünfutter, Obst, geriebene Möhren sind ebenfalls geeignete Mittel, eine ins Stocken geratene Mauser überwinden zu helfen.

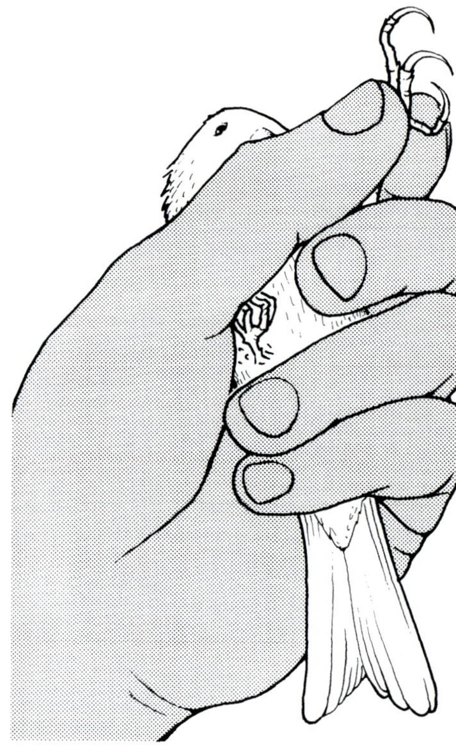

Halten beim Krallenschneiden.

## Tuberkulose

Kanarienvögel können an Tuberkulose erkranken. Die Krankheit wird als solche fast nie erkannt, da der Vogel ganz langsam schwächer wird, abmagert, schlecht durch die Mauser kommt und das Singen einstellt. Eine **Heilung** ist im erkennbaren, also fortgeschrittenen Stadium kaum möglich. Die Vogel-Tuberkulose ist auch auf Menschen übertragbar. Und Menschen-Tuberkulose wurde ebenfalls schon bei Kanarienvögeln festgestellt.

## Übermäßiger Krallenwuchs

Durch übermäßige Gaben von Vitamin A können die Krallen zu lang wachsen. Bei einigen Kanarienvögeln kommt es auch ohne erkennbaren Grund zu übermäßigem Krallenwuchs, während die Krallen bei den anderen stets in einer natürlichen Länge bleiben. Bei zu langen Krallen verdrehen sich die Zehen oft so stark, dass der Vogel sie nicht mehr normal gebrauchen kann. Er wird unsicher in seinen Bewegungen. Manchmal entzünden sich die Zehen dann auch noch dazu. Schlimmer ist jedoch, dass der Vogel mit den langen Krallen am Gitter seines Bauers, an dünnen Zweigen und bei Freiflug an Gardinen und Stoffen hängen bleiben kann. Ist niemand in der Nähe, der ihn schnell aus seiner Lage befreit, flattert er sich zu Tode oder dreht sich ein Bein so hoffnungslos aus, dass eine Heilung kaum noch möglich ist.

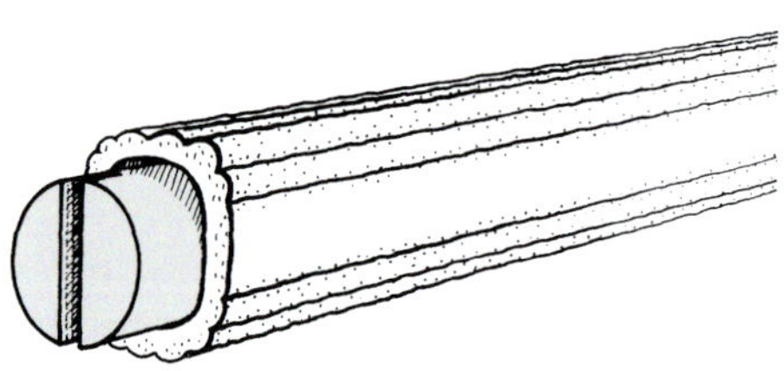

Keramikhülle für Sitzstange, verhindert, dass die Krallen zu lang werden.

**Hinweis**

Gegen übermäßigen Krallenwuchs kann vorgebeugt werden. Raue Sitzstangen oder mit Sandpapier überzogene Sitzstangen verschiedener Dicke helfen ebenso, wie raue Steine (Mörtel, Bimsstein, Schamotte) vor Futter- und Trinkgefäßen, also an Plätzen, die vom Vogel viele Male am Tage angeflogen werden.

Das **Zurückschneiden** der Krallen auf die richtige Länge ist einach. Eine scharfe Schere oder Nagelzange ist dafür nur notwendig. Da die meisten Kanarienvögel hell hornfarbige Krallen haben, ist leicht zu sehen, an welcher Stelle zu schneiden ist. Die Blutgefäße schimmern nämlich deutlich durch das Horn. Es sollte 3 bis 5 mm davor abgeschnitten werden. Kanarienvögel mit dunklen Melaninen im Gefieder besitzen zumeist auch dunkle Krallen. Bei ihnen können die Blutgefäße meistens gegen ein helles Licht auch gesehen werden, wenn nicht, sollte nur das Notwendigste abgeschnitten werden. Sollte eine Kralle doch mal zu kurz geschnitten worden sein und bluten, hält man einige Minuten lang Eisenchloridwatte drauf.

## Unfruchtbarkeit

Unfruchtbarkeit tritt vor allem bei Mischlingen zwischen Kanarienvögeln mit nicht ganz nahe verwandten Finkenvögeln auf. Auch die Jungen aus Verpaarungen zweier Finkenpaare sind meistens unfruchtbar.

Weiterhin kommt Unfruchtbarkeit bei älteren Kanarien vor. Während manche Kanarienvögel noch mit acht Jahren fruchtbar sind, bekommen andere mit sechs Jahren keine Jungen mehr. Noch unfruchtbar sind Jungvögel unter einem halben Jahr, zeitweise, und zwar außerhalb der Brutzeit und hauptsächlich während der Mauser, alle Kanarien und Finken.

## Verstopfung

Bei Kanarienvögeln kommt das Problem der Verstopfung sehr selten vor. Bei zu altem, hartem Körnerfutter und bei der Aufnahme von Federn (Federzupfer) kann es zur Verstopfung kommen. Auch nach Aufenthalt im Krankenbauer oder wenn Fließpapier statt Sand als Bodenbelag gegeben wurde, kann sowohl der Mangel an Sand und Grit als auch eine übermäßige Aufnahme danach zur Verstopfung führen. Schließlich kann es durch versehentliche Aufnahme von Fremdkörpern eine Verstopfung geben.

Der unter Verstopfung leidende Vogel sitzt mit aufgeplustertem Gefieder herum und versucht immer wieder, durch pressende Bewegungen den verhärteten Kot abzusetzen. Erste **Hilfsmaßnahme** ist, die Kloake mit lauwarmem Speiseöl einzureiben, wobei etwas Öl in die Kloake eindringen sollte. Wenn nötig, mit einer Pipette einen Tropfen Rizinusöl oder Paraffinöl in den Schnabel eingeben. Hilfen sind auch mit Vitamin-B-Präparaten zum Trinkwasser möglich. Ferner sollte dem Vogel viel Grünzeug in Form von Obst, vor allem Apfel, gegeben werden.

Bei Legenot und bei Durchfall zeigen Kanarien ähnliche Krankheitsanzeichen. Einem aufmerksamen Vogelpfleger sollte es möglich sein, hier durch Erfahrung und Beobachtung seiner Vögel die richtige Diagnose zu stellen.

## Wurmerkrankungen

Kanarien können von Luftröhren-, Band- und vor allem Spülwürmern befallen werden. Besonders wenn sie in einer Gartenvoliere mit naturbelassenem Boden untergebracht sind, besteht diese Gefahr. Die Wurmeier gelangen mit dem Kot anderer Vögel in die Voliere und werden mit dem Futter aufgenommen. Der Tierarzt verschreibt ein wirksames Mittel (zumeist auf Piperazinbasis) zur Behandlung. Vorbeugend können regelmäßige Gaben von geriebener Möhre zum Grün- oder Aufzuchtfutter gegeben werden. Die gleiche Wirkung ist durch klein geschnittenen Knoblauch, Knoblauch-Schnittlauch oder Bärlauch zu erzielen.

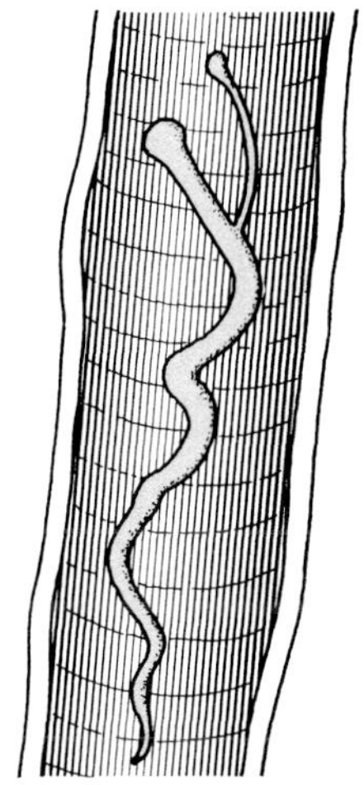

Luftröhrenwürmer.

## Zysten

Zysten, im Englischen „lumps" genannt, treten vor allem bei den **Positurkanarien** wie Crested, Norwich und Gloster auf. Auch bei **Farbenkanarien**, besonders bei **Mosaikvögeln**, werden sie inzwischen ebenfalls festgestellt. Es handelt sich dabei um Federn oder Federbüschel, die nicht in der Lage sind, die Haut zu durchbrechen. Sie rollen sich vielmehr ein, drehen sich zusammen und lassen gelbliche Hautknoten – die Zysten – entstehen. In den meisten Fällen behindern diese Zysten einen Vogel nicht, doch kommt es gelegentlich auch zu **Entzündungen**.

Ein Tierarzt kann die Zysten durch eine kleine Operation entfernen, manche Vogelzüchter können dies auch selbst. Dafür wird die Haut vorsichtig aufgeschnitten, die Federballen mit einer Pinzette herausgehoben und die Öffnung mit etwas Alkohol desinfizert.

Zu Zysten kommt es bei den genannten Positurkanarien, weil sie lange und weiche Federn haben sollen. Besonders wenn in einem Stamm häufig die nicht intensiven B-Vögel miteinander verpaart werden, um ein dichtes Gefieder aus langen Federn und mehr Körpergröße zu erlangen, treten die Zysten auf. Lumps sind keine ansteckende Krankheit, doch kann die **Anlage** dafür leicht **vererbt** werden und der Züchter gefährdeter Rassen sollte sich dessen bewusst sein.

# Richtige Ernährung

In der Freiflugvoliere kann das Futter auf verschiedene Stellen verteilt angeboten werden.

## Das Hauptfutter

Als Hauptfutter bieten wir unseren Kanarienvögeln reifes, trockenes und sauberes Körnerfutter an. Wer einen einzelnen Kanarienvogel pflegt, ist bestens beraten, ein gutes Markenfutter in einer kleinen Packung zu kaufen. Dieses ist ein **Mischfutter**, das nach den Bedürfnissen des Kanarienvogels zusammengestellt wurde. Eine kleine Packung zu kaufen ist deshalb richtig, weil das Futter dann nicht zu alt und überlagert werden kann. Lieber im Verhältnis etwas mehr Geld ausgeben, als dem Vogel gehaltloses oder gar verdorbenes Futter zu geben. Am besten wird das Futter in einem **offenen Glas- oder Plastikbehälter** aufbewahrt. Es kann aber auch in der Pappschachtel bleiben, in der es gekauft wurde, solange es nicht zu warm gelagert wird. Auch soll das Futter immer luftig gehalten werden, da es sonst muffig werden könnte.

Wer eine Anzahl von Kanarien hält oder sie gar in großer Zahl pflegt und züchtet, wird das Futter bei einem bekannten Futterhändler beziehen, und zwar in den für seinen Bestand notwendigen Mengen. Wer das Futter in Säcken zu 25 kg oder 50 kg kaufen kann, wird es natürlich preisgünstiger bekommen als in kleineren Mengen. Nur derjenige Züchter, der ideale **Lagermöglichkeiten** besitzt, sollte das Futter auf Vorrat kaufen. Ob er nun ein fertig gemischtes Körnerfutter kauft oder die einzelnen Samenarten getrennt, ist eine Erfahrungs- und Grundsatzfrage jedes einzelnen.

Kommen wir nun aber zu den Samen, die in einem guten Kanarienfutter enthalten sein sollten. Es sind dies zum einen die fetthaltigen Samen, zum anderen die mehlhaltigen. Sie sollten den verschiedenen Kanarienrassen in einem etwas unterschiedlichen Verhältnis zueinander angeboten werden. Eine übliche Mischung für Farbenkanarien sieht folgendermaßen aus:

**Samenfutter für Farbenkanarien**

- 30% Sommerrübsen
- 20% Nigersaat
- 25% Glanz
- 10% geschälter Hafer
- 5% Hanf
- 2% Mohn
- 2% Salatsamen
- 2% Senegalhirse
- 2% Weizen
- 2% Leinsamen

Andere Züchter geben weit mehr Nigersaat an Stelle von Rübsen. Der Rübsen wird von den meisten Kanarien sehr ungern genommen. Es muss schon einwandfreier roter **Sommerrübsen** sein, der süß und leicht nussartig schmeckt. Oft wird in den Mischungen schwarzer Winterrübsen oder geschwefelter Raps gefunden. Beide haben einen recht herben oder gar bitteren Geschmack. Sie werden von den Kanarien noch mehr verschmäht als der unbeliebte Rübsen. Aus dieser Einsicht heraus geben viele Farbenkanarienzüchter 30 bis 40% Nigersaat und 20% oder nur 10% besten Rübsen. Es werden manchmal auch Glanz oder geschälter Hafer um 5% erhöht.

Die Gesangskanarien wurden meistens noch viel überwiegender mit Rübsen ernährt. Es ist kein Wunder, dass viele dieser Vögel klein und schwächlich blieben. Zum

Glück füttern die meisten **Gesangskanarien**-Züchter inzwischen bekömmlicheres und vielseitigeres Futter, etwa wie das auf Seite 42 angegebene für **Farbenkanarien**. Die Züchter der **Positurkanarien** geben ihren Vögeln häufig ein etwas „fetteres" Futter als die Farbenkanarienzüchter den ihren. Oft erhöhen sie den Hanfanteil auf 10 oder gar 15%, lassen dafür den Hirseanteil ganz weg und verringern den des Glanzes um 5 oder 10%. Das ist jedoch nicht nötig und auch nicht ratsam. Es wäre viel besser, den Rübsenanteil zu verringern und dafür mehr Nigersaat zu geben. Was den **Nährwertgehalt** beider Samenarten betrifft, so ist er in etwa gleich, wie aus nachstehender Tabelle ersichtlich ist. Es sind die unterschiedlichen **Geschmacksstoffe**, die den Vögeln das eine besser als das andere munden lassen. Hanf und Leinsamen werden wegen bestimmter Nebenwirkungen (Giftigkeit, narkotische Wirkung) in geringem Prozentsatz gegeben.

Ob nun der übliche Weg beschritten wird, den Vögeln eine fertige Mischung anzubieten, oder ob **Einzelsaaten** in verschiedenen Näpfen in Bauer und Volieren gestellt werden, soll jedem Züchter überlassen bleiben. Doch alles spricht dafür, die Saaten einzeln zu geben. Die Vögel können dann das Futter wählen, das sie zur Zeit bevorzugen. Nigersaat, Rübsen, Glanz und ein Hirsegemisch (Exotenfutter) sollten ständig in verschiedenen Näpfen oder Automatenabteilen angeboten werden. Daneben können abwechselnd in kleineren Näpfen Hanf, Leinsamen, Mohn, Salatsamen, geschälter Hafer und ein Waldvogel-Mischfutter geboten werden. Bei all diesen Sorten kann ganz nach Notwendigkeit dosiert werden, etwa mit Hanf und Leinsamen, von denen ein Zuviel ebenso falsch wie ein völliges Fehlen wäre.

**Hinweis**

Bei der Fütterung von Einzelsaaten kann der Züchter sehr gut erkennen, was die Vögel zur Zeit bevorzugen und was sie verschmähen.

Ein bei Kanarien sehr verbreitetes Übel, das Herausschleudern der Samenkörner aus dem Futternapf, wird durch deren separates Anbieten weitgehend vermieden. Die Vögel haben es dann nicht mehr nötig, nach den bevorzugten Samen zu wühlen. Die Tabelle links unten zeigt, welche Bestandteile an **Nährstoffen** in Prozenten in den einzelnen Samenarten enthalten sind.

**Tabelle 1: Inhaltsstoffe verschiedener Samenarten**

| Samenart | Fettgehalt | Kohlenhydratgehalt | Proteingehalt | Mineralstoffgehalt |
|---|---|---|---|---|
| Rübsen | 38–42 | 8–10 | 18 | 4 |
| Nigersaat | 30–34 | 14–16 | 15 | 8 |
| Hanf | 28–32 | 17–20 | 18–20 | 2 |
| Leinsamen | 30–40 | 18–22 | 18–22 | 5–7 |
| Mohn | 40–55 | 10–12 | 15–18 | 5–7 |
| Glanz | 5–7 | 50–60 | 12–16 | 2 |
| Senegalhirse | 4 | 55–65 | 10–12 | 3 |
| geschälter Hafer | 5–7 | 54–58 | 10–12 | 3 |
| Weizen | 2 | 65–72 | 10–12 | 2 |

## Keimfutter ist gesünder

In der Natur nehmen alle Finkenarten vom Beginn des Frühjahrs bis in den späten Herbst hinein überwiegend **halbreife** bis **frischreife Samen** der verschiedensten Wildkräuter auf. Dieses Angebot an Futterpflanzen können wir unseren Pfleglingen nie bieten. Erstens reicht die Zeit bei den wenigsten Liebhabern kaum, täglich frische Pflanzen mit Fruchtständen zu sammeln, zweitens ist es heutzutage wegen der in Gärten und Feldern angewandten Insektizide nicht einmal ratsam.

Deswegen braucht es für die Vögel aber nicht bei den trockenen Samen des Hauptfutters zu bleiben. Wir können und sollten ihnen vielmehr das ganze Jahr über **Keimfutter** anbieten. Es ist weich und vitaminreich. Die meisten Kanarienzüchter schrecken vor der Bereitung von Keimfutter zurück, weil sie entweder schon selbst schlechte Erfahrungen damit gemacht, oder über solche von anderen Züchtern gehört haben.

**Hinweis**

Durch den Keimprozess werden die Nährstoffe aufgeschlossen, das heißt, leicht verdaubar gemacht. Außerdem werden im Keim Vitamine und andere Wirk- und Nährstoffe entwickelt, die das Keimfutter für die Kanarien und Mischlinge zu einem wichtigen, ja unentbehrlichen Grundfutter machen.

Es gibt verschiedene Möglichkeiten der **Keimfutterzubereitung**. Einige davon sind tatsächlich nicht empfehlenswert, weil das Keimgut dabei sehr leicht säuern und verderben kann.
Seit vielen Jahren habe ich mit der folgenden Methode die besten Erfahrungen gemacht:

- In ein Plastiksieb (es gibt sie für jeden Vogelbestand in passender Größe in Haushaltsgeschäften) fülle ich die für einen Tag benötigte Futtermenge.
- Dann hänge ich das Sieb in einen passenden Plastikeimer oder -topf, der so weit mit Wasser gefüllt wird, dass alle Samen davon bedeckt sind. Setze ich das Futter am Morgen an, wird es am Abend des gleichen Tages unter kaltem Wasserstrahl kräftig und sorgfältig durchgespült.
- Dann kommt das Sieb mit dem nun schon gequollenen Keimgut wieder bis obenhin in frisches Wasser.
- Am nächsten Morgen, also 24 Stunden nach dem Ansetzen, wird das Futter im Sieb erneut durchgespült.
- Dann wird aber nur so viel Wasser in den Behälter getan, dass das Sieb mit dem Keimgut nicht mehr hineinhängt. Über Behälter und Sieb wird ein Blumentopfuntersetzer verkehrt herum gehängt. So bleibt das Keimgut weitere 24 Stunden stehen.
- Dann, nur 48 Stunden nach dem Ansetzen, zeigen sich schon kurze Keimspitzen. Das Futter ist jetzt fertig und kann den Vögeln gegeben werden.

Das Keimfutter muss **frisch** aussehen, nicht faulig riechen, sondern darf höchstens einen nussartigen Geruch haben. Vor dem Ausbreiten auf Einmachglasdeckel wird das Keimfutter im Sieb auf ein mehrfach gefaltetes Frotteetuch gestellt. Dadurch wird alle **überflüssige Feuchtigkeit** aus dem Futter gesogen.

Das Keimfutter darf den Vögeln nicht in den üblichen Futternäpfen gereicht werden. Diese haben einen zu hohen Rand, wodurch die Frischluftzufuhr vermindert wird und das Keimgut noch am gleichen Tage **säuern** kann. Wird es jedoch in Einmachglasdeckeln flach ausgebreitet angeboten, bleibt es frisch und würde höchstens trocknen, doch nie säuern und faulen. Meistens haben die Vögel die gekeimten Samen doch schon nach wenigen Stunden aufgefressen. Sie schmecken ihnen zu gut, um unbeachtet zu bleiben.

Kein Kanarienzüchter sollte darauf verzichten, seinen Vögeln Keimfutter zu bieten. Es ist ja so einfach in der Aufbereitung. An **Samen** werden alle zum Keimen verwendet, die im **Hauptfutter** enthalten sind. Dass sie keimfähig sein müssen, bedarf keiner weiteren Erwähnung.

## Grünfutter und Futterpflanzen

Alle Kanarienvögel mögen sehr gern Grünfutter der verschiedensten Art. Vor allem nehmen sie **Vogelmiere** heißhungrig auf, aber auch **Salat** und **Spinat**. Wer einen eigenen Garten besitzt und somit sicher sein kann, dass bei ihm und bei den Nachbarn keine Insektizide verwendet werden, hat die besten Voraussetzungen, fast das ganze Jahr über bestes Grünfutter geben zu können. Damit es in den Bauern und Volieren den ganzen Tag frisch bleibt, sollte es mitsamt Wurzelballen gegeben werden.

Wer Vogelmiere von Feldrändern holt und Salat und Spinat kaufen muss, sollte alles sorgfältig **abspülen** und abtrocknen, bevor er es den Vögeln reicht. Zu häufig sind schon Spritzmittel verwendet worden, durch die ganze Vogelbestände vergiftet wurden.

**Hinweis**

Es ist bei der Verfütterung von Grünfutter größte Sorgfalt notwendig. Zum einen sind es die giftigen Pflanzenschutzmittel, die den Vögeln gefährlich werden können, zum anderen auch nasser Salat, ferner sehr unregelmäßige Gaben von Grünfutter. Manche Vögel bekommen bei nassem Salat stets Durchfall, viele auch bei nur gelegentlicher Fütterung von Grünem. Sie müssen langsam daran gewöhnt werden. Dabei sollte immer das Sprichwort „mäßig aber regelmäßig“ beachtet werden.

## Selber aussäen

Eine andere Möglichkeit, einwandfreies Grünfutter zu bekommen, ist das Ansäen von Grassamen, Hirse, vor allem Senegealhirse, Nigersaat und Salatsamen in Blumentöpfen und Blumentopfuntersetzern. Es sollte allerdings keine gekaufte oder Gartenerde verwendet werden, sondern Laubwalderde. Ferner ist es notwendig, im Winterhalbjahr über die keimenden Samen in etwa 30 cm Abstand Leuchtstoffröhren zu hängen, und zwar Gro-Lux-, L-Fluora- oder True-Lite-Röhren. Diese lassen das Grün innerhalb weniger Tage bis zu der zum Verfüttern besten Höhe wachsen. Dann werden die Untersetzer oder Töpfe einfach in die Bauer und Volieren gestellt. Dass etwas Erde von den Vögeln ebenfalls aufgenommen wird, und zwar gern, ist kein Grund zur Besorgnis, sondern wünschenswert. Gute Erde enthält nämlich viel Mineralstoffe und Mikroorganismen, die sich auf den Stoffwechsel und die Darmflora der Vögel günstig auswirken.

Vogelmiere ist bei den meisten Vögeln sehr beliebt.

## Wildpflanzen sammeln

Eine weitere Quelle vitaminreichen, gesunden Futters bieten **Wildkräuter** der unterschiedlichsten Arten und in verschiedenen Reifegraden.

Futterpflanzen können das Sommerhalbjahr über in großer Zahl überall gefunden werden. Aber auch hier muss leider davor gewarnt werden, Wildkräuter in Gebieten zu sammeln, in denen Pflanzenschutzmittel gesprüht wurden. Auch von Straßenrändern sollten sie nicht gepflückt werden, denn durch Abgase der Autos oder andere **Verunreinigungen** können diese Kräuter den Vögeln mehr schaden als dienen. Es sind viele verschiedene Wildkräuter als

Wildkräuter.

Kornblume

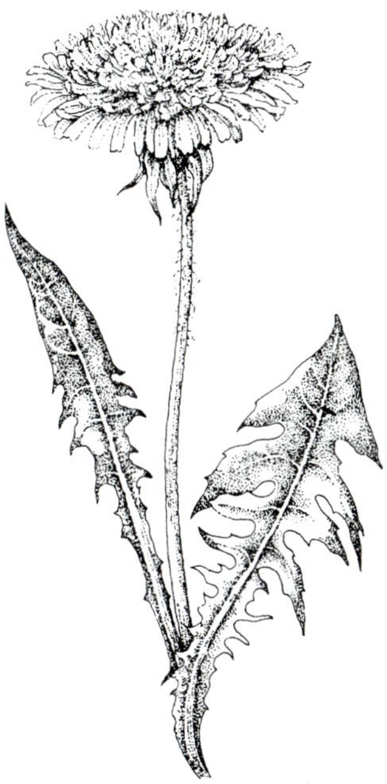

Löwenzahn

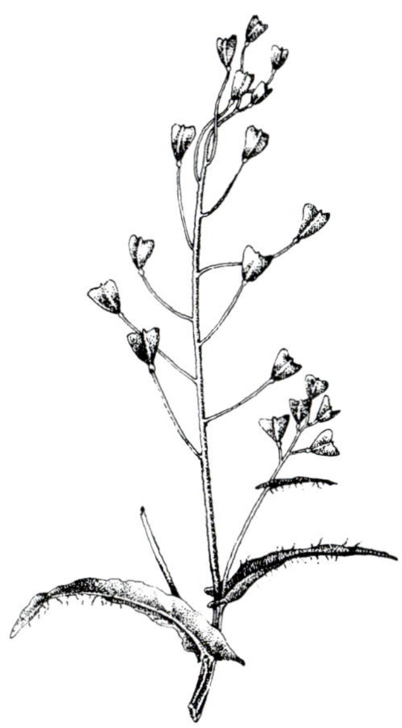

Hirtentäschel

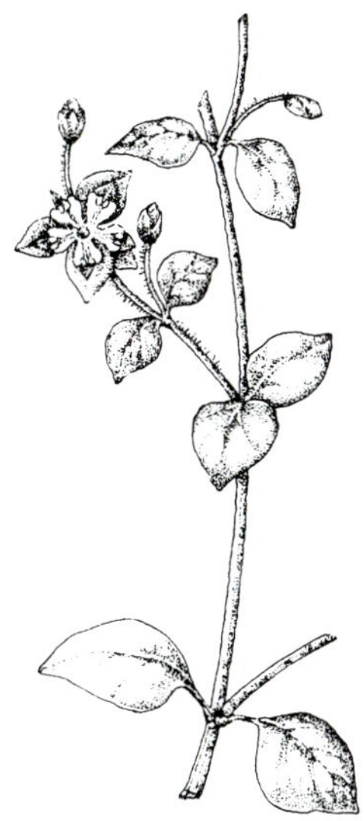

Vogelmiere

**Hinweis**

Im Winter und Vorfrühling gibt es die Möglichkeit, den Vögeln die Knospen von Obstbäumen, Weißdorn, Schwarzdorn, Birke, Weide und anderen Laubbäumen zu bieten. Abgewaschene Zweige werden einfach in Vasen oder Eimer mit Wasser gestellt und in geheizten Räumen zum Knospentreiben gebracht.

Futter für Kanarien geeignet. Außer der der schon erwähnten Vogelmiere, die den Vögeln am besten mitsamt den Samenkapseln mundet, sind zarte Löwenzahnblätter, die Samenstände des **Löwenzahns**, die der **Gänsedistel** und des **Kreuzkrautes** sehr begehrt. Bei diesen drei Pflanzen sollten vor dem Verfüttern die Flughaare von den noch geschlossenen Fruchtständen abgeschnitten werden. Sonst fliegen sie in Massen in den Bauern, den Zimmern oder Volieren herum. Als weitere geeignete Futterpflanzen sind Hirtentäschelkraut, Breitwegerich, Spitzwegerich, Vogelknöterich, Melde, Gänsfuß, Sauerampfer und die Rispen vieler verschiedener Grasarten zu nennen. Wer sich im **Erkennen der Pflanzenarten** noch unsicher fühlt, sollte sich die in Frage kommenden Pflanzen zeigen lassen oder ein Bestimmungsbuch zu Rate ziehen.

Guter Ersatz für Grünfutter und Futterpflanzen und oft auch im Winter zu bekommen sind **Obst** und **Gemüse** verschiedenster Art. Kanarienvögel mögen Äpfel, Birnen, Bananen, Orangen, Pampelmusen und Gurken sehr gerne, wenn diese in Stücke oder Scheiben geschnitten und in einer Klammer oder auf einem Dorn befestigt gereicht werden. Geschabte Möhren, am besten mit Weichfutter vermischt, aber auch pur, werden sehr gern genommen. Weintrauben, Erdbeeren, Himbeeren, zerschnittene Feigen, Datteln, Rosinen sind auch beliebt.

Farbkanarienpärchen, orange intensiv und gelb intensiv am Aufzuchtfutter.

## Weich- und Aufzuchtfutter

Als Weich- und Aufzuchtfutter wird ein eiweißreiches **Zusatzfutter** bezeichnet. Es kann ganz und gar aus käuflichem, mit allen notwendigen Nähr- und Vitalstoffen versehenem Futter bestehen, wie Kanarien-Gold, CeDe-Eifutter, Quiko-, Trill-Aufzuchtfutter oder Ähnlichen. Diese können den Vögeln trocken gegeben werden, oder sie werden mit Möhrensaft, geriebenen Möhren, hartgekochtem, zerdrücktem Ei (Eigelb und Eiweiß) oder mit Wasser zu nicht feuchten, krümeligen Flocken vermischt. Die Kanarien lieben dieses Futter. Sie nehmen es nicht nur zur Aufzucht ihrer Jungen, sondern ganzjährig als **Kraft- und Konditionsfutter** an. Besonders vor und während der Mauser und der Schausaison ist dieses eiweißreiche Futter notwendig.

Zur Verbesserung des Weichfutters können verschiedene Präparate und Nährmittel als **Zusätze** gegeben werden. Da wären Traubenzucker, Nektarmil oder Milumil (perliert) 7-Korn-Flocken, Weizenkeime und Hefeflocken zu nennen, alles Humanpräparate und in Apotheken oder Reformhäusern erhältlich. Ebenso geeignet sind Milchpulver, Sojamehl und etwas Lebertran, letzterer auch als Vorbeugemittel gegen Legenot bei etwas kühler Haltung der Vögel.

Es kommt auf die Gewöhnung der Vögel an ein **Weichfutter** an. Viele nehmen sehr gern ein feines Insekten-Weichfutter, wenn dieses unter das **Eifutter** gemischt wird. Dieses sollte vor allem den Finken gegeben werden, die von Natur zur Aufzucht ihrer Jungen **tierische Nahrung** in Form von Insekten und deren Larven verwenden. Diesen Vögeln können auch Mehlwürmer,

Getreideschimmelkäferlarven, Wachsmottenlarven und vor allem Blattläuse geboten werden. Es ist nicht selten, dass auch Kanarien von diesem Futter nehmen.

## Vitamine, Mineralstoffe und Spurenelemente

Werden Grünes, Obst und Früchte in ausreichender Menge und täglich frisch geboten, ferner Keimfutter, sind zusätzliche Gaben an Vitaminen kaum nötig. Es gibt allerdings **Stresssituationen** wie die Zucht, die Mauser, Krankheit und zu kühle Unterbringung im Winter, in denen eine erhöhte Verabfolgung von Vitaminen angebracht erscheinen mag.

Eine Anzahl verschiedener Vitaminpräparate werden speziell für Vögel hergestellt. Diese Mittel enthalten neben allen notwendigen Vitaminen, **Mineralstoffen** und **Spurenelementen** auch Aminosäuren.

Die **Vitaminpräparate** werden am besten dem trockenen Körnerfutter, dem Keimfutter und dem Weichfutter zugesetzt. Es gibt aber auch eine Reihe von Mitteln in pulverisierter oder flüssiger Form, die dem Trinkwasser beigegeben werden können. Wird morgens frisches **Trinkwasser** mit frisch hinzugesetzten Vitaminen gegeben, ist gewährleistet, dass alle Vögel von den dann noch nicht oxidierten Vitaminen eine genügende Menge aufnehmen.

Zur Gesunderhaltung, zur Knochen-, Feder- und Eibildung benötigen die Vögel Mineralstoffe und Spurenelemente. Um zu gewährleisten, dass sie alle notwendigen Stoffe erhalten, geben wir ihnen ein möglichst reichhaltiges Angebot. Vitakalk kann zur freien Aufnahme in einem Napf gereicht werden, aber auch unter das Weichfutter gemischt. Zerstoßene Schalen gekochter Hühnereier werden sehr gern genommen.

**Hinweis**

Von rohen Eiern sollten die Schalen im Backofen erhitzt werden, um zu vermeiden, dass Krankheiten von den Hühnern eingeschleppt werden.

Käufliche Kalksteine enthalten alle notwendigen Mineralstoffe und Spurenelemente. An ihnen wie an den fast aus reinem Kalk bestehenden Sepiaschalen (Rückenschulp einer kleinen Tintenfischart) können die Vögel außerdem sehr gut Schnabelpflege betreiben. Vogelgrit kann aus zermahlenen Muscheln bestehen, aber auch eine Vielzahl verschiedener Gesteine und andere Mineralstoffe enthalten. Dann ist eine vollwertige Versorgung gewährleistet. Ansonsten hat Grit die Aufgabe, das Futter im Magen zu zermahlen. Da sich die Steinchen durch Aneinanderreiben verbrauchen, ist stets für Nachschub zu sorgen.

## Trink- und Badewasser

Trinkwasser ist den Kanarien täglich frisch zu bieten. Es sollte möglichst nicht direkt aus der Wasserleitung gegeben werden, und zwar wegen des Chlorzusatzes. **Abgestanden** sollte das Wasser schon sein, damit das Chlor entweichen kann, was es innerhalb weniger Stunden tut. Noch besser ist, **abgekochtes** Wasser zu geben, damit alle eventuell im Wasser vorkommenden Krankheitskeime abgetötet sind. Besitzer von nur wenigen Kanarien können dort, wo das Leitungswasser sehr schlecht ist, ein gutes, stilles **Mineralwasser** geben. Die wenige natürliche Kohlensäure sollte man vorher entweichen lassen.

Wichtig ist, dass die **Trinknäpfe und Trinkröhrchen** täglich gut ausgewaschen werden. Die Röhren lassen sich sehr gut mit einer Flaschenbürste entsprechender Stärke **reinigen**. Ebenso müssen die Badehäuschen und Badeschalen peinlich sauber gehalten werden, denn jeder Vogel trinkt zuerst einen Schluck des Wassers bevor er darin badet. Auch das **Badewasser** sollte abgestanden sein und ebenso wie das Trinkwasser **Raumtemperatur** aufweisen. Ein ständig aus der Leitung nachfüllendes oder gar als Wasserfall oder Springbrunnen eingerichtetes Badebecken mag für den Betrachter zwar schön aussehen und von Kot und anderen **Verunreinigungen** freigehalten werden, doch ist das Wasser meistens zu kalt und zu chlorhaltig.

# Zucht

Rechte Seite: Weibchen in Satinet rot schimmel mit seinen drei Wochen alten Jungen in orange grün und rosé grün gescheckt.

## Verschiedene Methoden der Kanarienzucht

Die Zucht kann auf verschiedene Weise betrieben werden. Es kommt dabei ganz auf die Möglichkeiten und Ziele des Züchters an.

Am einfachsten wäre die Zucht in größeren **Garten**- oder **Zimmervolieren** mit drei bis vier Weibchen und einem Hahn zusammen untergebracht. Jedem Weibchen ist wenigstens 1 Kubikmeter Raum zu gewähren. Ferner sind für jedes Weibchen zwei bis drei Nestunterlagen vorzusehen, um Streitigkeiten weitgehend zu vermeiden. Die **Vorteile** dieser Zuchtweise liegen in der einfachen, bequemen Art der Betreuung, in der zumeist sehr guten Produktivität und in der Vitalität der Zuchtvögel und ihrer Jungen. In einer Voliere können die Vögel nämlich ihre Flügel nach Herzenslust gebrauchen, wodurch sie schon ganz von selbst eine bessere Kondition besitzen als Vögel in kleinen Zuchtbauern. Die Vögel schreiten in Volieren leichter zur Brut, und die Weibchen regen sich gegenseitig an.

Bei dieser Zuchtmethode gibt es natürlich auch einige **Nachteile**. Es kommt hin und wieder vor, dass zwei Weibchen sich um den gleichen Nistplatz streiten, oder dass eines der Weibchen mit dem Hahn nicht harmoniert, dadurch kein eigenes Nest und Gelege erbringt oder aber bei einem der anderen Weibchen mitmachen möchte. Dieses muss nicht von Schaden sein, kann aber ein Weibchen auch zur Aufgabe der Brut bewegen. Schließlich sei nocht erwähnt, dass eine kontrollierte Zucht in Voliérengemeinschaften kaum möglich ist. Es müssten schon drei bis vier Weibchen genau der gleichen Farbe mit dem einen Hahn zusammengesetzt werden, oder aber so verschiedenfarbene, dass die Nachkommen jedes Weibchens zu erkennen sind. Wer bestimmte Zuchtziele ansteuert, wird sich zur Zucht in Gemeinschaftsvolieren wohl kaum entschließen.

Für die gezielte Kanarienzucht ist die Unterbringung in **Bauern** geeigneter. Bei paarweiser Haltung und Zucht ist erstens eine Auswahlzucht nach den Regeln der Vererbung möglich, zweitens eine störungsfreie und vollwertige Aufzucht der Jungvögel gewährleistet. Hahn und Henne sind während der gesamten Brutzeit zusammen. Die **Partner** müssen natürlich harmonieren, was nicht immer der Fall ist. Bei miteinander verträglichen Vögeln ist die Zucht im geräumigen Bauer von 100 × 40 × 60 cm sehr befriedigend. Der Hahn

Fütterndes Weibchen am Nest.

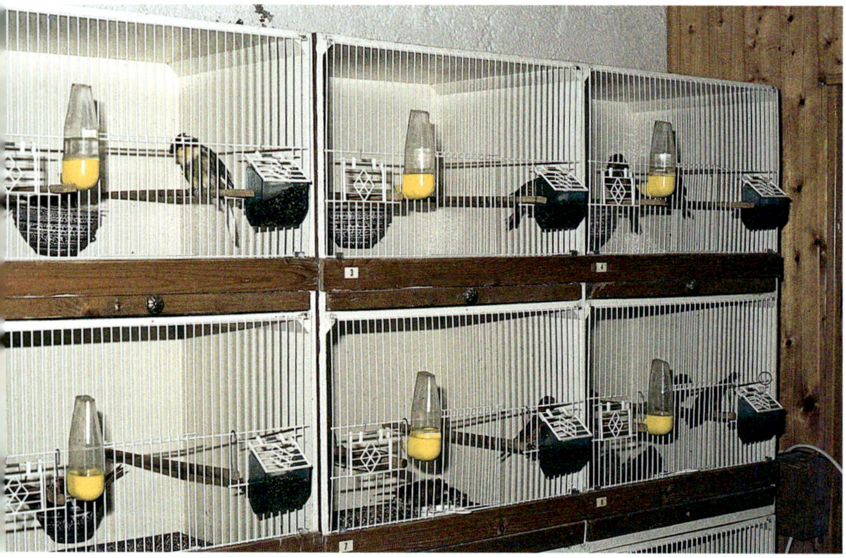

Kistenkäfige mit Trinkröhrchen und Außenfütterung für die Zucht.

füttert die Henne, was deren Brutlust steigert. Während sie das Nest baut, legt und brütet, wird das Füttern fortgesetzt. Dieses ist ein nicht zu unterschätzendes Stimulanz und die natürliche Weise, das durch Eierlegen und Brüten geschwächte Weibchen kräftig zu erhalten. Außerdem brüten viele **Weibchen** fester, wenn der **Hahn** in der Nähe ist. Manche verlassen das Nest, wenn der Hahn aus dem Bauer gefangen und woanders untergebracht wird. Schließlich hilft der Hahn meistens sehr gut, die **Jungen** zu füttern. Sind diese ausgeflogen, werden sie in zunehmendem Maße und bis zum Selbstständigwerden nur noch alleine vom Vater gefüttert. In dieser Zeit beginnt das Weibchen schon die nächste Brut. Wenn es in dieser Übergangsphase zu Störungen durch den Hahn oder durch die flüggen Jungen kommen sollte, ist es gut, das Bauer durch einen **Schieber** aus Drahtgeflecht oder Gitterstäben zu unterteilen. Dann können die Jungen vom Pärchen oder die Jungen und der Hahn vom Weibchen getrennt werden. Der Hahn kann entweder die Jungen durchs Gitter füttern oder zeitweilig zum Weibchen gelassen werden. Wenn die Jungen der zweiten Brut schlüpfen, sind die der ersten Brut schon selbstständig und können in ein geräumiges **Jungvogelbauer** oder in eine Flugvoliere umgesetzt werden.

Als dritte und von erfahrenen Züchtern am häufigsten praktizierte Methode ist die **Wechselhecke** zu nennen. Hierbei bildet ein Hahn mit meistens zwei, manchmal bis zu vier **Weibchen** eine Zuchteinheit, doch sind die Weibchen einzeln in Bauern untergebracht.

Der **Hahn** wird nacheinander zu den gerade brutlustigen Weibchen gelassen, und zwar wenn eines das Nest fertig gebaut hat, und bleibt normalerweise bis nach Ablage des vollständigen Geleges oder des dritten Eies. Dann wird er zum nächsten Weibchen gelassen und so fort.

Manchmal sind zwei Weibchen gleichzeitig brutreif. Züchter, die genügend Erfahrung und Zeit zum Beobachten haben, geben dann den Hahn morgens zu einem der Weibchen und lassen ihn nach erfolgtem Treten im Laufe des Vormittags zum anderen Weibchen. Der Vorteil der Wechselhecke ist, dass weniger Hähne benötigt werden, und die wirklich erstklassigen Hähne ihre Eigenschaften an viel mehr Nachkommen vererben können. Auch sind die **Platzansprüche** bei der Wechselhecke geringer.

Es sind auch eine Reihe von **Nachteilen** mit der Wechselhecke verbunden. Nicht immer nimmt ein Weibchen den Hahn sofort an. Dadurch kann es zu vielen unbefruchteten Eiern kommen. Auch verlassen manche Weibchen das Gelege, wenn der Hahn herausgefangen wird oder er durch seinen **Gesang** im Nebenabteil stört. Er sollte also nach Befruchtung der Eier in einen anderen Raum gebracht werden, damit die Weibchen ihn nicht hören können. Das Weibchen muss die Jungen alleine großziehen. Viele der Weibchen tun dieses anstandslos und zuverlässig. Es sollte aber darauf hingewiesen werden, dass den Weibchen dadurch weit mehr zugemutet wird,

**Hinweis**

Ganz gleich, für welche der drei Zuchtmethoden sich ein Liebhaber entscheidet, der Erfolg hängt letztlich von der täglichen Fürsorge ab, die er für seine Pfleglinge aufbringt, von dem ständigen Beobachten und der Erfahrung daraus sowie von der „glücklichen Hand".

als sie von Natur aus zu leisten hätten. Weibchen in der Wechselhecke sollten darum nicht mehr als zwei **Bruten pro Jahr** zugemutet werden. Dagegen können die Weibchen, die von ihren Männchen unterstützt werden, auch drei Bruten im Jahr aufziehen. Dieses gilt in beiden Fällen für Weibchen in ihrem zweiten Zuchtjahr. Im ersten Jahr sollten Weibchen bei paarweiser Zucht zwei Bruten, in der Wechselhecke möglichst nur eine Brut machen.

## Zuchtvorbereitung, Balz und Paarung

Schon mit Abschluss der herbstlichen Schausaison beginnt die Vorbereitung auf die Zucht des kommenden Frühjahrs. Spätestens im Dezember ist Ruhe eingekehrt. Die Vögel sind ausgewählt, die für die Zucht zum Einsatz kommen sollen. Alle übrigen Vögel sind verkauft, sodass die **Zuchtvögel** viel Platz für sich haben. Sie werden in großen **Volieren** als eine bunte Gesellschaft gehalten, nach Geschlechtern getrennt in Zimmervolieren, oder paarweise in geräumigen Bauern, die durch Herausziehen von Trennschiebern zu langen Flügen umgewandelt werden können. Werden die Vögel in Zimmervolieren oder Vogelhäusern mit angeschlossenen Gartenvolieren gehalten, sollten sie auch im Winter tagsüber die Möglichkeit haben, ins **Freie** zu fliegen. Die frische Luft, das Sonnenlicht und die große **Bewegungsfreiheit** tun den Vögeln gut. Schnee und einige Frostgrade schaden den Kanarien keinesfalls. Im Gegenteil, ich habe sie bei frischem Schnee stets sehr ausgelassen gesehen.

Futter und Wasser sind bei dieser Art der Haltung in den Innenräumen zu reichen. Auch sollte bei Dunkelwerden sichergestellt werden, dass alle Vögel drinnen sind und nicht die Nacht draußen verbringen müssen. Doch Futter, Trinken und Beleuchtung locken sie schon rechtzeitig nach drinnen. Dieser Raum sollte auf jeden Fall frostfrei sein. Am besten ist, wenn er eine **elektrische Heizanlage** mit Thermostat besitzt, die eine Mindesttemperatur von +4 bis 8 °C garantiert.

**Hinweis**

Besonders wichtig ist es, dass der Raum für eine kalte Überwinterung nicht feucht und auch nicht zugig ist. Beides führt bei Kanarien (und nicht nur bei diesen) sehr schnell zu Erkältungen und anderen Krankheiten.

Kanarien können aber auch wärmer überwintert werden. Wer seine Vögel in Zimmervolieren und Flügen hält, kann sie bei ca. +12 bis 15 °C überwintern. Andere Kanarienzüchter halten sogar Temperaturen von +16 bis 18 °C für richtiger. Wenn von den Befürwortern der **kalten Überwinterung** gegen diese Wärme auch Argumente wie zu früh einsetzender Bruttrieb und ständige Mauser ins Feld geführt werden, so können die Anhänger der **wärmeren Überwinterung** doch beachtliche Erfolge aufweisen. Eine **Mauser** setzt nicht ein, wenn eine konstante Temperatur gehalten wird, sondern nur bei größeren Temperaturschwankungen. Der **Bruttrieb** kann sehr viel wirkungsvoller mit der **Lichtmenge** reguliert werden, als mit den Wärmegraden. Wenn der Züchter seinen Vögeln im Winter eine mäßig helle Beleuchtung von circa 10 Stunden bietet und diese im Frühjahr innerhalb von vier Wochen auf 14 Stunden ausdehnt und verstärkt und dabei die Wärme allmählich auf +18 bis 20 °C erhöht, wird er ohne große Belastung für die Vögel **Brutbereitschaft** zum geplanten Zeitpunkt erreichen. Hier sind die Vögel, die durch Kälte abgehärtet wurden, einer weit größeren Umstellung ausgesetzt. Sie brauchen etwa acht Wochen einer langsamen Anpassung an die für die Zucht günstige Temperatur von +18 °C. Züchter, die ihre Vögel wärmer überwintern, können im Frühjahr meist auch etwas früher mit der Zucht beginnen. Das könnte Ende Februar oder Anfang März sein, während die Vögel aus kalter Überwinterung zumeist erst Ende März oder Anfang April heckreif sind. Beides hat seine **Vorteile**: Die Vögel mit vier Wochen Vorsprung sind Anfang Oktober oft schon ausstellungsreif, also mit der Mauser fertig. Die später geschlüpften Vö-

gel wachsen mit einer Fülle an frischem Grünfutter auf. So können sie schlechter ernährte Frühlinge in ihrer Entwicklung leicht aufholen.
Jeder Züchter wird aus Erfahrung und aus seinen Raumverhältnissen die für ihn und seine Vögel beste Lösung suchen müssen. Auch ob die Männchen wärmer als die Weibchen und mit mehr Eifutter überwintert werden sollen, ist eine unter Kanarienzüchtern viel diskutierte und kontroverse Frage. Bei sehr kühler Überwinterung ist es schon ratsam, dass die Männchen früher in den Genuss der Wärme und einer kräftigen Ernährung kommen. Es könnte sonst passieren, dass die ersten Gelege unbefruchtet bleiben. Auch wenn die Männchen treten, sind ihre Keimdrüsen noch nicht zur **Fruchtbarkeit** gereift. Das ist nicht nur bei jungen Männchen so, sondern auch bei den älteren, die im Verlaufe des Jahres eine fruchtbare und eine unfruchtbare Phase haben.

### Ernährung

Zur Zuchtvorbereitung gehört auch eine auf diese Aufgabe vorbereitende Ernährung. Sie sollte kräftig sein. Es ist falsch, die Vögel in den Wintermonaten knauserig mit den billigsten Futtersorten oder Mischungen zu versorgen, wie es einige Züchter leider immer noch raten. Früher war nämlich die Auffassung verbreitet, dass die Vögel im Winter ja nichts zu leisten hätten (keine Brut, keine Mauser, keine Schauen), und darum weniger gehaltvoll gefüttert werden sollten. Ferner meinte man, mit der ziemlich einseitigen Ernährung durch Rübsen einem zu vorzeitigen Bruttrieb entgegenwirken zu müssen. Beide Auffassungen sind falsch und resultieren zwangsläufig in schlechten **Zuchtleistungen** der Vögel. Eine **ausgewogene**, **gehaltvolle** Ernährung im Winter, für die die besten Futtersorten gerade gut genug sind, lässt die Vögel kräftig in die Zuchtsaison kommen. Es sollten alle Samenarten verfüttert werden, wie zu anderen Jahreszeiten auch. Ferner darf es nie an **Keimfutter** fehlen, da es im Winter ja an Grünfutter mangelt. Etwas **Aufzuchtfutter** schadet ebenfalls nicht. Statt trocken wird es mit viel geriebener Möhre gereicht, in der viele Vitamine stecken, wodurch sie ein guter Ersatz für Grünfutter ist. Allerlei Obst und Gemüse lässt sich im Winter ebenfalls auftreiben, ferner Knospen verschiedener Laubbäume (siehe Kapitel Grünfutter und Futterpflanzen).

Wer seine Vögel kalt überwintert, sollte etwas mehr fetthaltige Samen geben, eventuell etwas mehr guten Hanf. Auch kann dem Körnerfutter oder besser dem Weichfutter etwas **Lebertran** hinzugefügt werden. Diese Maßnahmen helfen, den größten **Energieverbrauch** bei Kälte auszugleichen.

## Paarweise Haltung

Wenn sich nun durch die Zunahme von Licht und Wärme der Bruttrieb zu regen beginnt, werden die Männchen häufiger und feuriger singen. Die Weibchen werden unruhig, suchen nach einem **Nistplatz** und tragen eine Feder, einen Faden oder Halm im Schnabel. Bei weiterer Zunahme des Bruttriebes ist die **Balz** festzustellen. Das Männchen singt mit fest angezogenem Ge-

Links: Balz, Männchen singt.

Rechts: Balz, Männchen füttert Weibchen.

fieder das Weibchen direkt an. Dieses antwortet mit seinem trillernden **Lockruf** oder duckt sich auf die Sitzstange mit hochgestelltem Schwanz. Jetzt kann es schon zu **Paarungen** kommen. Das Männchen füttert sein Weibchen. Dieses beginnt nun sein Nest zu bauen.

Die Ausführungen des vorigen Abschnittes beziehen sich auf die paarweise Haltung. Sie ist die **natürliche Haltungsart**, denn Kanarienvögel sind **monogam** und würden zu einem einzigen Weibchen halten. Werden die Partner schon im Winter zusammengesetzt, dann hat der Pfleger lange Zeit, um zu sehen, ob sie harmonieren werden. **Umpaarungen** können noch frühzeitig vor Zuchtbeginn vorgenommen werden. Wenn es dann so weit ist und das Männchen macht dem Weibchen den Hof, wird es in den seltensten Fällen zu Streit oder auch nur Unstimmigkeiten zwischen ihnen kommen.

## Wechselhecke

Anders ist es bei der Wechselhecke. Bei dieser Methode werden die Weibchen in die Heckabteile gesetzt. Meistens besteht eine **Zuchteinheit** aus drei Abteilen. Links und rechts in die üblicherweise größeren Abteile werden die beiden Weibchen gesetzt. In das Mittelabteil kommt der Hahn. Zuerst bleibt der Hahn für das Weibchen außer Sichtweite, denn es werden **Trennschieber** aus Holz, Plastik oder Blech eingeschoben. Sie hören ihn nur singen. Durch ihr Antworten wird er zu immer feurigerem Singen angespornt. Die Hennen werden wiederum durch seinen Gesang in **Brutstimmung** versetzt.

Zu dem Weibchen, das zuerst Nistmaterial herumträgt und mit dem **Nestbau** beginnt, wird nun eine Trennwand aus Gitterstäben oder Drahtgeflecht eingeschoben. Das Männchen macht diesem Weibchen jetzt den Hof, singt es an und füttert es. Wenn das Weibchen Paarungsbereitschaft zeigt, wenn es so weit sein Nest fertig hat, dass es in diesem formende **Drehbewegungen** macht, wird das Männchen morgens zu ihm hereingelassen. Meistens findet die Paarung sofort statt. Der Hahn könnte nun wieder in sein Mittelabteil dirigiert werden. Das tun auch viele Züchter, um ihn an den nächsten Tagen noch einige Male zur Kopulation zum Weibchen zu lassen. Eine Paarung kann schon ausreichen, um das gesamte Gelege zu befruchten, doch der Sicherheit wegen sind mehrere zuzulassen. Andere Züchter erlauben dem Männchen bis zur Ablage eines oder mehrerer Eier im Abteil des Weibchens zu bleiben. Sie sezten dann meistens ein **älteres** und ein **junges Weibchen** in die Wechselhecke. Erfahrungsgemäß kommt das junge Weibchen einige Tage oder zwei Wochen später in Brutstimmung, sodass der Hahn sich zunächst dem älteren und dann dem jüngeren Weibchen widmen kann. Bei gleichzeitiger Brutbereitschaft lassen erfahrene Züchter den Hahn am gleichen Tage zu beiden Weibchen. Sollen noch mehr Weibchen von dem gleichen Hahn getreten werden, ist schon sehr viel Erfahrung, Zeit und Fingerspitzengefühl dafür notwendig.

Es kann bei dieser Zuchtmethode leicht zu **Streit** zwischen Hahn und Henne kommen. Meistens wird der Züchter dann versuchen, den Hahn früh morgens sofort zum Weibchen zu lassen, damit dieser es überrumpelt. Oft erweist sich auch das Zusetzen des Hahnes am Abend vor Dunkelwerden als günstig. Oft hilft jedoch nichts, um die beiden Vögel zusammenzubringen. Jeder von ihnen muss einen anderen Partner bekommen.

Wie wir aus diesen Ausführungen und denen im vorigen Kapitel sehen können, ist die Wechselhecke eine unnatürliche Zuchtform. Sie gelingt nur dadurch, dass die Hähne in sexellen Notstand versetzt werden, um dann jedes Weibchen ohne Unterschied zu treten.

## In der Gemeinschaftsvoliere

Bei der Zucht in einer Gemeinschaftsvoliere sind weiter keine Vorkehrungen zu treffen. Wichtigstes Gebot ist, die Voliere nicht überzubesetzen. In ganz großen Volieren könnten zwei Paare oder zwei Männchen und vier bis acht Weibchen untergebracht

Nistkasten und Nistkörbchen

werden. Sind mehrere Hähne zusammen untergebracht, kommt es jedoch meistens zu Streit. Auch die Weibchen können untereinander streiten. Der Erfolg in der Gemeinschaftsvoliere hängt von der Friedfertigkeit und Harmonie der Vögel ab. Wer hier das Gefühl und Glück für eine **richtige Zusammenstellung** hat, wird durch eine besonders natürliche Balz und Zuchtvorbereitung seiner Vögel beglückt.

## Nistgelegenheiten, Nistmaterial und Nestbau

Da gibt es eine große Anzahl verschiedenartiger Nistgelegenheiten für Kanarien. Da sind zuerst die halbkugeligen Nestunterlagen zu nennen, die aus **Peddigrohr** geflochten, aus **Ton**, aus **Metallgewebe** und aus **Kunststoff** angeboten werden. Die Peddigrohrkörbchen sind am natürlichsten und werden von den Vögeln auch gern angenommen. Die geflochtene, recht raue Innenseite lässt das Nistmaterial sehr fest und sicher darin liegen, was bei einigen der Kunststoffkörbchen nicht der Fall ist. Diese sind dann innen glatt, haben keine Löcher, sodass das Nistmaterial sich leicht verschieben lässt. Das kann für die Eier und Jungvögel **gefährlich** werden, wenn zum Beispiel die Mutter sich mit den Krallen am Nistmaterial verfangen hat und sich zu befreien versucht. Einige der angebotenen Nistkörbchen aus Kunststoff sind gitterförmig offen oder haben wenigstens Löcher und eine aufgeraute Innenseite. Löcher im Boden sind nicht allein zur Befestigung des Nistmaterials notwendig, sondern auch für ein Luftighalten des Geleges. Das ist bei den Metallkörbchen gewährleistet, die aus engem oder weiterem Metallgeflecht bestehen und entweder verzinkt oder verchromt sind. Dabei sind sie **gut abwaschbar** und leicht zu desinfizieren, was bei den sonst ebenfalls guten Peddigrohrkörbchen schwieriger ist. Die Metallkörbchen können viele Jahre lang benutzt werden, was bei einer großen Zucht ja auch vom wirtschaftlichen Standpunkt betrachtet, von Vorteil ist. Alle Körbchen gibt es in verschiedenen Größen, von etwa acht bis 12,5 cm Durchmesser. Das ist mit Rücksicht auf die verschieden **großen Kanarienrassen** zu beachten. Ferner besitzen alle Körbchen praktische Halterungen, mit denen sie an die Seitenwände der Bauer oder am Frontgitter befestigt werden können.

Außer den halbkugeligen Nestunterlagen gibt es für Kanarien auch hölzerne Nistkästen und die sogenannten Kaisernester. Die hölzernen Nistkästen sind vorne zu zwei Dritteln offen und haben eine Grundfläche von 11 × 11 oder 13 × 13 cm, bei einer Höhe von 12 bis 15 cm. Diese Nistkästen werden von vielen Kanarienweibchen sehr gern angenommen und sind wohl in einer **Gemeinschaftshecke** mehrerer Weibchen zu empfehlen. Für kleine Zuchtbauer eignen sich die Kaisernester am besten. Es sind Nistkörbchen aus Metall oder Kunststoff, wie weiter oben beschrieben, doch haben sie darüber einen kleinen Käfig aus Gitterstäben, der nur nach einer Seite offen ist. Mit dieser Seite werden die Kaisernester außen vor eine Bauertür gehängt. Die Nester befinden sich außerhalb der Bauer, nehmen im Innern also keinen Platz weg. Auch lassen sich Gelege und Junge in diesen Nestern am leichtesten **kontrollieren**. Sie können mit einem Handgriff abgehängt werden, während bei der **Kontrolle** der anderen Nester mit der Hand ins Bauer gefasst werden muss, was für manches Weibchen doch eine erhebliche Störung bedeuten kann.

Die Kaisernester, die Raum sparen helfen, werden von den Weibchen sehr gern bezogen. Sie fühlen sich innerhalb des Gevierts anscheinend geborgen. Bei ängstlichen Weibchen und bei der Zucht von Mischlingen oder anderen Finkenarten können dazu einige kurze Nadelholzzweige in das Gitter gesteckt werden.

An Nistmaterial sollte nicht nur Scharpie gegeben werden, diese kurzen, weißen Baumwollfäden, sondern anfangs vor allem **festeres Nistmaterial**. Verschiedene trockene Gräser, Kokosfasern und Sisalfasern sind am besten geeignet. Das Weibchen formt daraus meistens ein sehr gutes Nest. Manche Kanarienweibchen sind im Bau des Nestes allerdings etwas nachlässiger. Für diesen Fall gibt es zu den Nistkörbchen **Einlagen** aus **Sisalschnur** oder aus grobem **Filz** vorgeformt. Wir können aber auch mit der Hand Gräser oder Fasern zur Nestmulde in das Nistkörbchen drehen. Das Auspolstern mit Scharpie besorgt dann das Weibchen meistens allein.

Wird kein festes Nistmaterial gegeben, sondern nur Scharpie, dann kann das Nest vorzeitig auseinanderfallen und das Weibchen veranlassen, das Gelege oder die Jungen aufzugeben. Auch kann es zu zerbrochenen Eiern kommen.

**Hinweis**

Ein durch alle Phasen erlebter Bautrieb wirkt sich günstig auf die Brutbereitschaft des Weibchens und den gesamten Brutverlauf aus. Es wird besser gebrütet und nicht vorzeitig mit einer weiteren Brut begonnen.

## Eiablage und das Setzen des Geleges

Wenn in der Zucht alles normal verläuft, ist das Nest vom Weibchen fertig gebaut und schön ausgepolstert, wenn das erste Ei gelegt wird. Dieses ist nach dem 5. und 10. Tag nach der ersten Kopulation. Nun wird jeden Tag ein Ei gelegt, und zwar morgens früh. Das **Gelege** ist mit vier bis sechs Eiern vollständig. In freier Natur brüten alle Finkenweibchen, auch das des Kanarengirlitz nicht gleich vom ersten Ei an. Sie sitzen zwar tagsüber mit jedem Ei immer längere Perioden, beginnen nachts aber erst mit der Ablage des vierten Eies zu brüten. Das hat sich mit der Domestikation allmählich verändert, sodass heute die Kanarienweibchen in ihrem Eifer vom ersten Tag an brüten, auch nachts. Das hätte zur Folge, dass an jedem Tage ein Junges schlüpfen würde. Die Jungen wären unterschiedlich groß. Die Erstgeborenen und damit kräftigsten bekämen am meisten Futter ab. Sie würden die kleineren Geschwister bald so stark unterdrücken, dass diese nichts mehr abbekommen und eingehen. Deshalb haben es sich die Kanarienzüchter angewöhnt, die Eier gleich nach dem Legen aus dem Nest zu nehmen und gegen **Kunsteier** (aus Gips oder Kunststoff) zu ersetzen. Erst wenn ein Weibchen das dritte oder vierte Ei gelegt hat, wird das **Gelege** „gesetzt“. Die Kunsteier werden also wieder aus dem Nest genommen und gegen die richtigen ausgetauscht. Von diesem Setztag an beträgt die Brutzeit 13 bis 14 Tage, wobei mit ziemlicher Sicherheit alle Jungen am gleichen Tag schlüpfen werden. So bekommen sie alle die gleichen Startchancen.

Zur zwischenzeitlichen Aufbewahrung der Kanarieneier sollte sich der Züchter einen **Eierkasten** anschaffen. Diesen gibt es als solchen nicht zu kaufen. Eine Zigarrenkiste tut es. Sie wird mit schmalen Leisten in mehrere Fächer aufgeteilt. In jedes sollten wenigstens vier Kanarieneier hineinpassen. Es sind so viele Fächer vorzusehen,

Gelege eines gelb schwarzen Farbkanarienpaars.

wie Zuchtweibchen bzw. Zuchtbauer vorhanden sind. Die Fächer sind mit den Bauern identisch zu nummerieren, damit keine Verwechslung der Eier vorkommen kann. Um die Eier vor dem Zerbrechen zu schützen, werden die Fächer mit Watte oder mit Schaumstoff gepolstert. Als Eierkästen eignen sich auch ganz vorzüglich die flachen Plastikkästen, die es für Schrauben, Nägeln und so weiter in Eisenwarengeschäften gibt.

Manche Züchter geben den Weibchen erst ihre Eier zurück, wenn deren **Gelege** vollständig ist und sie noch einen Tag auf den Kunsteiern gebrütet haben. Dadurch wollen sie sicherstellen, dass die Weibchen nach dem **Schlupf** der Jungen auch gleich zuverlässig füttern. Der **Füttertrieb** setzt nie zu früh, häufig aber ein bis zwei Tage verspätet ein. Um ein Verhungern der Jungen zu vermeiden, ist diese Maßnahme schon erfolgreich gewesen.

## Brut

Kanarienweibchen brüten in der Regel sehr zuverlässig. Sie lassen sich auch nicht durch die täglichen **Nestkontrollen** aus der Ruhe bringen. Natürlich gibt es auch Ausnahmen. Wir erkennen sie sehr bald an ihrer Nervosität, indem sie aufgeregt im Bauer hin und her fliegen und erst nach geraumer Zeit auf ihr Gelege zurückkehren. Kanarienweibchen und auch die **Weibchen** der übrigen Finken brüten alleine die Eier aus. Sie werden von ihren **Männchen** dabei nicht abgelöst. Diese füttern aber die Weibchen sehr zuverlässig mit Nahrung aus ihrem Kropf. So können die Weibchen sehr fest auf den Eiern sitzen. Sie brauchen nur morgens und abends kurz das Nest zu verlassen, um Kot abzusetzen und zu trinken. Wie wertvoll die Versorgung des Weibchens durch den Hahn mit vorverdautem Futter ist, kann gar nicht überschätzt werden. So fehlt dieses all den Weibchen, die alleine brüten und ihre Jungen aufziehen müssen, wie das bei der Wechselhecke der Fall ist. Es schadet nichts, wenn diese Weibchen neben großen **Kraftreserven** ein kleines Fettpolster mit in die Zuchtsaison bringen.

Ob es sich nun um ein Weibchen aus einer Wechselhecke oder um eins aus der paarweisen Zucht handelt, so kann es gelegentlich vorkommen, dass es das Gelege verlässt und nicht mehr brütet. Sind weitere Weibchen mit Gelegen im gleichen Entwicklungsstadium in der Zucht, können die Eier auf deren Nester verteilt werden. Manchmal kommt es auch vor, dass ein Weibchen fest brütet, aber alle **Eier unbefruchtet** sind. Dann ist es für das Tier besser, wenn es die volle Brutzeit und möglichst noch einige Tage länger auf dem Gelege sitzen darf. Sein Brutrhythmus wird nicht abrupt unterbrochen, sondern wird auf natürliche Weise zu Ende geführt. Noch besser wäre natürlich, wenn ein solches Weibchen einige befruchtete Eier aus sehr großen Gelegen anderer Weibchen bekommen könnte, um auch das **Hudern** und das **Füttern der Jungen** durchleben zu können. Dieses ist besonders für einjährige Hennen sehr wichtig. Ob die Eier befruchtet sind, kann am vierten oder fünften Tag nach Brutbeginn schon gut festgestellt werden. Wenn sie zwischen Daumen und Zeigefinger gegen eine helle Lichtquelle gehalten werden, sind die **befruchteten** Eier an den roten Adern oder an ihrem dunklen Inneren zu erkennen, während die unbefruchteten klar sind. Ein durchsichtiger Eierlöffel eignet sich ebenfalls gut. Ein Ei wird damit vorsichtig aus dem Nest genommen und eine Taschenlampe darunter gehalten.

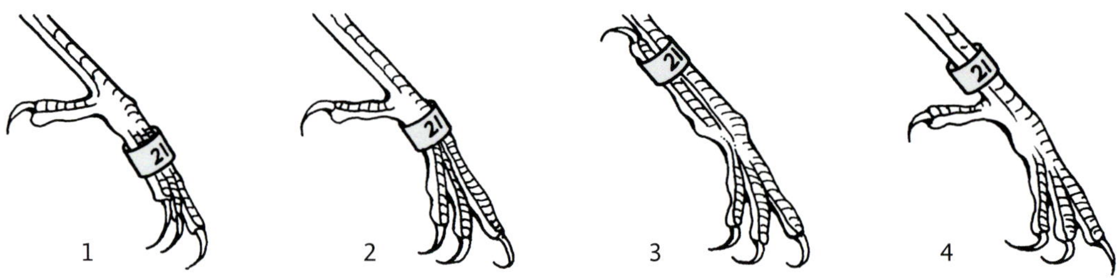


Ablauf beim Beringen.

## Aufzucht der Jungen

Wenn nach 13 bis 14 Tagen die Jungen geschlüpft sind, ist sowohl für das Weibchen wie für den Züchter ein großer Moment gekommen. Normalerweise **füttert** und hudert das Weibchen seine Jungen gut, lässt sich zuerst weiterhin vom Hahn füttern und reicht das doppelt vorverdaute Futter an die ganz Kleinen weiter. Erst wenn die Jungen einige Tage alt sind, verlässt die Mutter das Nest auch schon mal für eine längere Zeit. Jetzt beginnt auch der Vater, die Jungen direkt zu füttern.

### Beringen

Mit 7 bis 10 Tagen sind die Nestlinge alt genug, dass sie **beringt** werden können. Dafür wird der Ring zuerst über die drei vorderen Zehen geschoben. Schauen diese hindurch, werden sie mit Zeigefinger und Daumen der einen Hand festgehalten, während Daumen und Zeigefinger der Hand, die den Vogel hält, den Ring nun über den Fuß und die zurückliegende Hinterzehe ziehen. Mit einem angespitzten Streichholz kann die hintere Zehe dann leicht aus dem Ring gezogen werden. Ist der Fuß noch etwas dünn, könnte der Ring abfallen. Dann kann er mit etwas Leukoplast am Bein fixiert werden. Oder er wird zwei Tage später erneut auf den Fuß gezogen. Geht die Beringung dagegen etwas schwer, wird mit etwas Speiseöl, Butter oder Vaseline eingerieben.

Nach dem Beringen ist darauf zu achten, wie die Mutter auf die Ringe reagiert. Manchmal kommt es vor, dass sie versucht, diese als **Fremdkörper** oder Kotballen aus dem Nest zu entfernen. Dann kann es passieren, dass das dranhängende Junge aus dem Nest gezerrt wird. In diesem Falle kann der Ring mit etwas fleischfarbenem Leukoplast unsichtbar gemacht werden. Dies ist jedoch sehr selten, denn nach sechs bis sieben Tagen nimmt das Weibchen den Jungen die **Kotpakete** nicht mehr ab. Sie versuchen dann schon selbst, den nicht mehr in Schleimhaut eingepackten Kot über den Nestrand hinweg abzusetzen, wobei dieser natürlich verschmutzt wird.

Weibchen, gelb intensiv, füttert seine 10 Tage alten Nestlinge.

Jungvogel, 17 Tage alt, kurz vor Verlassen des Nestes.

Weibchen, gelb intensiv und Männchen, orange intensiv, am Grünfutter mit 17 Tage altem Jungen.

### Flügge werden

In dieser Zeit sehen die Jungen wie Igel aus. Sie starren nur so von **Federspelzen**. Mit zehn bis 12 Tagen werden sie zu hübschen kleinen Federbällchen, mit 16 Tagen sind sie voll befiedert und mit 17 bis 18 Tagen bereit, das Nest zu verlassen. Auf dem Kopf tragen sie dann noch einige Dunen und haben ein kurzes Schwänzchen.

Das Füttern beider Eltern nimmt mit dem Wachstum der Nestlinge zu, sodass diese gut versorgt werden und stets volle Kröpfe haben. Wenn das Weibchen alleine die Jungen zu versorgen hat, dann hat es mehr zu tun, als ihm zugemutet werden sollte. Es bekommt die Jungen groß, doch übernimmt es sich damit. Meistens sind Junge aus einer Wechselhecke beim **Selbstständigwerden** noch nicht so kräftig wie die mit beiden Eltern.

Es ist natürlich, dass bei paarweiser Haltung die Bereitschaft für eine zweite Brut früher erwacht, als wenn das Weibchen alleine die flüggen Jungen versorgen muss. Das macht aber nichts, denn während das Weibchen wieder ein Nest baut, Eier legt und brütet, versorgt der Hahn die Jungen der Erstbrut zuverlässig. So ist es richtig und natürlich.

**Hinweis**

Sehr selten sind Rabenväter, die ihre Jungen nicht füttern, die sogar die kleinen Nestlinge hacken und aus dem Nest werfen. Solche Hähne müssen natürlich aus dem Zuchtbauer genommen werden.

Verjagt der Vater die flüggen Jungen aus der Nähe des Nestes oder tut es die Mutter, dann können sie ins Nebenabteil gesetzt werden, mit Trenngitter zu den Eltern. Oft füttert der Vater die Jungen durch das Gitter.

### Entwöhnen

Im Alter von drei bis vier Wochen nehmen die Jungvögel schon viel Nahrung selbstständig auf. Werden sie noch gelegentlich von einem der Eltern gefüttert, so ist es von großem Vorteil für ihr weiteres Gedeihen. Junge in diesem Stadium nehmen sehr häufig **Samen mit Schalen** auf und belasten damit ihr Verdauungssystem. Es kann sogar zu **Darmentzündungen** kommen. Darum wird den Jungen in dieser Zeit enthülstes oder geschrotetes Körnerfutter gegeben. Dafür kann das Futter auf dem Tisch ausgebreitet, mit einem Leinentuch bedeckt und mit einem Nudelholz zerdrückt werden. Es geht auch in einer elektrischen Kaffeemühle sehr gut. Sie darf aber nur einige Male kurz angeschaltet werden, um die enthülsten Samen nicht zu fein zu zerschlagen. Dieses **geschrotete Körnerfutter** wird den Jungvögeln zum **Eifutter** gegeben. Ist außerdem etwas **Keimfutter** darunter, lernen die Vögel es sehr schnell, zu enthülsen. Keimfutter, Eifutter und die geschroteten Samen werden am besten auf großen Einmachglas-Deckeln serviert. Erstens haben die Vögel dann alle verschiedenen Futtersorten vor sich ausgebreitet, zweitens säuert das Futter nicht und drittens können diese Glasdeckel an jedem Abend heiß ausgewaschen werden.

Mit vier bis fünf Wochen können die Jungen als selbstständig angesehen und von den Eltern getrennt werden. Manchmal wird dieses allerdings schon früher notwendig sein, nämlich dann, wenn die **Mutter** ihre Kinder **rupft**, um mit den Federn ein neues Nest zu bauen. Das kommt recht häufig vor, oft auch wenn genügend Gräser, Moos und Scharpie zur Verfügung stehen. Sie rupft den Kleinen die Federn vom Kopf und Nacken. Ab einem Alter von 23 Tagen können in solchem Falle die Jungen von der Mutter **getrennt** werden. Bei paarweister Haltung und Zuchtanlagen mit einschiebbaren Trenngittern könnten bei einer rupfenden Mutter die Kinder im Nebenabteil untergebracht werden, sodass der Vater sie durchs Gitter füttert.

**Hinweis**

Es ist für die körperliche Entwicklung der jungen Vögel und für eine reibungslose Mauser gut, wenn sie so viel Flugraum wie nur möglich haben.

## Die Jungvögel nach ihrem Selbstständigwerden

Sind die Jungvögel absolut futterfest, sollten sie zunächst in größere Bauer oder kleine Zimmervolieren umgesetzt werden. Am besten ist es, die etwa **gleichaltrigen Jungen** aus zwei oder drei Bruten zusammen unterzubringen, also rund sechs bis zwölf Vögel. Sie regen sich gegenseitig zur

Futteraufnahme an. Ferner kann der Züchter bei einer solchen Anzahl von Vögeln sehr gut sehen, wie sich die einzelnen entwickeln und wo eventuell mit **Päppeln** oder einer **Amme** nachgeholfen werden muss.

Die Jungvögel bekommen zu ihrer besseren Identifizierung auf den Fuß, der keinen geschlossenen Ring trägt, einen farbigen Plastikring. Sind die Ringe alle von unterschiedlicher Farbe, so können die Vögel sehr gut daran erkannt werden. Dieses ist auch zur **Unterscheidung der Geschlechter** von Nutzen, denn bald beginnen nämlich die jungen Hähne zu **studieren**. Zuerst quetschen sie recht mühsam die ersten **Gesangslaute** heraus, wobei sie ihre Kehle aufblähen. Dieses ist bei den ganz jungen Männchen das beste Erkennungszeichen.

Kurz vor der **Jugendmauser** können die Jungvögel in große Zimmer- oder auch in Gartenvolieren mit angeschlossenen **Innenvolieren** umgesetzt werden. Mit acht bis zehn Wochen beginnen die jungen Vögel ihr Kleingefieder zu erneuern und das **Erwachsenenkleid** anzulegen. Nur das Kleingefieder wird gewechselt, während Schwingen und Schwanzfedern erst im kommenden Jahr erneuert werden. Die **Mauser** dauert etwa acht bis zehn Wochen. Sie beginnt zumeist auf der Brust, erfasst dann nach und nach den ganzen Körper und endet mit dem Kopfgefieder.

Die Mauser stellt eine enorme Beanspruchung des Stoffwechsels dar. Die Vögel brauchen eine hochwertige und abwechslungsreiche **Ernährung** in dieser Zeit. Zum Glück fällt die Mauser der Kanarien, sowohl die der Jungvögel, wie die der Altvögel in die Sommer- und Spätsommermonate, in denen die Natur eine Fülle von **Wildkrautsämereien** im frischreifen und halbreifen Stadium und allerlei Grünfutterpflanzen zu bieten hat. Von diesen sollten die Vögel täglich so viel bekommen, wie sie nur wollen, ferner bestes **Eifutter**.

Sind die Jungvögel während dieser Zeit zu eng und zu düster untergebracht, kommt es vor, dass einige damit beginnen, den anderen **Federn auszurupfen**. Dieses mag zuerst aus einem Spieltrieb geschehen, wird aber schnell Angewohnheit. Den Vögeln scheinen besonders die noch kurzen, weichen Federkiele zu schmecken. Diese sind reich an Eiweiß und voller Blut, wodurch sie Rupfern zu einem „Leckerbissen“ werden. Da hilft kein Einsprühen der berupften Vögel mit Pluma protect oder einem anderen Mittel. Die **Federfresser** müssen aus der Gemeinschaft ausgesondert und einzeln untergebracht werden. Neben heller Unterbringung ist viel **Flugraum** erforderlich, um das Federrupfen gar nicht erst aufkommen zu lassen. Verzweigte Äste zum **Klettern**, Sisalschnur und Sackleinen zum Spielen helfen mit, den Vögeln **Beschäftigung** und Ablenkung zu verschaffen.

Nach Beendigung der Jugendmauser sollten sämtliche Jungvögel gegen Kanarienpocken **geimpft** werden. Wer Gesangskanarien züchtet, wird nach der Mauser Hähne und Hennen trennen. Die jungen Männchen kommen zur **Gesangsausbildung** in kleine Einzelbauer, in denen sie sich ganz dem Erlernen der verschiedenen Kanarienstrophen widmen können. Gute **Farben-** und **Positurvögel** bekommen ein anderes **Training**: das sich in Schaukäfigen richtig zu zeigen. Ihren Bauern werden zu diesem Zweck von vielen Züchtern **Schaukäfige** angegliedert. Hierin bekommen die Vögel ihr Futter, damit sie völlig vertraut mit diesen kleinen Käfigen werden und sich später auf Schauen ohne Scheu von ihrer besten Seite zeigen. Das **Schautraining** wird allerdings auf verschiedene Weise durchgeführt und ist auf Seite 74 eingehend beschrieben.

# Die Genetik
## und der Kanarienvogel

Rechte Seite: Farbkanarien schwarz gelb schimmel und gescheckt sowie lutino mosaik Typ 2 Weibchen mit zwei seiner vier Wochen alten Jungen.

Die Genetik ist die Wissenschaft der Vererbungslehre. Schon seit Jahrhunderten haben Wissenschaftler versucht, die Geheimnisse der **Vererbung** zu enträtseln.

Als erstem gelang es Johann Gregor Mendel (1822 bis 1884), dem Bauernsohn und Augustinermönch. Er stellte im Garten seines Klosters in Brünn Versuche mit Pflanzen an, insbesondere mit Erbsen. Die Resultate seiner sorgfältigen Forschungen veröffentlichte er 1866 unter dem Titel „Forschungen über verschiedene Pflanzenbastarde". Leider fanden seine Entdeckungen damals wenig Beachtung und Anerkennung.

Erst um 1900, als die Forscher Tschermak (Österreich), De Vries (Holland) und Correns (Deutschland) unabhängig voneinander zu den gleichen Ergebnissen kamen, erinnerte man sich der Arbeiten Mendels und nannte die Gesetzmäßigkeiten, die er in seinen Ausführungen beschrieben hatte, **„Mendelsche Gesetze"**. Es wurde erkannt, dass diese Gesetze nicht nur für Pflanzen zutreffend waren, sondern ebenso für alle Tiere und auch für den Menschen.

Die Wissenschaft nahm einen großen Aufschwung, einige neue Erkenntnisse kamen hinzu, die heute ebenfalls Teil der Mendelschen Gesetze sind.

**Hinweis**

Die **Erbfaktoren**, Grundlage der Mendelschen Gesetze, wurden von dem Botaniker Johannsen (Dänemark) **Gene** genannt. Diese Bezeichnung hat sich durchgesetzt, sodass wir heute von der Vererbungslehre als Genetik sprechen.

### Kanarienzucht

Was hat nun die Genetik mit der Kanarienzucht zu tun? Wie wir schon gesehen haben, unterliegen alle Lebewesen den Gesetzmäßigkeiten der Mendelschen Lehre, auch der Kanarienvogel. Waren alle vorherigen Zuchten von **Rassen** und **Farbspielarten** mehr oder weniger Zufallserfolge, so konnten mit den Erkenntnissen der Vererbungslehre **Mutationen** erhalten und neue Farben erzielt werden. Besonders Dr. Hans Duncker hat sich in den 1920er Jahren mit großangelegten Versuchszuchten um die Vererbungsweise beim Kanarienvogel verdient gemacht und die Schriften „Genetik der Kanarienvögel" sowie „Kurzgefaßte Vererbungslehre für Kleinvogelzüchter" veröffentlicht. Die grundlegende Farbenkanarienlehre von Julius Henninger baut auf diese Arbeiten auf. Durch die Mendelschen Gesetze und die bisher daraus gewonnenen Erkenntnisse für die **Kanarienzucht** ist es jedem Liebhaber möglich, zu wissenschaftlich exakten Ergebnissen zu kommen.

Alle Farben und sonstigen Eigenschaften der Kanarien sind als feste Erbanlagen vorhanden. Durch die Vereinigung von Samenzelle und Eizelle erhält jeder Jungvogel die **Eigenschaften** vom Vater- und vom Muttervogel hälftig mit. Beim Wildvogel oder auch bei zwei reinerbigen Vögeln der gleichen Rasse werden die Jungvögel den Eltern absolut gleichen und ebenfalls reinerbig sein. Dies ist die Regel in der Natur. Es kommt beim Kanarienvogel (wie bei allen Lebewesen) bei einzelnen Individuen zu Mutationen (sprunghafte Veränderungen in **Gestalt**, **Größe** oder **Farbe**). Dadurch sind die vielen verschiedenen Rassen und Farbspielarten entstanden. In der freien Natur verschwin-

den diese Mutationen meistens sehr schnell wieder, da die Eigenschaften der normalen Wildvögel dominieren. Aber auch bestimmte erzüchtete Farbspielarten vererben **dominant** gegenüber anderen, die wir als **rezessiv** bezeichnen. Andere Farbspielarten vererben **geschlechtsgebunden**, wieder andere **intermediär**. Dies alles kann mit Hilfe der Mendelschen Gesetze erkannt und in der Zucht sinnvoll eingesetzt werden.

## Mendelsche Gesetze

### 1. Mendelsches Gesetz

Das 1. Mendelsche Gesetz besagt: Werden zwei reinerbige, farblich (oder in irgend einer anderen Eigenschaft) aber unterschiedliche Kanarienvögel miteinander verpaart, dann sind die Nachkommen der Filialgeneration 1 (kurz $F_1$ genannt) stets gleich. Im einfachsten Falle sind die Erbeigenschaften beider Eltern gleich stark. Dann bilden die Jungen eine Mischfarbe zwischen denen der Eltern. Wir sprechen in diesem Falle von einer **intermediären Vererbung**. Wird ein reinerbig gelber Kanarienvogel mit einem reinerbig roten verpaart, erhalten wir nur orange Vögel in der **$F_1$-Generation**, die spalterbig sind.

Sind die Eigenschaften der Eltern unterschiedlich stark, werden die Vögel der $F_1$-Generation ebenfalls alle gleich aussehen. Sie gleichen dann dem Elternteil mit den **dominanten** Erbfaktoren. Wird zum Beispiel ein Vogel der Schwarzreihe mit einem Opalvogel verpaart, sehen alle Jungen dem Schwarzvogel gleich. Wegen des stets gleichen Aussehens aller Vögel der $F_1$-Generation wird das 1. Mendelsche Gesetz auch das **Gleichförmigkeits-**, **Uniformitäts-** oder **Reziprozitätsgesetz** genannt.

### 2. Mendelsches Gesetz

Das 2. Mendelsche Gesetz wird im Gegensatz dazu das **Spaltungsgesetz** genannt. Werden Vögel der $F_1$-Generation miteinander verpaart, spalten deren Erbeigenschaften in ihren Nachkommen, der $F_2$-Generation auf. Bei der intermediären Vererbung der Großeltern, der sogenannten Parentalgeneration, spalten die Enkel ($F_2$) des reinerbig Gelben und des reinerbig Roten folgendermaßen auf: 1 Vogel reinerbig Gelb, 2 Vögel Orange (spalterbig), 1 Vogel reinerbig Rot. Das Spaltungsverhältnis ist also 1:2:1.

Beim zweiten Beispiel, in dem ein dominanter Schwarzvogel mit einem rezessiven Opalvogel verpaart wurde, spalten die Nachkommen in der $F_2$-Generation im Verhältnis 3:1 auf. Von den drei Schwarzvögeln ist allerding nur einer reinerbig, während die anderen beiden spalterbig in Opal sind. Der eine Opalvogel ist wiederum reinerbig. Die Aufspaltung von 3:1 stimmt hier also nur nach dem **Phänotyp** (Erscheinungsbild), während sie nach dem **Genotyp** (Veranlagung aller Eigenschaften) auch hier 1:2:1 ist.

Neben der intermediären und der dominant/rezessiven Vererbungsweise kennen wir auch die geschlechtsgebundene. Sie tritt bei Kanarien sehr häufig auf. Wie es zur geschlechtsgebundenen Vererbung kommt, wird weiter unten erläutert. Hier sollen nur die beiden Mendelschen Gesetze (die Uniformität und die Aufspaltung) an Hand des **geschlechtsgebundenen Erbganges** erklärt werden. Als Beispiel nehmen wir einen reinerbig grünen Schwarzvogel, heute schwarz gelb genannt (Männchen) × reinerbigem Braunvogel (Weibchen). Die Vögel der $F_1$-Generation sehen alle grün aus, da Grün (Schwarz) über Braun dominiert. Jedoch nur die Männchen tragen die **Spalterbigkeit** für Braun in sich, die sie von der Mutter erhalten haben.

In der $F_2$-Generation kommt es zur Aufspaltung im Verhältnis von 3:1. Der einzige braune Vogel ist stets ein Weibchen. Erst in der $F_3$-Generation können auch braune

**Hinweis**

Die Weibchen bekommen von der Mutter aber nur das Geschlecht, nicht auch noch die Farbe. Sie besitzen nur ein Farbgen, das sie vom Vater geerbt haben. Weibchen können also nie spalterbig sein, wenn eine geschlechtsgebundene Vererbung vorliegt.

## Geschlechtsgebundener Erbgang

**1. Verpaarung** ♂ schwarz × ♀ braun
Genetische Bezeichnung SS s–

| Männchen schwarz SS / s– braun Weibchen | S  | S | |
|---|---|---|---|
| s  | Ss ♂  | Ss ♂  | 50% männliche Nachkommen schwarz, spalterbig braun |
| – | S– ♀  | S– ♀  | 50% weibliche Nachkommen schwarz |

**2. Verpaarung** ♂ braun × ♀ schwarz
Genetische Bezeichnung ss S–

| Männchen braun ss / S– schwarz Weibchen | s  | s | |
|---|---|---|---|
| S  | Ss ♂  | Ss ♂  | 50% männliche Nachkommen schwarz, spalterbig braun |
| – | s– ♀  | s– ♀  | 50% weibliche Nachkommen braun |

**3. Verpaarung** ♂ schwarz, spalterbig braun × ♀ braun
Genetische Bezeichnung SS s–

| Männchen schwarz (sb) SS / s– braun Weibchen | Ss  | s | |
|---|---|---|---|
| s  | Ss ♂  | ss ♂  | 50% männliche Nachkommen schwarz, spalterbig braun |
| – | S– ♀  | s– ♀  | 50% weibliche Nachkommen schwarz |

Männchen erzielt werden, und zwar durch einen grünen Hahn, der spalterbig in Braun ist, und das braune Weibchen aus der $F_2$-Generation (siehe Seite 64).

## 3. Mendelsches Gesetz

Das 3. Mendelsche Gesetz lehrt, dass die verschiedensten Erbanlagen völlig unabhängig voneinander vererben. Als Beispiel möchte ich erwähnen, dass die **Melaninfarben** unabhängig von den **Fettfarben** vererben und dass die **Haubenbildung** wiederum völlig unabhängig von der Farbe ist. Es gibt auch Ausnahmen, bei denen zwei Faktoren miteinander gekoppelt sind.

Wie wir aus den Beispielen der Mendelschen Gesetze ersehen konnten, bildet die $F_1$-Generation bei **Kreuzungen** zweier verschiedener Farben stets nur ein Zwischenglied. Selbst wenn die Vögel einem Elternteil gleichen, so sind sie doch spalterbig in der Farbe des anderen Elternteils. Erst die Vögel der $F_2$- und der $F_3$-Generation sind von hohem Wert, was die Festigung und Vermehrung einer Farbe im Stamm, wie auch die Erzüchtung **neuer Farbspielarten** betrifft.

# Gene

Wie wir gesehen haben, sind Gene die Träger aller **Erbfaktoren**. Wo die Gene ihren Sitz haben und wie sie weitervererbt werden, betrachten wir nun.

Alles Leben geht aus einer Zelle hervor. Die Zelle ist die kleinste lebende Einheit. Sie besteht aus einer halbflüssigen Substanz, dem Protoplasma, dem verschiedene Eiweißstoffe, Mineralstoffe, Cholesterine, Lezithine und Wasser angehören. Das Protoplasma wird von einer Zellmembran eingeschlossen. Im Innern einer jeden Zelle befinden sich Zentralkörperchen und der Zellkern. Während die Zentralkörperchen für die Bewegungen bei der Zellteilung von großer Wichtigkeit sind, stecken im **Zellkern** alle Vererbungsfaktoren. Ein Chromatingerüst und die Kernkörperchen werden von einer Membran umgeben. Von der Zellteilung gehen aus dem Chromatingerüst die Chromosomen oder Kernfäden hervor. Sie können von sehr unterschiedlicher Form sein, sind aber immer paarig vorhanden. Während sich beim Menschen in jedem Zellkern 24 **Chromosomenpaare** befinden, sind es bei den meisten Vögeln 9 bis 12 Paare.

An den Chromosomen sitzen die Träger der verschiedensten Erbanlagen, die Gene. Chromosomen und Gene sind in jedem Zellkern vor der Teilung paarig vorhanden.

Die männliche Samenzelle und die weibliche Eizelle bilden hierin eine Ausnahme. Sie besitzen nur einen einfachen Chromosomensatz, sobald sie reif sind. Das ist logisch, denn bei der Vereinigung von Samenzelle und Eizelle zur Urzelle des neuen Lebewesens besitzt diese dann wieder die volle Chromosomenzahl.

Wäre diese Halbierung in den Geschlechtszellen nicht der Fall, würde jede neue Generation ja die doppelte Anzahl von Chromosomen erhalten. Dem ist also vorgebeugt, und jeder Jungvogel erhält vom Vater wie von der Mutter je 9 Chromosomen, sodass er selbst wieder 9 Paare besitzt.

**Hinweis**

An jedem Chromosom befinden sich zahlreiche Gene. Jedes Gen ist für die Ausbildung einer anderen Eigenschaft zuständig. Kommen vom Männchen und vom Weibchen gleiche Gene in der gleichen Anordnung für die Farbgebung zusammen, wird der Jungvogel darin seinen Eltern gleichen und reinerbig in dieser Farbe sein.

Sind die Eltern unterschiedlich gefärbt, die Gene ferner unterschiedlich stark in ihrer Vererbungskraft, dann erhalten die Jungen zwar auch von jedem Elternteil das entsprechende Gen, sind aber so gefärbt, wie der vererbungsstärkere Elter. Dies ist dann die **dominant/rezessive** Vererbungsweise. Die Jungen sind dann **spalterbig**.

Bei der **intermediären** Vererbung sind die Farben, die von den beiden Eltern in Form von Genen kommen, zwar unterschiedlich, doch gleich stark. Die Jungen bilden eine **Mischform**.

Bei der **geschlechtsgebundenen Vererbung** einer Farbe haben die zuständigen Gene ihren Sitz in den Geschlechtschromosomen. Ein Männchen hat zwei längliche, identische, also auch mit den gleichen Genen ausgestattete Chromosomen, von denen eins als Same vererbt wird. Beim Weibchen sind die Geschlechtschromosomen unterschiedlich. Das eine Chromosom ist länglich wie beim Männchen und Träger von verschiedensten Genen. Das andere ist jedoch kürzer und, soweit bekannt ist, nur verantwortlich für die Bestimmung des Geschlechts. Enthält die Eizelle des Weibchens dieses kurze Chromosom, wird auch das Junge ein Weibchen. In Symbolen sieht das so aus: Die beiden männlichen Geschlechts-Chromosomen erhalten die Buchstaben XX, da sie gleich sind. Die unterschiedlichen des Weibchens werden mit XY bezeichnet. Kommt nun ein X des Männchens mit dem X des Weibchens zusammen, wird das Junge ein Männchen. Wenn aber ein X des Männchens auf das Y des Weibchens trifft, kann nur ein Weibchen daraus entstehen. Bei der geschlechtsgebundenen **Farbvererbung** erhalten die Töchter ihre Farbe stets nur vom Vater, die Söhne je ein Farbgen von beiden Eltern. Übrigens liegt beim Menschen wie bei allen Säugetieren die Geschlechtsgebung beim männliche Partner. Er besitzt also das Chromosomenpaar XY, die weiblichen besitzen XX.

Eine weitere Vererbungsmöglichkeit ist das „crossing over", auch **Genaustausch** genannt. Durch die Reifeteilung besitzt ja jede Samenzelle und jede Eizelle nur noch die Hälfte der vorher paarig vorhandenen Chromosomenstränge. Nun kommt es nicht in allen Fällen vor, dass sich die Chromosomenpaare fein säuberlich trennen. Da sie fadenartig sind und einander umschlungen im Kernsaft schwimmen, können sie bei der Kernteilung auch reißen. Sie wachsen dann in einer anderen Anordnung an anderen Chromosomen wieder an. Dadurch kommt eine Vermischung der Erbanlagen, ein **Austausch** der Gene zustande.

Hinter den vielen verschiedenen Farben und Gefiedereigenschaften der Kanarien stecken unterschiedliche Vererbungsmechanismen.

# Gesangskanarien

Harzer Roller, gelb schimmel.

## Harzer Roller

Dieses ist die bekannteste und wohl auch älteste Gesangskanarienrasse. Ihren Ursprung hatte sie in Tirol, kam dann mit den Bergleuten von dort in den Harz. Hier wurde im Laufe des 19. Jahrhunderts seine **Gesangsqualität** ständig verbessert. Die Zucht wurde in St. Andreasberg und anderen Orten des Harzes in großem Rahmen von den Arbeiterfamilien betrieben, oft als wichtiger Nebenverdienst zum geringen Lohn in den Bergwerken.

Der Verbesserung und der Vervollkommnung des Gesanges galt alle Aufmerksamkeit, weniger der Farbe und Figur der Vögel. Gelbe, gescheckte und grüne Harzer Roller herrschten vor, später eindeutig die gelben, weil diese von den Liebhabern bevorzugt wurden. Auch heute sind die meisten Menschen der Meinung, ein Kanarienvogel müsse gelb und ein Sänger sein. Dass es Kanarienvögel in anderen Farben und Figuren gibt, die keinen sehr angenehmen Gesang beherrschen, erstaunt viele. Der Harzer Roller hat eben Maßstäbe gesetzt und ist zum Inbegriff des Kanarienvogels überhaupt geworden. Ende des 19. und zu Beginn des 20. Jahrhunderts trat der Harzer Roller seinen Siegeszug über die ganze Welt an. Deutschland blieb bis auf den heutigen Tag das Mutterland des Harzer Rollers, wenn er auch längst nicht mehr nur im Harz gezüchtet wird. Darum meinen einige Züchter und Autoren, ihn nicht mehr Harzer Roller, sondern Edelroller nennen zu müssen. Im Ausland, besonders auch in den USA, ist er auch heute noch als Harzer Roller oder nur als Roller bekannt und geschätzt. Er wird übrigens dort wie in vielen anderen Ländern gezüchtet, unter seinem ursprünglichen Namen.

**Haupttouren**

Die vier Strophen sind
- Hohlrolle
- Knorre
- Pfeife
- Hohlklingel

## Talent und Übung

Wie erwähnt, wird der Harzer Roller seines besonders schönen Gesangs wegen gezüchtet und begehrt. Was unterscheidet nun den Gesang eines Farben- oder Positurkanarienvogels oder eines rasselosen „Landkanarienvogels" von dem eines Harzer Rollers?

Der Gesang der anderen Kanarien ist zumeist laut und schrill, oft auch wenig abwechslungsreich. Es kann durch Mangel an **Veranlagung und Lernen** zu ziemlich eintönigem Gesang kommen, auch wenn er in den meisten Fällen mit großem Eifer vorgetragen wird. Ein Vogel, der seit vielen Generationen seiner Farben oder seiner Gestalt wegen gezüchtet worden ist, kann nicht einen Gesang bringen, wie wir ihn wünschen, denn es hat nie eine **Auswahl** nach Gesangstalent erfahren und nie gute Gesangsvögel als **Vorsänger** bekommen. Dies also unterscheidet den scheppernden, oft schrillen, eintönigen Gesang der Farben- und Positurkanarien vom volltönenden und abwechslungsreichen des Harzer Rollers: jahrhundertelange Auslese!

## Der Gesang

Der Gesang des Harzer Rollers besteht hauptsächlich aus vier **Strophen** oder **Touren**, wie sie unter Kennern genannt werden: Hohlrolle, Knorre, Pfeife und Hohlklingel. Als weitere Touren können Harzer Roller noch die **Glucke**, die **Schockel** und die **Wasserrolle** bringen. Dieses sind jedoch Touren, die nicht mehr von vielen Vögeln beherrscht werden, weil die vier Haupttouren bevorzugt und ständig verbessert werden. Nun zur Beschreibung der Touren, wenn dies in Worten auch nicht leicht ist.

Die **Hohlrolle** ist die wichtigste und typischste Gesangsstrophe des Harzer Rollers. Nach ihr hat er er seinen Namen bekommen. Beim Vortrag über Hohlrolle wird der Konsonant „r" mit einem Vokal „ü, o oder u" rollend gebracht. Je tiefer der Vokal, also von ü über o nach u, desto wertvoller und voller ist die Hohlrolle. Lässt der Vogel das „r" dann noch aus der Hohlrolle, dann spricht man vom Vokalhohl. Dieses hört sich in seiner Vollendung wie „huhuhuhu" an. Am Schluss des Vokalhohls wird es nur mehr gehaucht gebracht. Natürlich kann die Hohlrolle auch abgeflacht gebracht werden, wodurch sie an **Fülle** und Wert verliert. Mit dem Vokal „i" zusammen wird sie nicht mehr Hohlrolle, sondern Klingelrolle genannt.

Die **Knorre** ist die tiefste Strophe im Kanariengesang. Sie soll rund und voll „rorororo" oder „kurr" klingen, dann ist sie am wertvollsten. Manche Vögel bringen sie auch mit einem „ö" oder gar mit einem „ü", was natürlich weniger schön ist. Hervorragend knorrende Vögel versuchen sogar, vom „roro" auf ein „rourou" herabzukommen. In die tiefere Lage kommen sie aber nicht sprunghaft, wie bei Hohlrolle und Hohlklingel möglich, sondern sie „arbeiten" oder „schrauben" sich herab, wie ihr Bemühen genannt wird.

Die **Pfeife** ist eine abgesetzte Tour, das heißt, sie wird als deutliche Einzeltöne gebracht, und zwar meistens am Ende des Gesangvortrages. Häufig fängt der Vogel sofort danach erneut mit den anderen Touren an. Etwa drei- bis fünfmal in tiefer Lage und weich vorgetragen wie „du" oder „dou" ist die Pfeife eine große Bereicherung des Rollergesanges. **Lock-** und **Kontaktfühllaute** sind Pfeiftöne. Auch vor Beginn der anderen Touren werden oft einige Pfeiftöne sanft hören gelassen. Es ist wie das Stimmen des Instruments des Solisten vor dem Konzert.

Die **Hohlklingel** ist die vierte Grundtour des Harzer Rollers. Sie ist nicht so schnell wie die Rolle und die Knorre, denn die einzelnen Töne können leicht voneinander abgesetzt vernommen werden. Der Konsonant bei dieser Tour ist das „l", die Vokale sind „ü, o und u". Während des Vortrags wechselt ein guter Vogel vom höheren „ü" zum tieferen „o" oder vom „o" zum noch tieferen „u". Die tiefe und perfekte Hohlklingel ist eine wunderbare Strophe, die heute Dank großen Züchterfleißes von vielen Spitzenvögeln beherrscht wird. Wenn zum „l" ein „i" gebracht wird, handelt es sich nicht mehr um eine Hohlklingel, sondern um eine **einfache Klingel**. Sie kann sich sehr hübsch glöckchenhaft anhören, wenn sie nicht zu laut vorgetragen wird.

Außer den vier Haupttouren und ihren einfacheren Formen gibt es noch eine Reihe sogenannter **Beitouren**. Sie können erwünscht sein und das Repertoire eines Vogels vergrößern und damit interessanter gestalten. Sie können aber auch durch Dissonanzen einen Gesang in seiner Qualität beträchtlich mindern.

Zu den Beitouren gehört die **Schokel**. Sie hört sich oft wie eine langsame und hart abgesetzte Hohlklingel an. Sie kann aber auch Ähnlichkeit mit der Pfeife haben, nur dass sie tiefer ist. Mit „hü-hü-hü", „ho-ho-ho" oder „hu-hu-hu" kann die Schockel beschrieben werden und ist dann am wertvollsten, wenn sie wie „hü-ho-hu", also im Ton abfallend gesungen wird.

Die **Glucke** ist eine andere Beitour. Sie wird in den heutigen Zuchtstämmen mit den Hohl-Knorr-Pfeif-Touren nicht gern gehört und ist auch weitgehend verdrängt worden. Sie hört sich wie „gluckgluckgluck" oder „glockglockglock" an und kann an sich eine **Bereicherung** des Gesanges darstellen. Allerdings sollen durch die Glucktouren auch unsaubere, harte Töne in den Gesang der Vögel gekommen sein. Früher wurden im Harz Zuchtstämme mit Glucktouren und den sehr ähnlichen Wassertouren aufgebaut. Überhaupt gab es damals noch sehr große Unterschiede in den Gesangsrichtungen.

Die **Wassertour** ist an sich sehr schön und kann bei der Bewertung auch eine hohe Punktzahl erreichen. Sie hat das glucksende, weiche Plätschern eines Baches als klangliches Vorbild. Leider wird sie häufig zu hart und mit schrillen Lauten durchsetzt gebracht, wodurch sie heute nur noch von wenigen Vögeln zu hören ist.

Selbst Vögel mit den vier Haupttouren sind von Stamm zu Stamm verschieden. Das

**Beitouren**

Beitouren des Harzer Rollers sind
- Schockel
- Glucke
- Wassertour

liegt an der Geschmacksrichtung des Züchters und seiner damit verbundenen Auswahl der Vorsänger und Zuchtvögel. Auch innerhalb eines Stammes sind die Vögel gesanglich verschieden. Es gehört allerdings jahrelange Erfahrung, viel Liebe und Einfühlung dazu, den Kanariengesang genau zu kennen und die kleinen Unterschiede zu erkennen.

## Bewertung des Gesangs

Züchter und Preisrichter müssen ein geschultes Ohr haben, um eine richtige Wahl unter den Besten treffen zu können. Die Bewertungsrichtlinien für Gesangskanarien sehen folgendermaßen aus:

Die Vögel werden in sogenannten Viererkollektionen ausgestellt. Dabei sind die vier Vögel einzeln im Einsatzbauern untergebracht. Die Vögel einer Kollektion werden vor die Preisrichter gestellt und müssen innerhalb 30 Minuten ihren Gesang hören lassen. Es kommt dabei nicht auf die Dauer des Gesangs an, sondern auf die Qualität, die Vielseitigkeit und die Verbindung im Lied. Für jeden Vogel können bis zu 90 Punkte vergeben werden, und zwar:

**Punktevergabe**

| | |
|---|---|
| 1. Hohlrolle | bis zu 27 Punkte |
| 2. Knorre | bis zu 27 Punkte |
| 3. Wassertouren | bis zu 27 Punkte |
| 4. Hohlklingel | bis zu 18 Punkte |
| 5. Pfeife | bis zu 18 Punkte |
| 6. Schockel | bis zu 18 Punkte |
| 7. Glucke | bis zu 18 Punkte |
| 8. Klingeltouren | bis zu 9 Punkte |
| 9. Gesamteindruck | bis zu 9 Punkte |

Nun ergibt die Summe der hier aufgeführten Punkte nicht die Maximalzahl 90, sondern 171. Das hat folgenden Grund. Kein Vogel vermag alle Touren zu singen. Die er kann, singt er auch nicht alle in Perfektion. So ist es schwer für einen Vogel, in die Nähe von 90 Punkten zu kommen. Bei diesem Bewertungssystem haben allerdings Vögel verschiedener Gesangsrichtungen die Chance, das Maximum von 90 Punkten zu erreichen.

Das soll für **Vielseitigkeit** im Gesang des Rollers sorgen. Allerdings sind heute fast nur die Hohl-Knorr-Pfeif-Touren zu hören, und zwar in einer nie zuvor gekannten Perfektion. Die Wasser-Gluck-Schockel-Touren sind dagegen so gut wie verlorengegangen. Zur Deutschen Meisterschaft des DKB (Deutscher Kanarien- und Vogelzüchter-Bund) 1977 waren erleichterte Zulassungen für Kollektionen mit diesen Touren ergangen, damit die Preisrichter-Scholare ihr Klangbild kennenlernen konnten. Früher vermochten die Harzer Roller ein vielseitigeres Lied vorzutragen, wenn auch insgesamt nicht so perfekt.

## Ausstellung und Training

Um zum Erfolg bei den **Ausstellungen** zu kommen, gehört für die Züchter eine große Menge Arbeit, Geduld, Können und Liebe dazu. Welche Mühen und welches Können schon zur richtigen Auswahl der Zuchtvögel und zur Zucht selbst gehören, kann aus dem Kapitel über die Zucht nachgelesen werden. Auch bei den Gesangsvögeln sollte die paarweise Zucht betrieben werden, wenn viele Züchter gerade dieser Sparte die Wechselhecke noch betreiben. Das ist verständlich, denn bei den Harzer Rollern wird für die hervorragenden Männchen gut gezahlt, während die Weibchen sehr niedrig im Kurs stehen. Es geht bei diesen Vögeln ja ausschließlich um Gesang, eine Domäne der Männchen.

Die **jungen Männchen** verbringen die ersten Monate nach ihrem Selbstständigwerden in Flugbauern oder Volieren, wo sie zu kräftigen Junghähnen heranwachsen und ihre erste Mauser durchmachen. Schon bald nach dem Verlassen des Nestes beginnen sie zu **„studieren"**. In der Voliere wetteifern sie dann bald, was höchstens durch die Mauser gemindert wird. Ist diese nun völlig abgeschlossen, werden die Junghähne in die kleinen Gesangbauer gesetzt. Jeder Vogel kommt für sich in eins dieser „Einsatzbauer". Sie werden so genannt, weil sie in **Gesangsschränke** eingesetzt werden. Doch das sollte nicht sofort geschehen, denn zuerst brauchen die Vögel etwa eine Woche Zeit, sich in die engen Bauer einzugewöhnen. Die Vögel sollten sich in dieser Zeit gegenseitig sehen können. Das ist natürlich auch in vielen Gesangsschränken möglich, die herausnehmbare Zwischenwände haben. Nach acht bis zehn Tagen werden diese Trennschieber eingesetzt, sodass jeder der Gesangsschüler für sich alleine ist. Sie sollten sich nicht gegenseitig stören und ablenken, sondern durch Lauschen voneinander lernen.

Bald werden die Schüler fleißig singen und ihrem Talent entsprechend lernen. Steht ein guter Vorsänger mit gleicher Gesangsart zur Verfügung, dann kann er von Nutzen sein. Es geht aber auch ohne. Etwa zwei bis drei Wochen nachdem die Vögel in die Einsatzbauer gesetzt wurden, können die Türen von den Gesangsschränken halb geschlossen werden. Manche Züchter hängen auch einen Store vor den Gesangsschrank, später einen grünen Stoff. So können die Vögel in Ruhe studieren, ohne zu feurig zu werden. Die Versorgung der Vögel ist bei einem Vorhang einfacher als bei Türen mit Schlitzen oder rundem Loch. Im Grunde ist es gleichgültig und Sache des Züchters, auf welche Art er die Gesangsschränke **verdunkelt**.

Die Verdunkelung bringt zweierlei Vorteile: Die Vögel können sich auf das Erlernen des Gesangs konzentrieren. Ferner können die Vögel in einem sogenannten **Intervalltraining** zu vollem Gesang gebracht werden.

Die Züchter stellen die Vögel in ihren Einsatzbauern morgens, mittags und abends unverdunkelt auf den Tisch. Sie werden dadurch an die Bedingungen während ihrer Bewertung auf Ausstellungen gewöhnt, wenn sie innerhalb einer halben Stunde ihr Repertoire hören lassen müssen. Natürlich müssen die Vögel nicht täglich dreimal abgehört werden. Es muss auch nicht immer zu gleichen Zeiten sein. Wenn allerdings ein Züchter seine Vögel nur **abhören** kann, wenn er abends von der Arbeit nach Hause kommt, dann kann es sein, dass sie sich zu anderen Tageszeiten nicht dazu bequemen, vollständig durchzusingen. Das kann zum **Verschweigen** vor den Preisrichtern führen.

Das Gesangstraining wird bis zur Ausstellung beibehalten. Durch entsprechende Verbesserung der **Fütterung**, durch Regulierung der **Lichtmenge** und dem Einhalten einer **Luftfeuchtigkeit** von 60 bis 70% hat es der Züchter in der Hand, seine Vögel auf den großen Tag genau in **beste Gesangskondition** zu bringen. Was dazu an Arbeit, Mühen, Beobachtungsgabe und jahrelanger Erfahrung gehört, ist, glaube ich, in diesem Kapitel angeklungen.

### Gesangs-Farbenkanarien

Interessante Zuchtrichtungen sind die der Gesangs-Farben- und Positurkanarien. Dabei soll die Schönheit des Rollergesangs mit der Gefiederpracht des Farbenkanarienvogels verbunden werden. Dies ist nicht leicht, denn die Vögel haben die ohnehin hochgesteckten **Bewertungskriterien** beider Sparten zu erfüllen. Sie werden einmal als Gesangsvögel beurteilt, dann außerdem als Farbenvögel. Der Tradition folgend werden auch diese Vögel in **Viererkollektionen** bewertet. Sie müssen also nicht nur eine gleichmäßige Gesangsleistung vollbringen, sondern in Farbe und Figur möglichst genau übereinstimmen, was dann mit **Stammesharmonie** bezeichnet wird. Hier kommt kein Zufallstreffer zum Erfolg, wie das bei den einzeln bewerteten Positur- oder Farbenvögeln der Fall sein kann, sondern nur die runde Leistung eines guten Zuchtstammes.

Für den Liebhaber eines einzelnen Sängers als Stubenvogel bringt die Kombination von Gesang und Farbe eine größere Auswahl für Ohr und Auge. Gesangs-Farbenkanarien gibt es in Weiß, Orange, Orangerot, Schiefer, Silber, Opal, Pastell und auch in den dunkleren Spielarten der Melaninfarben. Letztere sind allerdings noch selten, was damit zu tun haben mag, dass mit dem Harzer Roller immer noch der gelbe Vogel verbunden wird.

## Wasserschläger

Wenn wir in Deutschland von **Gesangskanarien** reden, meinen wir fast immer nur den Harzer Roller. Es sind in anderen Ländern aber auch Gesangsrassen gezüchtet worden. Eine der ältesten und heute nach dem Harzer Roller wohl die bedeutendste ist der Wasserschläger, auch **Belgischer Wasserschläger** oder **Mechelner Kanarienvogel** genannt. Diese Rasse ist im flämischen Teil Belgiens, besonders in und um Mecheln herum, seit mehr als 150 Jahren gezüchtet worden. Sie ist dort sehr beliebt, aber auch in Holland, Frankreich, Italien, Südafrika, Südamerika und Nordamerika. Auch gibt es in Deutschland Züchter dieser Gesangsrasse und sie werden bei der Deutschen Meisterschaft des DKB, die jedes Jahr im Januar ausgetragen wird, gezeigt.

Der Wasserschläger ist etwas größer und kräftiger als der Harzer Roller, aber von ähnlicher Figur. Der Unterschied liegt im **Gesang**, was sich ja auch schon in den Namen ausdrückt. Die Stimme des Wasserschlägers hat etwas Schluchzendes. In manchen Touren erinnert sie an den Schlag der Nachtigall, in anderen hat sie aber auch etwas Hartes und Lautes an sich. Während der Harzer Roller sein ganzes Lied mit geschlossenem Schnabel singt, ist dies beim Wasserschläger nicht bei allen Touren der Fall.

Während beim Harzer Roller heute fast nur noch die vier Haupttouren Hohlrolle, Knorre, Hohlklingel und Pfeife zu hören sind, ferner als Beitour die Klingel, (Wassertour, Schockel und Glucke sind fast nie mehr zu hören) gibt es beim Wasserschläger auf der Bewertungsliste 17 verschiedene Gesangstouren. Natürlich beherrscht kein Vogel alle, doch kann aus diesem Vergleich ersehen werden, dass der **Gesang** des Wasserschlägers vielseitiger ist. Beim Harzer Roller sind die verschiedenen Touren zu einer ungeahnten Perfektion gebracht worden. Das Lied ist in seiner Gesamtheit dafür etwas verarmt. Der Wasserschläger verfügt dagegen über ein so **großes Repertoire**, dass das Lied ursprünglicher, leidenschaftlicher, wilder klingt. Naturgemäß sind diese Touren für unser Ohr nicht alle so wohlklingend, nicht so rein. Es kommen schrille und metallen klappernde Töne vor. Die Züchter des Wasserschlägers sind bemüht, diese härteren Touren zu verbessern, sie aber nicht wegzuzüchten. Einige Haupttouren des Wasserschlägers sollen hier kurz beschrieben werden.

**Haupttouren des Wasserschlägers**

- Klokkender Wasserschlag
- Bollender Wasserschlag
- Rollender Wasserschlag
- Knorren
- Metallschlag
- Tjokken

Belgischer Wasserschläger, gelb schimmel.

Da ist zuerst der **„Klokkende Wasserschlag“** zu nennen. Er soll schön weich und tief „blüblüblü – blublublu – klock-klock-klock“ lauten. Mit den übrigen Vokalen würde die Tour zu spitz oder zu blechern klingen. Der **Bollende Wasserschlag** ist ebenfalls eine tiefe Tour und klingt „wuwuwu-lulululu-lolololo“. Höher in der Tonlage ist der **Rollende Wasserschlag**, der sich wie „wüwüwüwü-lolololo-lulululu“ anhört. Er wird auch schneller und mit geschlossenem Schnabel vorgetragen. Zwei weitere Touren sind **„Knorren“**, eine mit langsamerer und eine mit schnellerer Tonfolge. Sie hören sich wie tiefes Knurren an, sind der Knorre des Harzer Rollers ähnlich, doch härter im Klang. Auch sie werden mit geschlossenem Schnabel gesungen. Der Ton kann während des Vortrages auf- und absteigen.

Eine für den Wasserschläger sehr typische Tour ist der **Metallschlag**, auch **Stahlschlag**, **Stahltour** und **Tjonker** genannt. Hierbei singt der Vogel „tjonk-tjonk-tjonk-tong-tong-tung-tun-tjunck-tjunck-tjunk", und zwar mit geöffnetem Schnabel. Die Doppeltöne sind klar gegen die folgenden abgesetzt und haben einen metallischen Klang. Wenn die Tonfolge an- oder absteigend gebracht wird, ist diese Tour besonders wertvoll. Das **Tjokken** ist eine weitere typische Tour des Wasserschlägers. Sie hat Ähnlichkeit mit der Schockel des Harzer Rollers, ist aber härter im Ton. Dieser darf hoch oder tief, auf- oder absteigend sein. Die Pfeifen, hier **Flöten** genannt, die Glucke, die Klingel beziehungsweise Klingelrolle, die Wasserrolle und andere Strophen gehören zum Gesang des Wasserschlägers.

Diese interessante belgische Gesangskanarienrasse trägt sehr zur Bereicherung bei. Sie hat als urtümlicher Sänger viele Freunde gefunden. Es scheint, als gewinne sie ständig mehr an Beliebtheit.

Wichtig ist, dass Wasserschläger und Harzer Roller nicht gekreuzt werden. Ihr Gesang gewinnt dadurch nicht, sondern verliert in der Mischung ein Großteil seiner Schönheit und Eigentümlichkeit.

Die **Gefiederfarbe** des Wasserschlägers ist helles Gelb. Die Weibchen sind blasser gefärbt als die Hähne. Wenige, ganz kleine dunkle Gefiederflecke sind zulässig, eine Scheckung oder andere Farbe jedoch nicht.

## Spanischer Timbrado

Dieses ist ein spanischer Gesangskanarienvogel, der 1962 von der COM als selbstständige Rasse anerkannt wurde. Er ist 13 cm lang und ähnelt in seiner Figur dem wilden Kanarienvogel. An seiner Entstehung sollen neben altspanischen Gesangsvögeln tatsächlich Wildvögel und einige Harzer Roller mitgewirkt haben.

Von schön gerundeter **Figur** ist der Trimbrado. Der Kopf ist klein und rund, der konische Schnabel zierlich. Die Flügel werden gut angelegt getragen und sind an den Spitzen ein wenig gekreuzt. Der Schwanz ist wie beim Wildvogel eingekerbt und wird etws gespreizt getragen. Alle Farben, außer rotfaktorige, sind erlaubt. Die den **Wildvögeln** ähnlichen grünen Melaninvögel sind am beliebtesten.

Die Melaninvögel sollen auch die besten Sänger sein. Der **Gesang** dieser schmucken kleinen Vögel ist ein helles Glockenklingeln, das ihm auch seinen Namen eingebracht hat (im Spanischen heißt „timbre" Glocke). Der Timbrado lässt drei verschiedene Touren hören, und zwar die „**Glocke**", die „**Glucke**" und den „**Schmuck**". Vom Gesang aller anderen Gesangsrassen ist der des Timbrado sehr verschieden.

Der Timbrado hat in seiner Heimat inzwischen einige Beliebtheit erlangt, ferner in Nord- und Südamerika. Bei uns ist er allerdings eher weniger bekannt.

## American Singer

Dieses ist eine in den USA erzüchtete Gesangskanarienrasse. Sie ist noch jung und in der Entwicklung begriffen. Der Gesang soll dem des Harzer Rollers ähnlich sein. Bei dieser Rasse wird aber auch Wert auf **Farben**, ein schön weiches **Gefieder** und eine besonders gute **Haltung** gelegt. Es scheinen sich also **Gesangs-**, **Farben-** und **Positurkanarien** in dieser Rasse zu vereinen. Border Fancies, Farbenkanarien und Harzer Roller gehören zu den Eltern des American Singers, der außerhalb seiner Heimat noch unbekannt ist.

## Gesangskanarien auf Schauen

Gesangskanarien benötigen auf einer Vogelschau besondere Behandlung, denn sie müssen nicht ihres Aussehens wegen bewertet und von den Besuchern dafür bewundert werden. Dies gilt bei den Gesangskanarien lediglich für die Farben-Gesangsvögel und die Positur-Gesangsvögel. Sie haben es besonders schwer, müssen sie sich einerseits zur Schau stellen, andererseits dazu noch einen guten Gesang vortragen.

Gesangswettbewerb.

Dagegen haben sich die reinen Gesangskanarien, vor allem Harzer Roller beziehungsweise Harzer Edelroller, nicht um ihr Aussehen weiter zu kümmern, solange sie ein schmuckes Federkleid in Gelb, Grün oder Gescheckt tragen (im Besucherjargon formuliert). Dafür müssen sie eine Spitzenleistung in der Qualität ihres Gesangvortrags zeigen. Um auf den Schauen gut abschneiden zu können und ihrem Züchter den Titel „Vereinsmeister“, „Landesverbandsmeister“ oder gar „Deutscher Meister“ zu erringen, ist weit schwieriger als wir Laien denken.

Der Züchter von Gesangskanarien muss ein Ohr dafür haben, welche seiner Jungvögel am besten singen und zu einer Gesangskollektion zusammenpassen. Diese erhalten ein ganz besonderes Training (siehe Seite 71), meist mit Hilfe eines älteren Männchens als Vorsänger, um sich auf den Schauen zu präsentieren.

Für die Darbietung des Gesangs wird den Vögeln eine halbe Stunde Zeit gelassen. Damit sie dies schaffen, werden sie vorher gefüttert und getränkt. Zu diesem Zeitpunkt haben sie auch die Dunkelheit längst vergessen, in der sie einige Stunden am Bewertungstag und einige Wochen zuvor täglich verbringen mussten.

Auch die Zuchtrichter brauchen ein sehr gutes Gehör, um die vier Vögel einer Kollektion fair bewerten zu können. Dazu sind der passende Raum, das richtige Licht und gute Helfer im Umgang mit den Vögeln und dem ganzen Drumherum nötig.

Farbenkanarienmännchen, schwarz grauflügel weiß.

# Farbenkanarien

Der wildlebende Kanarienvogel ist von grüngelber Farbe mit dunkelbrauner bis schwärzlicher Strichelzeichnung auf der Oberseite und schwarzbraunen Flugfedern. Aus ihm sind durch **Mutationen** und durch **Auslese** und **Kreuzungen** all die vielen verschiedenen **Farbschläge** hervorgegangen.

## Vom Wildvogel zu den Farbspielarten

Zuerst kam es zu teilweise **aufgehellten** Vögeln, den Schecken, dann zu gänzlich aufgehellten. Das waren die ersten gelben Kanarien, die in ihrer Beliebtheit bis auf den heutigen Tag nichts eingebüßt haben. Ja, mit dem Begriff Kanarienvogel verbindet sich auch die Vorstellung, dass er gelb ist oder sein müsste. Dabei ist, wie wir schon gesehen haben, der Wildling Kanarienvogel ein recht unscheinbarer grünlicher Vogel. Die Gelben enstanden durch Ausfall der Melanine, also der **Dunkelfarbstoffe.** Diese schwarzen bis braunen Farbstoffe waren dem Vogel verlorengegangen. Zurück blieb kein Grüner, sondern ein Gelber, denn das Grün des Wildvogels war eine Mischung aus den erwähnten Melaninen und der gelben Grundfarbe des Kanarienvogels.

**Hinweis**

Die gelbe **Grundfarbe** besteht aus einem **Karotinoid**, dem **Kanarienxanthophyll**, einer **Lipochrom-** oder **Fettfarbe**, was wieder alles das gleiche ist. Als Fettfarbe wird das Gelb (und das Rot) bezeichnet, weil es in Fetten und Ölen löslich ist.

Charakteristisch für die **Aufgehellten** oder **Lipochromvögel**, wie sie auch genannt werden, sind neben der reinen Grundfarbe die **weißen Schwingen- und Schwanzfedern.** Da diese beim Wildvogel fast schwarz sind, also nur Melanine enthalten, zeigen sie sich nach deren Ausfall eben weiß. In ihnen sind so gut wie keine Fettfarben enthalten. Nur stark mit **künstlichen Farbstoffen** gefütterte Kanarien zeigen in Schwingen und Schwanz Farbe, was heute leider wieder gefordert wird.

Wie aus dem vorigen Abschnitt schon ersichtlich, bestehen die Fettfarben Gelb bis Rot aus Karotinoiden. Diese werden vom Vogel mit dem **Futter** aufgenommen, vor allem aus **Grünfutter** und **Karotten** (Möhren). Die Farbstoffe werden in der Leber in die dem Vogel eigene Fettfarbe umgewandelt und gelangen mit dem Blutkreislauf in die sich entwickelnden Federn. Nur solange die **Feder** noch in ihrer Spule steckt und durchblutet wird, ist die Ablagerung der Farbmoleküle möglich. In herausgeschobenen Federteilen sind die Farbstoffe kristallisiert und nicht mehr veränderbar. Dieser Umstand sollte alle Kanarienliebhaber und -züchter davon überzeugen, dass eine **Zufuhr von Karotinoiden** in Form von Grünfutter und Möhren nicht erst während der Mauser des Vogels, sondern schon lange Zeit vorher, am besten **ganzjährig** erfolgen sollte, wenn das Gefieder eine schöne und gleichmäßige **Ausfärbung** haben soll.

Als aufgehellte Kanarien gelten auch die **Weißen.** Bei ihnen sind außer den Melaninen auch die Fettfarben verlorengegangen. Bei den **Dominantweißen** sind noch gelbe Farbreste an Schultern und Handschwingensäumen vorhanden, wogegen die **Rezes-**

**sivweißen** wirklich reinweiße Vögel sind. Dagegen sind weder sie noch die gelben und roten Vögel Albinos, Lutinos oder Rubinos, denn als letzten Melaninrest haben sie dunkle **Farbstoffe in den Augen** behalten. Fehlen auch diese, haben wir es mit **Albinos**, **Lutinos** und **Rubinos** zu tun.

## Melaninvögel

Kommen wir nun zu den Vögeln mit Dunkelfarbstoffen im Gefieder, den sogenannten **Melaninvögeln**. Wie wir wissen, ist der Wildling Kanarengirlitz ein Vogel mit ausgeprägten Melaninzeichnungen, die am deutlichsten auf Kopf, Rücken, Flügeldecken und Flanken in Erscheinung treten. Schwingen und Schwanz sind sogar fast ausschließlich melaningefärbt, während der Rest des Gefieders, Wangen, Kehle, Brust, Bauch und Bürzel, mehr oder weniger stark gelbgrün ist.

Unter den domestizierten Farbspielarten ähnelt der **Grüne** dem Wildvogel noch am meisten. Vögel mit schwarzem Pigment in ihrem Gefieder, werden zusammenfassend Schwarzvögel genannt.

Durch Verdünnung der schwarzen Eumelanine sind die **Achatvögel** entstanden, die wegen ihrer mild grauen Strichelung zu dem Namen des Edelsteins kamen. Eine andere Mutation hat uns die **Braunvögel** beschert. Hierbei haben sich die schwarzen Eumelanine in braune umgewandelt oder es sind nur die mittel- bis dunkelbraunen übriggeblieben. Bei diesen Vögeln stellen wir eine braunviolette **Augenfarbe** fest, die aber nur bei günstigem Licht zu erkennen ist. Die Nestlinge der Braunen zeigen dagegen sehr deutlich dunkelrote Augen. Verdünnte der Braunvögel sind schließlich die **Isabellvögel**. Ihre Melaninfarbe ist nur noch sandfarben, also treffend ausgedrückt „isabellfarben". Bei ihnen sind die Augen noch heller, da kaum noch Dunkelfarbstoffe vorhanden.

## Pastell, Opal und Inos

Es sind weitere Mutationen vorgekommen, wie etwa das **Melaninpastell** und das **Lipochrompastell**, die Melanine resp. Fettfarben pastellartig aufhellen. Der **Opalfaktor** ist eine weitere Mutation, eine strukturelle **Veränderung der Federzellen**, der die Melanine schwächer zur Geltung kommen lässt, dafür aber einen opalartigen Schimmer hervorruft. **Inos** (Albinos, Lutinos und Rubinos) sind Vögel mit völlig verdünntem oder verloren gegangenem Melanin, sodass sie **rote Augen** haben. Jedoch existieren auch Phaeokanarien der Achat- und Isabellreihe, die fast echt albinotische Kanarien vortäuschen.

Alle diese Mutationen und einige andere haben die Vielfalt an Farben und Farbkombinationen möglich gemacht, denen wir heute begegnen. Die verschiedenen Melaninfarben können mit den verschiedenen Lipochromfarben und weiteren Faktoren fast nach Belieben kombiniert werden.

## Gefiederstruktur

Eine **Verdoppelung der Kanarienfarben** ist durch die Verminderung des Federwuchses zustandegekommen. Der Wildvogel Kanarengirlitz hat ein Gefieder, bei dem alle Federn des Kleingefieders weißliche Säume tragen. Dadurch ist das Gefieder locker und doch dicht, die Farbe milde und wie von „Schimmel" überzogen. Die Engländer nennen B-Vögel „frosted": mit Raureif überzogen. Die Intensität der Farben wird durch die Säume etwas gemindert. Darum nennen wir solche Vögel heute **Nicht-Intensive** oder auch **Schimmel**.

Irgendwann in der Frühzeit der Domestikation sind bei einigen Vögeln die Federn kürzer geworden. Die weißen Federsäume gingen verloren. Dadurch tritt die Gefiederfarbe viel **leuchtender** in Erscheinung. Wir nennen diese Kanarien **Intensive** oder **A-Vögel**. Werden nun ständig A-Vögel miteinander gepaart, um besonders leuchtende Farben zu erhalten, wird das Gefieder immer dünner und kürzer. Das könnte so weit gehen, dass die Vögel **kahle Stellen** bekommen. Umgekehrt ist es, wenn öfter **B-Vögel** miteinander verpaart werden. Dann wird das Gefieder lang und sehr dicht, ja **zottelig**. Auf diesem Wege sind wahrscheinlich die **frisierten Kanarienrassen** entstanden. Die Praxis hat gelehrt, dass die Verpaarung eines A-Vogels mit einem B-Vogel die besten Ergebnisse bringt, was Länge und

Dichte des Gefieders betrifft. Aus solchen Verpaarungen fallen etwa je zur Hälfte A-Vögel und B-Vögel.

**Hinweis**

Es gibt auch A/B-Vögel. Diese liegen in der Gefiederdichte zwischen den beiden anderen Formen. Ihre Federn haben nur kurze weiße Säume, wodurch ein nicht so deutlich sichtbarer „Schimmelbelag" entsteht. Diese Vögel sind für Schauen weniger geeignet, aber gute Zuchtvögel. Von der Vererbung her müssten die Wildvögel eigentlich zu diesen A/B-Vögeln gehören.

## Aufgehellte in Gelb, Rot und Weiß

Wie bei fast allen domestizierten Tieren kam es auch beim Kanarienvogel zuerst zum teilweisen Melaninausfall, also zur **Scheckenbildung**. Ein weiterer Schritt war der vollständige Verlust aller Dunkelfarbstoffe im Gefieder. Nur in den Augen blieb die dunkle Farbe erhalten. Wären auch sie ohne Pigmente, hätten wir es mit Albinos zu tun, durch deren farblose Augen die Blutgefäße der Netzhaut schimmern und sie rot erscheinen lassen. Die umstrittenen Albinos werden kurz Inos genannt. Sie werden später behandelt.

Aufgehellte traten zuerst in Gelb auf, bald aber auch in Weiß, denn aus Verpaarungen rein Gelber fallen auch Weiße. Erst in den 1920er Jahren kam durch Einkreuzen des **Kapuzenzeisigs** das **Rot** in die Kanarien, was bei den Aufgehellten Vögel mit orangegelben bis rotem Gefieder brachte.

Die Aufgehellten haben keine Melaninfarben mehr in ihrem Gefieder. Dort, wo diese beim Wildvogel fast schwarz und ausschließlich vorhanden waren, nämlich in Schwingen und Schwanz, erscheint das Gefieder weiß. Bei den **Deutschweißen** (**Dominantweißen**, siehe auch Seite 81), die aus den Reingelben erzüchtet werden können, bleiben gelbe Farbreste bestehen, nämlich auf den Schultern und an den Säumen der Handschwingen.

Die Farben kommen bei den intensiven **A-Vögeln** klarer und leuchtender zur Geltung als bei den nicht intensiven B-Vögeln. Wie wir im vorigen Kapitel schon gesehen haben, kommen die blasseren Farben der **Schimmel-Vögel** durch weiße Federsäume zustande, die das Gefieder dichter und länger werden lassen. Die Vögel wirken dadurch kräftiger und robuster.

Wenn es die drei aufgehellten Farben in nur je einem Farbton geben würde, hätten wir es mit weißen, gelben und roten Vögeln zu tun. Doch gibt es zumindest von Gelb bis Rot fließende Übergänge. Die verschiedenen Farbtöne einzustufen ist von Prof. Dr. Wilhelm Ostwald mit den **Ostwaldschen Farbnormen** versucht worden. Diese sind in einer Farbtabelle von Hellgelb bis Feuerrot in Zahlen von 1 bis 6 mit ½-Zwischenstufen als Bestimmungshilfen entwickelt worden. Nach diesen Farbnormen können also 11 Kanarienfarben bestimmt werden. In der **Schauklas-**

Links: Farbenkanarienmännchen, rot intensiv.

Rechts: Singendes Farbenkanarienmännchen, rot schimmel.

**seneinteilung** sah man früher fünf Klassen vor (siehe Tabelle unten).

**Tabelle 2: Oswaldsche Farbnorm**

| OF (Ostwaldsche Farbnorm) | Farbe |
|---|---|
| 1–2 | gelb |
| 2–3 | orangegelb |
| 3–4 | orange |
| 4–5 | orangerot |
| 5–6 | rot |

Heute werden die Weißen, Gelben und Orange bis Roten in nur drei Klassen aufgeteilt, auf größeren Schauen dazu noch in Klassen der Intensiven und der Schimmel.

Um beim Beispiel Gelb zu bleiben, muss gesagt werden, dass Gelb nicht gleich Gelb ist. Wird das Hellgelb als normales Gelb angesehen, dann können wir zumindest noch zwei weitere **Gelbtöne** erkennen und bestimmen, nämlich das **Mittelgelb** und das **Tiefgelb** oder **Dunkelgelb**. Die Vererbung des Gelbfaktors ist unabhängig vom Geschlecht und intermediär. Nun spielt für den Farbton des Gelb der Farbdichtefaktor eine Rolle. Auch dieser **Faktor** vererbt unabhängig und intermediär. Er ist bei hellgelben Vögeln nicht, bei mittelgelben einfaktorig und bei dunkelgelben zweifaktorig vorhanden. Befolgen wir die im vorigen Kapitel gegebene Empfehlung, nur einen Intensiven mit einem Schimmel-Vogel zu verpaaren, ergeben sich die in Tabelle 3 dargestellten Resultate.

**Tabelle 3: Vererbung des Gelbfaktors**

| | | | | |
|---|---|---|---|---|
| 1. | Hellgelb × Dungelgelb | = | 100% | Mittelgelbe |
| 2. | Mittelgelb × Mittelgelb | = | 25% | Hellgelbe |
| | | | 50% | Mittelgelbe |
| | | | 25% | Dunkelgelbe |
| 3. | Mittelgelb × Dunkelgelb | = | 50% | Mittelgelbe |
| | | | 50% | Dunkelgelbe |
| 4. | Hellgelb × Mittelgelb | = | 50% | Hellgelbe |
| | | | 50% | Mittelgelbe |
| 5. | Hellgelb × Hellgelb | = | 100% | Hellgelbe |
| 6. | Dunkelgelb × Dunkelgelb | = | 25% | Mittelgelbe |
| | | | 50% | Dunkelgelbe mit Einfachfaktor |
| | | | 25% | Dunkelgelbe mit Doppelfaktor |

Von letzteren sind nicht alle lebensfähig und gut befiedert, sondern einige sterben im Ei oder als Nestling ab, sind schwächlich und behalten kahle Stellen im Gefieder. Der Grad der **Inzucht** spielt hierbei auch eine Rolle. Diese **Letalwirkung** ist noch stärker, wenn zwei intensive Dunkelgelbe (Goldgelbe) miteinander verpaart werden. Das Zusammenspiel, die „**Polygenie**" verschiedenster Faktoren beim Zustandekommen eines bestimmten Gelbtons ist nicht restlos geklärt. Neben dem Gelbfaktor, dem Farbdichtefaktor und dem Intensivfaktor sollten auch Veränderungen der Karotinoid-Moleküle (nach Speicher, 1993) eine Rolle spielen. Kanariengelb ist also nicht gleich Kanariengelb. Auch die Einteilung in sechs verschiedene Gelbtöne wie in der folgenden Tabelle wäre nicht umfassend.

**Tabelle 4: Kanariengelb**

| Intensiv-Gelbe | Nichtintensiv-Gelbe |
|---|---|
| Hell Goldgelb | Strohgelb |
| Mittel Goldgelb | Mittelgelb |
| Goldgelb | Dunkelgelb |

Durch eine strukturelle Veränderung in der Feder wird aus einem normalgelben Kanarienvogel ein **Zitronengelber**. Diese Veränderung in der Feder nennt man den „**optischen Blaufaktor**". Es kommt keine blaue Farbe hinzu, die bei Kanarien ja auch nicht vorhanden ist, sondern durch die **Brechung des Lichtes** auf den Federzellen wird der Blaueffekt erzielt. Der optische Blaufaktor, auch **blauer Strukturfaktor** genannt, vererbt unabhängig vom Gechlecht und intermediär. Es gelten die in Tabelle 5 gezeigten Regeln für die Vererbung der zitronengelben Kanarien, hier in Verbindung mit Normalgelben.

Der optische Blaufaktor lässt sich auch in die weiß Aufgehellten einkreuzen. Wird ein

**Dominantweißer** mit einem **Zitronengelben** zweifaktorig verpaart, so erhält man 50% Zitronengelbe einfaktorig und 50% Dominantweiße, die unsichtbar einen einfaktorigen Blaufaktor besitzen. Diese Weißen sind als solche nicht anders als die ohne Blaufaktor, doch spielen sie eine wichtige Rolle bei Verpaarungen mit pigmentierten Vögeln. Mit ihrer Hilfe lassen sich „Stahlblaue" erzielen, die zu den Silbernen gehören, heute Schwarzweiß genannt.

Bei der Zucht rotfaktoriger Kanarien können wir die gleichen Vererbungsregeln anwenden und für Hellgelb Orange, Mittelgelb Orange und für Dunkelgelb Rot einsetzen. Die Vererbung ist ebenso unabhängig vom Geschlecht und intermediär, wie bei den Gelben.

Anders ist die Vererbung bei den **weißen** Kanarienvögeln. Wir unterscheiden zwei Formen von Weißen, nämlich die **Deutschweißen** oder **Dominantweißen** und die **Englischweißen** oder **Rezessivweißen**.

Die Dominantweißen traten 1667 erstmals in Deutschland auf. Es handelt sich um eine weitere Verlustmutation. Nachdem der grüne Wildvogel nämlich zuerst seine Dunkelfarbstoffe (**Pigmentfarben**) eingebüßt hatte, verlor er nun auch die gelben Fettfarben (**Lipochrome**). Dieser weiße Kanarienvogel behielt jedoch einige Reste des Gelb oder Rot, nämlich auf Schultern und Handschwingen, wodurch er vom Rezessivweißen gut zu unterscheiden ist.

Die **Vererbung der Dominantweißen** ist, wie der Name schon sagt, dominierend über Gelb und Rot. Die Farblosigkeit herrscht also über die Fettfarben vor.

**Tabelle 5: Vererbung der zitronengelben Kanarien in Verbindung mit Normalgelben**

| | Verpaarung | | Anteil | Nachkommen |
|---|---|---|---|---|
| 1. | Gelb × Zitronengelb einfaktorig | = | 50% | Gelbe |
| | | | 50% | Zitronengelbe einfaktorig |
| 2. | Zitronengelb einfaktorig × Zitronengelb einfaktorig | = | 25% | Gelbe |
| | | | 50% | Zitronengelbe einfaktorig |
| | | | 25% | Zitronengelbe zweifaktorig |
| 3. | Gelb × Zitronengelb zweifaktorig | = | 100% | Zitronengelbe einfaktorig |
| 4. | Zitronengelb einfaktorig × Zitronengelb zweifaktorig | = | 50% | Zitronengelbe einfaktorig |
| | | | 50% | Zitronengelbe zweifaktorig |
| 5. | Zitronengelb zweifaktorig × Zitronengelb zweifaktorig | = | 100% | Zitronengelbe zweifaktorig |

**Tabelle 6: Vererbung der Dominantweißen mit Gelben**

| | Verpaarung | Anteil | Nachkommen |
|---|---|---|---|
| 1. | Dominantweiß einfaktorig × = Gelb | 50% | Dominantweiße einfaktorig |
| | | 50% | Gelbe |
| 2. | Dominantweiß einfaktorig × = Dominantweiß einfaktorig | 25% | Gelbe |
| | | 50% | Dominantweiße einfaktorig |
| | | 25% | Dominantweiße zweifaktorig, die nicht lebensfähig sind. |

Links: Dominant weißes Weibchen.

Rechts: Rezessiv weißer Jungvogel.

**Dominantweiße**

Da diese Farblosigkeit eine Verlustmutation ist, ist der Dominantweiße nicht lebensfähig, sobald er von jedem Elternteil ein Gen für Dominantweiß erbt. Der Vogel stirbt schon als Embryo im Ei oder in den ersten Tagen nach dem Schlupf. Hier ist der sogenannte Letalfaktor im Spiel.

Nur Weiße dieser Mutation, die spalterbig in einer der beiden Fettfarben sind, können überleben. Die Vererbungsregeln für Dominantweiße, hier am Beispiel mit Gelben, zeigt die Tabelle 6.

Dominantweiße sollten also stets mit Vögeln gepaart werden, die noch Fettfarbe zeigen. Wegen ihrer Dominanz erhält man in jedem Falle 50% weiße Jungvögel.

Dominantweiße können auch mit allen Vögeln verpaart werden, die Melaninfarben besitzen. Die Jungen sind zu 50% **Weißgrundige**. Es gibt sie in Verbindung mit Schwarz, Achat, Braun, Isabell und außerdem mit **Opalfaktor**, durch den aus Schieferfarbenen **Schieferblaue** werden. Auch der Melanin-Pastellfaktor kann in die Weißgrundigen eingekreuzt werden. Doch all diese Kombinationsmöglichkeiten werden in den Kapiteln der jeweiligen Melaninvögel besprochen. Hier sollen nur die Aufgehellten behandelt werden.

Bleiben also noch die **Rezessivweißen** übrig. Sie werden auch **Englischweiße** genannt, da sie etwa gleichzeitig in Neuseeland und in England auftraten. Das war zu Beginn des vorigen Jahrhunderts. Im Jahre 1912 kam eine Sendung Rezessivweißer von Neuseeland nach England und konnte dort vermehrt werden. Auch in Holland waren Rezessivweiße englischer Abstammung gezüchtet worden. Durch den Ersten Weltkrieg konnten die Zuchtstämme dieser Weißen in Europa aber nicht am Leben erhalten werden. Auch wussten die Züchter damals noch nichts von der **Unfähigkeit** der Rezessivweißen, **Vitamin-A zu bilden**, weshalb sie sehr anfällig waren, besonders im Winter. Heute werden diese Vögel mit Vitamin-A-Präparaten, mit tierischem Weichfutter, ungesalzenem Speck, Butter, Quark, Milch oder Sahne versorgt, wodurch sie ebenso vital und langlebig sind wie die anderen Farbschläge. In Neuseeland gelang es, die Rezessivweißen weiterzuzüchten. 1926 kamen vier dieser Vögel nach England, wo diese Farbspielart dann mit Erfolg weitergezüchtet werden konnte.

Auffallend an den Rezessivweißen ist ihre absolut **reinweiße** Gefiederfärbung. Sie sind aber **keine Albinos**, sondern haben **dunkle Augen**. Jeglicher gelber oder roter Anflug an Schultern oder Handschwingensäumen fehlt ihnen. Auch sind sie an ihrer deutlich **violetten Hautfarbe** von Dominantweißen und aufgehellt weiß erscheinenden Melaninvögeln zu unterscheiden. Wie ihr Name sagt, vererben sie gegenüber Gelb und Rot rezessiv und so ist diese Farbspielart etwas schwieriger zu erzielen als Dominantweiße. In Regeln ausgedrückt, siehe Tabelle 7.

Es empfiehlt sich, Rezessivweiße über aufgehellt Gelbe oder Rote zu züchten. Zwar sind dafür zwei Generationen erforderlich, wie aus Regel 1 zu erkennen ist. Doch wenn dann nach Regel 4 ein Gelber (oder Roter), der spalterbig in Rezessivweiß ist, mit einem Rezessivweißen verpaart wird, erhält man Rezessivweiße und Spalterbige in Rezessivweiß zu etwa gleichen Teilen, sodass ein **Stamm** beider Formen schnell aufgebaut werden kann. Die Nachkommen aus diesen Verpaarungen sind kräftiger als solche aus Verpaarungen Rezessivweißer untereinander.

**Dominantweiße** mit **Rezessivweißen** zu **verpaaren**, ist nicht ratsam, wenngleich es immer wieder versucht wurde, um mit

**Tabelle 7: Vererbung der Rezessivweißen**

| Verpaarung | | Anteil | Nachkommen |
|---|---|---|---|
| 1. Gelb × Rezessivweiß | = | 100% | Gelbe/rezessivweiß |
| 2. Gelb × Gelb/rezessivweiß | = | 50%<br>50% | Gelbe<br>Gelbe/rezessivweiß |
| 3. Gelb/rezessivweiß × Gelb/rezessivweiß | = | 25%<br>50%<br>25% | Gelbe<br>Gelbe/rezessivweiß<br>Rezessivweiße |
| 4. Gelb/rezessivweiß × Rezessivweiß | = | 50%<br>50% | Gelbe/rezessivweiß<br>Rezessivweiße |
| 5. Rezessivweiß × Rezessivweiß | = | 100% | Rezessivweiße |

Hilfe der Rezessivweißen bei den Dominantweißen den **gelben Anflug** wegzubekommen. Das gelingt jedoch nicht. Bei einer solchen Verpaarung ist es gleich, ob das Männchen oder Weibchen dominantweiß ist, da beide Formen unabhängig vom Geschlecht vererben (siehe Tabelle 8). Die Dominantweißen aus dieser Verpaarung erweisen sich als wenig lebenstüchtig.

Die Rezessivweißen werden sehr häufig in aufgehellt Gelbe oder **Positurrassen** eingekreuzt, um diese **in reinem Weiß** zu bekommen. Die Größe, besondere Körperform und -haltung der Positurrasse zu erhalten, ist nicht so schwer, wenn sorgfältig nach den Regeln 1 und 4 für Rezessivweiße verfahren wird. Natürlich müssen besonders kräftige Vögel ausgewählt werden.

**Tabelle 8: Dominantweiß x Rezessivweiß**

| | | | |
|---|---|---|---|
| Dominantweiß × Rezessivweiß | = | 50% | Dominantweiße/ rezessivweiß |
| | | 50% | Gelbe/rezessivweiß |

## Lipochrom-Pastell-Kanarien heute Ivoor genannt

Diese Mutation trat 1950 bei dem holländischen Züchter P. J. Helder auf. Aus einer Verpaarung orangeroter, aufgehellter Vögel entsprang ein Weibchen, das zart rosa aussah. Auch ein cremefarbener Vogel soll beim gleichen Züchter aufgetreten sein. Welcher Art diese Mutation war, wusste man anfangs nicht. Mikroskopische Untersuchungen ergaben, dass es sich um eine Veränderung in der Federstruktur handelte, bei der es den Fettfarben nicht möglich war, bis an die Oberfläche der Federn durchzudringen. Die Vögel hatten dadurch eine pastellartig zarte Farbe. Sie wurden in Holland Ivoor-Kanarien genannt, weil Gelbe mit diesem Faktor wie **Elfenbein** aussahen. Der Name wird dort und in Großbritannien gebraucht. Er ist auch sehr zutreffend. Die rotfaktorigen, die gelbfaktorigen und die weißfaktorigen Elfenbeinvögel heißen dort **Rosa-**, **Gold-** und **Silber-Elfenbein**. Bei uns hatten diese Vögel den wissenschaftlich genaueren Namen „**Lipochrom-Pastell-Kanarien**" erhalten. Doch zur internationalen Angleichung werden sie nun auch im deutschsprachigen Raum „Ivoor" genannt.

Neben dem pastellartigen Verschleiern der Farbe brachte dieser Faktor auch eine äußerst gleichmäßige Verteilung der Fettfarbe zustande. Der Lipochrom-Pastell-Faktor konnte schnell gefestigt werden. Er erwies sich als **geschlechtsgebunden** vererbend. Ohne Schwierigkeiten konnte der Lipochrom-Pastell-Faktor in die Melaninvögel eingeführt werden, wodurch eine Reihe sehr schöner Farbschläge von zartem Grundgefieder und schönen Kontrasten erzielt werden konnte. Da aber der Lipochrom-Pastell-Faktor ebenso geschlechtsge-

Weibchen, achat rot ivoor intensiv.

Männchen, braun pastell gelb ivoor schimmel.

**Tabelle 9: Verpaarung von Gelben mit Ivoor-Vögeln**

| | | | | |
|---|---|---|---|---|
| 1. | Gelbes Männchen × Ivoor-Weibchen | = | 50%<br>50% | Gelbe/Ivoor-Männchen<br>Gelbe Weibchen |
| 2. | Gelbes/ivoor-Männchen × gelbes Weibchen | = | 25%<br>25%<br>25%<br>25% | Gelbe Männchen<br>Gelbe/ivoor-Männchen<br>Gelbe Weibchen<br>Ivoor-Weibchen |
| 3. | Gelbes/ivoor-Männchen × Ivoor-Weibchen | = | 25%<br>25%<br>25%<br>25% | Gelb/Ivoor-Männchen<br>Ivoor-Männchen<br>Gelbe Weibchen<br>Ivoor-Weibchen |
| 4. | Ivoor-Männchen × gelbes Weibchen | = | 50%<br>50% | Gelbe/Ivoor-Männchen<br>Ivoor-Weibchen |
| 5. | Ivoor-Männchen × Ivoor-Weibchen | = | 50%<br>50% | Ivoor-Männchen<br>Ivoor-Weibchen |

bunden vererbt, wie fast alle Faktoren der Melaninvögel, kann es zu verschiedensten „**crossing over**" kommen. Meistens ist es dann nicht mehr möglich, das Erscheinungsbild der Jungen exakt vorauszusagen. Sehr **genaue Zuchtbuchführung** ist in jedem Falle notwendig, damit unerwartete Resultate zurückverfolgt werden können.

Bei der Einführung des Lipochrom-Pastell-Faktors in einen Zuchtstamm interessieren zuerst nur die Regeln in Verbindung mit den normal Aufgehellten, denn es handelt sich ja um eine **Veränderung der Grundfarbe**. Bei Verpaarungen von Gelben mit Ivoor-Vögeln ergeben sich die Regeln wie in Tabelle 9. Um gute Ivoor-Vögel zu erzielen, gelten die gleichen Grundsätze wie für die Aufgehellten mit normalen Farben: Es sollten keine der verschiedenen Grundfarben vermischt werden. Die Regel, einen intensiven **A-Vogel** mit einem nicht intensiven **B-Vogel** zu verpaaren, sollte eingehalten werden.

Mit dem Lipochrom-Pastell-Faktor lassen sich bei den Dominantweißen die **gelben Säume** an den Handschwingen **vermeiden**. Es lassen sich also reinweiße Vögel mit dominanter Vererbung züchten, wenn sie außerdem den Lipochrom-Pastell-Faktor besitzen. Bei manchen dieser Vögel hat dann allerdings das gesamte Gefieder einen kaum wahrnehmbaren gelblichen Anflug. Lipochrom-Pastell-Vögel in Dominantweiß untereinander verpaart, erbringen leider auch durchschnittlich 25% **nicht lebensfähige** Junge, nämlich die mit doppeltem Dominantweiß-Faktor. Das gilt sowohl für die Aufgehellten wie für die Melaninvögel mit dominantweißem Grundgefieder.

Außer Aufgehellte und Melaninvögel in Ivoor gibt es sie auch als **Mosaikvögel**. Der Kontrast zwischen dem Weiß und den roten Zeichnungen ist bei ihnen weniger stark, da das Rot ja zu Rosa verändert wird.

## Mosaik-Kanarien

Durch das verschiedene Aussehen von Männchen und Weibchen (**Geschlechtsdimorphismus**) beim **Kapuzenzeisig** ist es bei Mischlingsweibchen der $F_1$-Generation und bei einigen rotfaktorigen Kanarienweibchen zur Mosaikbildung gekommen. Während das Kapuzenzeisigmännchen gänzlich feuerrot und schwarz ist, zeigt das Weibchen nur über den Augen, an der Brust, an den Flügeldecken und auf dem Bürzel Rot. Genau an diesen Stellen lässt sich auch bei den Mosaik-Kanarienweibchen rote Gefiederfärbung feststellen.

Lange Zeit wurden die Mosaik-Kanarienweibchen nur in Aufgehellt-Rot gezüchtet. Wegen ihrer besonderen Federformen und -zeichnungen sehen sie weiß aus und die Federn zeigen nur wenig Rot in der Mitte. Durch die besonders langen und breiten **Säume** und ihr dachziegelartiges Übereinanderliegen erscheinen die Federn gänzlich weiß, was „Kreide" genannt wird. Im Kontrast dazu stehen die Federn der roten Mosaik-Zeichnungen an Augenstreif, Brust, Flügeldecken und Bürzel mit nur schmalen weißen Säumen.

Die Mosaik-Zeichnung tritt erst **nach der Jugendmauser** in Erscheinung. Vorher sehen diese Weibchen ebenso orangerot wie ihre Geschwister aus. Daraus ist zu schließen, dass der Dimorphismus mit der **Reifung** zusammenhängt. Der Faktor dafür könnte im weiblichen **Y-Chromosom** angesiedelt sein und durch Hormone zur Wirkung kommen.

Weibchen, rot mosaik Typ 1.

Pärchen, bei dem auch das Weibchen den Typ 2 verkörpert, gelb mosaik Typ 2 und lutino mosaik Typ 2.

Bald konnte man den Mosaikfaktor in gelbgrundig aufgehellte und auch in pigmentierte Kanarien übertragen. Wie, das wusste zunächst niemand genau.

Früher wurde nicht geglaubt, dass es **Männchen** als Mosaikvögel gibt. Die wenigen, die auftraten, wurden für nicht intensive B-Vögel mit sehr starkem Schimmel gehalten. Ihre roten Abzeichen waren für damalige Vorstellungen von einem Mosaikvogel viel zu weit ausgedehnt. Als man sie schließlich erkannte, waren sie, wie „Phoenix aus der Asche", plötzlich da und sind heute in fast allen Farbschlägen beliebt und auf den Schauen zu bewundern.

Zur Unterscheidung von dem gewohnten **Mosaikweibchen-Typ**, den man nun **Typ 1** nannte, wurden die **Männchen als Typ 2** bezeichnet. Ihre herrliche Mosaikzeichnung ist kräftiger und ausgedehnter als bei den Weibchen. Das auffallendste und schönste Merkmal dieser Männchen ist ihre große rote oder gelbe Gesichtsmaske, die mit der des Stieglitzes zu vergleichen ist und bei besonders guten Mischlingen Stieglitz × Kanari auftritt (siehe Seite 159).

Seit Ende der 1960er Jahre gibt es diese Mosaiken des Typs 2, die nach Auskunft des britischen Autors G. B. R. Walker aus Italien stammen. In England kennt man sie seit 1974. Mündlichen Quellen zufolge sollen ebenfalls italienische Züchter für die Entstehung der Mosaiken des Typs 2 verantwortlich sein. Sogar Stieglitzmännchen in Mischlingszucht hat man für die große Gesichtsmaske ins Gespräch gebracht. Doch dass die Gene von Stieglitz und Kapuzenzeisig im Kanarienvogel völlig übereinstimmen sollen, ist unwahrscheinlich. Es wurden wohl eher die **typischsten Mosaikmännchen** herausselektiert, die ja unerkannt schon früher aufgetreten waren.

Nun fallen nicht nur perfekt gezeichnete Typ-1-Weibchen und Typ-2-Männchen, also sogenannte Ausstellungsvögel. Vielmehr reicht die Skala bei beiden Geschlechtern von sehr sparsam gezeichneten Typ-1-Vögeln bis übermäßig ausgebildeten Typ-2-Vögeln. Manche können fast schon nicht mehr als Mosaikvögel erkannt werden. Eine längere Selektion wird noch erforderlich

**Hinweis**

Der Faktor für Mosaik bedeutet eine besondere Fettfarbverteilung bei gelb- oder rotgrundigen Vögeln, der bei weißgrundigen natürlich nicht in Erscheinung treten kann. Er vererbt geschlechtsgebunden, kann bei Weibchen also nicht spalterbig vorhanden sein.

**Tabelle 10: Geschlechtsgebundene Vererbung bei Mosaiken.**

| Männchen | Weibchen | Nachzucht-Ergebnis |
|---|---|---|
| 1. Normal (MM) | x Mosaik Typ 1 (mY) | = 25 % 1,0 Normale (MM)<br>25 % 1,0 Normale/mosaik Typ 2 (Mm)<br>50 % 0,1 Normale (MY) |
| 2. Normal/mosaik Typ 2 (Mm) | x Normal (MY) | = 25 % 1,0 Normale (MM)<br>25 % 1,0 Normale/mosaik Typ 2 (Mm)<br>25 % 0,1 Normale (MY) 25% 0,1 Mosaik Typ 1 (mY) |
| 3. Normal/mosaik Typ 2 (Mm) | x Mosaik Typ 1 (mY) | = 25 % 1,0 Normale/mosaik Typ 2 (Mm)<br>25 % 1,0 Mosaik Typ 2 (mm)<br>25 % 0,1 Normale (MY)<br>25 % 0,1 Mosaik Typ 1 (mY) |
| 4. Mosaik Typ 2 (mm) | x Normal (MY) = | = 50 % 1,0 Normale/mosaik Typ 2 (Mm)<br>50 % 0,1 Mosaik Typ 1 (mY) |
| 5. Mosaik Typ 2 (mm) | x Mosaik Typ 1 (mY) | = 50 % 1,0 Mosaik Typ 2 (mm)<br>50 % 0,1 Mosaik Typ 1 (mY) |

sein. Für die Zucht sind Männchen mit kleiner Mosaikzeichnung besonders wertvoll. Sonst kann es leicht zum **Zusammenlaufen der Fettfarbzonen** kommen. Dies tritt bei Verpaarungen von Mosaik × Mosaik ebenfalls häufig auf.

Für die Ausbildung des Phänotyps eines Mosaikmännchens ist der **Doppelfaktor** verantwortlich. Ob andere Faktoren oder Hormonwirkungen dazukommen, bedarf weiterer Untersuchungen. Um Mosaiken beiderlei Geschlechts zu erzüchten, kann nach der Tabelle 10 für geschlechtsgebundene Vererbung vorgegangen werden.

## Die Schwarzvögel

Der wilde Kanarienvogel besitzt in seinem Gefieder alle Melanine von Schwarz bis Sandfarben. Durch Kombination dieser Melanine mit dem Gelb der Grundfarbe ist seine Färbung grün. Dort, wo sie vorherrschen, auf Kopf, Rücken, Flügeldecken und Flanken, bilden sie schwarzbraune **Strichelungen**. Schwingen und Schwanz sind bis auf schmale gelbe Säume gänzlich schwarzbraun. Beim Farbenkanarienvogel mit vollen Melaninen sind durch Selektion die Vögel mit dem schwärzesten Pigment weitergezüchtet worden, sodass diese mit Recht als Schwarzvögel bezeichnet werden. Schwingen und Schwanz sind bei ihnen völlig schwarz und besitzen nur noch schmale gelblich braune Säume. Auch die auf Kopf, Rücken, Flügeldecken und Flanken vorhandene, gut ausgeprägte Strichelung soll kaum gelbliche Säume zeigen und **möglichst tiefschwarz** sein. Beine, Füße und Krallen sind bei den Schwarzvögeln

Männchen, schwarz gelb schimmel.

dunkel, ebenso der Schnabel. Das Untergefieder ist anthrazitfarben. Als Fehler sind hell gefleckte Beine und Krallen anzusehen. Ebenso kommt es leicht vor, dass einzelne helle Federn im Gefieder sind, besonders Schwung- und Schwanzfedern. Bei manchen Schwarzvögeln ist die Strichelung auf Rücken und Flanken nicht deutlich genug ausgeprägt, unterbrochen oder fehlt ganz. Vögel mit hier genannten **Fehlern** dürfen für die Zucht von einwandfreien Schwarzvögeln nicht eingesetzt werden. Das Gleiche gilt auch für die Zucht der übrigen Melaninvögel.

Schwarzvögel gibt es mit allen uns aus den vorhergehenden Kapiteln bekannten **Grundfarben**. In Kombination mit Gelb haben wir den grünen Kanarienvogel vor uns, der dem Wildvogel **Kanarengirlitz** am ähnlichsten sieht. Allerdings ist er kräftiger und gleichmäßiger grün gefärbt als der Wildvogel, was durch ständige Auslese erreicht wurde. Die grünen Vögel können in **Goldgrün** verschiedener Abstufung und in **Zitrongrün** (mit optischem Blaufaktor) gezüchtet werden, je nach der Grundfarbe der Elterntiere (siehe auch voriges Kapitel). Um gute Grüne zu erzielen, sollte die Verpaarung Grün × Grün lauten, und zwar auch hier **A-Vogel × B-Vogel**. Ebenso ist es möglich, Schwarzvögel in den anderen Grundfarben zu züchten. Schwarzvögel mit den in Tabele 11 dargestellten Grundfarben gehören zu den „klassischen" Farben.

**Tabelle 11: Schwarzvögel in „klassischen" Farben**

| | | |
|---|---|---|
| gelb | = | grün = heute schwarz gelb intensiv oder schimmel |
| orangegelb | = | bronze |
| orange | = | kupfer |
| orangerot | = | kupferrot = heute schwarz rot intensiv oder schimmel |
| rot | = | rotschwarz |

Weiterhin ist es möglich, Dominantweiße und Rezessivweiße mit Schwarzvögeln zu verpaaren, woraus **Schieferfarbene**, heute einfach schwarzweiß, in Dominant und Rezessiv erzielt werden, und zwar nach den gleichen Erbregeln wie auf den Seiten 81 + 82 angegeben.

Da es sich dabei um die Verpaarung eines Aufgehellten mit einem Schwarzvogel handelt, werden zuerst **Schecken** fallen. Es müssen also zusätzlich die Vererbungsregeln für Schecken berücksichtigt werden, die auf Seite 103 angegeben sind. Die Dominant-Schiefervögel tragen gelbe, beziehungsweise rötliche Schulterflecke und Säume an den Handschwingen, wie das auch bei den Dominantweißen der Fall ist. Da sie ja nur einfaktorig weiß sind, müssen sie die in ihnen steckende Lipochromfarbe „zeigen".

Männchen, achat gelb intensiv.

Weibchen, achat rot schimmel.

## Die Achatvögel

Achatvögel soll es schon vor mehr als 250 Jahren gegeben haben. Dann war sehr lange keine Rede mehr von diesen hübschen Kanarien. Erst im Jahre 1910 wurden Achatvögel in Holland wiederentdeckt. Dank planmäßiger Zucht konnte diese geschlechtsgebunden vererbende Mutation erhalten werden.

Achat ist die Bezeichnung für eine **Verdünnung** der Eumelanine, sodass diese zu einem milden Dunkelgrau wurden. Dieses Grau mit schmalen braunen Säumen zieht sich vom Kopf über den Nacken, Rücken und Flügeldecken hin und zeigt sich in schmaler, gleichmäßig unterbrochener Strichelung, ebenso an den Flanken. Schwingen und Schwanz sind auch grau und tragen schmale sandbraune Säume. Typisch für Achatvögel ist ferner die markante **Gesichtszeichnung**: ein fettfarbener **Überaugstreif** und der graue **Achatbart**, der senkrecht unter den Augen steht. Weiterhin soll der Achatvogel ein graues Untergefieder, graue Beine, Füße und Krallen haben. Der Schnabel ist zwar nicht dunkel, hat aber eine graue Spitze. Achatvögel gibt es, ebenso wie die Schwarzvögel, mit allen Grundfarben (siehe Tabelle 12).

In Verbindung mit Weiß werden Achatvögel Silberachat oder einfach achat weiß genannt. Sie können aus Dominantweißen wie aus Rezessivweißen herausgekreuzt werden. Bei den dominanten Silberachat macht sich Fettfarbe an Schultern und Säumen der Handschwingen bemerkbar. Der Achatfaktor vererbt **geschlechtsgebunden** und gegenüber dem Schwarzfaktor rezessiv. Die Vererbungsregeln sehen demnach aus wie in Tabelle 13 aufgeführt.

Natürlich sind Schwarzvögel mit allen Grundfarben, also auch die in Bronze, Kupfer, Kupferrot und Rotschwarz, über die Achatvögel dominierend. Wenn in diesem und im folgenden Kapitel über die Isabellvögel stets von Schwarzen die Rede ist, so werden die verschiedenen Rotgrundigen heute alle als Schwarzrot zusammengefasst. Alle sind Vögel mit schwarzen Melaninzeichnungen und dunkelgrauem Untergefieder und nur verschiedenen Fett- oder Grundfarben.

**Tabelle 12: Achatvögel.**

| | | | |
|---|---|---|---|
| gelb | = | goldachat (zitronachat) | = heute achat gelb intensiv oder schimmel |
| orangegelb | = | bronzeachat | = heute achat rot intensiv oder schimmel |
| orange | = | kupferachat | |
| orangerot | = | kupferrotachat | |
| rot | = | rotachat | |

**Tabelle 13: Vererbungsregeln des Achatfaktors.**

| | | | |
|---|---|---|---|
| 1. | Schwarzes Männchen × Schwarzes Weibchen | = | 50% Schwarze Männchen<br>50% Schwarze Weibchen |
| 2. | Schwarzes Männchen × Achat-Weibchen | = | 50% Schwarze/achat-Männchen<br>50% Schwarze Weibchen |
| 3. | Schwarzes/achat-Männchen × Schwarzes Weibchen | = | 25% Schwarze Männchen<br>25% Schwarze/achat-Männchen<br>25% schwarze Weibchen<br>25% Achat-Weibchen |
| 4. | Schwarzes/achat-Männchen × Achat-Weibchen | = | 25% Schwarze/achat-Männchen<br>25% Achat-Männchen<br>25% Schwarze Weibchen<br>25% Achat-Weibchen |
| 5. | Achat-Männchen × Schwarzes Weibchen | = | 50% Schwarze/achat-Männchen<br>50% Achat-Weibchen |
| 6. | Achat-Männchen × Achat-Weibchen | = | 50% Achat-Männchen<br>50% Achat-Weibchen |

## Die Braunvögel

Braune Kanarien haben noch früher existiert als die Achatvögel. Sie sind fast 300 Jahre lang bekannt. Ihre Entstehung ist einer **Mutation** zu verdanken, bei der die schwarzen Eumelanine in braune umgewandelt wurden. Dadurch ist die gesamte Oberseite breit bräunlich gestrichelt, Schwingen und Schwanz von dunklem Braun und die Grundfarbe zum Goldton hin

**Tabelle 13a: Bezeichnungen für die Braunvögel.**

| | |
|---|---|
| goldbraun und zitronbraun | = braun gelb bzw. braun gelb mit optischem Blaufaktor intensiv oder schimmel |
| orangegelbbraun orangerotbraun rotbraun | = braun rot intensiv oder schimmel |

Oben: Männchen, braun weiß.

Unten: Männchen, braun rot intensiv.

**Tabelle 14: Vererbungsregeln für Braun.**

| | | | | |
|---|---|---|---|---|
| 1. | Schwarzes Männchen × Braunes Weibchen | = | 50%<br>50% | Schwarze/braun Männchen<br>Schwarze Weibchen |
| 2. | Schwarzes/braun Männchen × Braunes Weibchen | = | 25%<br>25%<br>25%<br>25% | Schwarze/braun Männchen<br>Braune Männchen<br>Schwarze Weibchen<br>Braune Weibchen |
| 3. | Schwarzes/braun Männchen × Schwarzes Weibchen | = | 25%<br>25%<br>25%<br>25% | Schwarze Männchen<br>Schwarze/braun Männchen<br>Schwarze Weibchen<br>Braune Weibchen |
| 4. | Braunes Männchen × Schwarzes Weibchen | = | 50%<br>50% | Schwarze/braun Männchen<br>Braune Weibchen |

**Tabelle 15: Verpaarungen zwischen Braun- und Achatvögeln.**

| | | | | |
|---|---|---|---|---|
| 1. | Braunes Männchen × Braunes Weibchen | = | 50%<br>50% | Braune Männchen<br>Braune Weibchen |
| 2. | Braunes Männchen II × Braunes Weibchen | = | 25%<br>25%<br>25%<br>25% | Braune Männchen<br>Braune Männchen II<br>Braune Weibchen<br>Isabell-Weibchen |
| 3. | Braunes Männchen × Achat-Weibchen | = | 50%<br>50% | Schwarze Männchen I<br>Braune Weibchen |
| 4. | Braunes Männchen II × Achat-Weibchen | = | 25%<br>25%<br>25%<br>25% | Schwarze Männchen I<br>Achat-Männchen II<br>Braune Weibchen<br>Isabell-Weibchen |
| 5. | Achat-Männchen × Braunes Weibchen | = | 50%<br>50% | Schwarze Männchen I<br>Achat-Weibchen |
| 6. | Achat-Männchen II × Braunes Weibchen | = | 25%<br>25%<br>25%<br>25% | Schwarze Männchen I<br>Braune Männchen II<br>Achat-Weibchen<br>Isabell-Weibchen |
| 7. | Achat-Männchen II × Achat-Weibchen | = | 25%<br>25%<br>25%<br>25% | Achat-Männchen<br>Achat-Männchen II<br>Achat-Weibchen<br>Isabell-Weibchen |
| 8. | Achat-Männchen × Achat-Weibchen | = | 50%<br>50% | Achat-Männchen<br>Achat-Weibchen |

**Tabelle 16: Vererbung des Typ I.**

| 1. Schwarzes Männchen I × schwarzes Weibchen = | | | |
|---|---|---|---|
| normale Vererbung | | nach crossing over | |
| 25% | Schwarze/achat-Männchen | 25% | Schwarze Männchen |
| 25% | Schwarze/braun-Männchen | 25% | Schwarze Männchen II |
| 25% | Achat-Weibchen | 25% | Schwarze Weibchen |
| 25% | Braune Weibchen | 25% | Isabell-Weibchen |
| 2. | Schwarzes Männchen I × Achat-Weibchen = | | |
| 25% | schwarze Männchen I | 25% | Schwarze/achat-Männchen |
| 25% | Achat-Männchen | 25% | Schwarze Männchen II |
| 25% | Achat-Weibchen | 25% | Schwarze Weibchen |
| 25% | Braune Weibchen | 25% | Isabell-Weibchen |
| 3. | Schwarzes Männchen I × braunes Weibchen = | | |
| 25% | Schwarze Männchen I | 25% | Schwarze/braun-Männchen |
| 25% | Braune Männchen | 25% | Braune Männchen II |
| 25% | Achat-Weibchen | 25% | Schwarze Weibchen |
| 25% | Braune Weibchen | 25% | Isabell-Weibchen |
| 4. | Schwarzes Männchen I × Isabell-Weibchen = | | |
| 25% | Braune Männchen II | 25% | Isabell-Männchen |
| 25% | Achat-Männchen II | 25% | Schwarze Männchen II |
| 25% | Achat-Weibchen | 25% | Schwarze Weibchen |
| 25% | Braune Weibchen | 25% | Isabell-Weibchen |

verändert. Beine, Zehen und Krallen sollen bräunlich sein, ebenso der Schnabel. Das Untergefieder ist anthrazitfarben. Die braune Melaninfarbe kann mit jeder Farbe kombiniert werden. Gehen wir von den fünf Fettfarben der Aufgehellten aus, dann ergeben sich die Bezeichnungen für die Vögel der Braunreihe wie in Tabelle 13a.

Ferner gibt es Silberbraune, heute einfach Braunweiß genannt. Sie besitzen eine weiße Grundfarbe und können sowohl aus Dominantweißen wie Rezessivweißen gezüchtet werden.

Braun ist eine **geschlechtsgebunden** vererbende Farbe, die gegenüber Schwarz rezessiv ist, mit Achat gleichwertig und gegenüber Isabell dominant. Daraus ergeben sich die Vererbungsregeln wie in Tabelle 14 dargestellt.

Die Regeln gleichen denen von Schwarz × Achat, weil Braun ebenfalls rezessiv gegenüber den Schwarzvögeln ist, wie wir schon weiter oben gesehen haben. Spalterbigkeiten in den anderen der „vier klassischen Farben" finden im weiteren Verlauf dieses Kapitels Berücksichtigung. Natürlich können auch andere rezessive Farbfaktoren spalterbig (und damit unsichtbar) von den Männchen und, wo nicht geschlechtsgebunden, auch von den Weibchen getragen werden. Doch diese kann jeder Züchter anhand der in diesem Buch gegebenen Regeln, seines sorgfältig geführten Zuchtbuches und mit dem daraus gewonnenen Wissen um die Abstammung und Vererbung der Vögel selbst berechnen.

Durch die folgenden Regeln von **Verpaarungen** zwischen **Braun- und Achatvögeln** werden wir mit komplizierten Vorgängen in der Vererbungsweise konfrontiert. Wegen ihrer absoluten Gleichwertigkeit können aus nicht spalterbigen Vögeln Braun × Achat und

**Tabelle 17: Vererbung des Typ II.**

| 1. Schwarzes Männchen II × Schwarzes Weibchen = | | | |
|---|---|---|---|
| normale Vererbung | | nach crossing over | |
| 25% | Schwarze Männchen | 25% | Schwarze/braun-Männchen |
| 25% | Schwarze Männchen II | 25% | Schwarze/achat-Männchen |
| 25% | Schwarze Weibchen | 25% | Braune Weibchen |
| 25% | Isabell-Weibchen | 25% | Achat-Weibchen |
| 2. | Schwarzes Männchen II × Achat-Weibchen = | | |
| 25% | Schwarze/achat-Männchen | 25% | Schwarze Männchen I |
| 25% | Achat-Männchen II | 25% | Braune Männchen |
| 25% | Schwarze Weibchen | 25% | Braune Weibchen |
| 25% | Isabell-Weibchen | 25% | Achat-Weibchen |
| 3. | Schwarzes Männchen II × braunes Weibchen = | | |
| 25% | Schwarze/braun Männchen | 25% | Schwarze Männchen I |
| 25% | Braune Männchen II | 25% | Achat-Männchen |
| 25% | Schwarze Weibchen | 25% | Braune Weibchen |
| 25% | Isabell-Weibchen | 25% | Achat-Weibchen |
| 4. | Schwarzes Männchen II × Isabell-Weibchen = | | |
| 25% | Schwarze Männchen II | 25% | Achat-Männchen II |
| 25% | Isabell-Männchen | 25% | Braune Männchen II |
| 25% | Schwarze Weibchen | 25% | Braune Weibchen |
| 25% | Isabell-Weibchen | 25% | Achat Weibchen |

Achat × Braun nur schwarze Männchen gezogen werden. Diese sind allerdings spalterbig in Braun wie Achat, was interessante Kombinationsmöglichkeiten bei den Verpaarungen der vier Melaninfarben erlaubt. Die Regeln hierzu sowie weitere Erläuterungen folgen nun. Sie sind das Herzstück der Kanariengenetik. Mit ihrer Hilfe lassen sich alle anderen Melaninfaktoren kombinieren und berechnen (siehe Tabelle 15 Seite 89).

Nach diesen Regeln sollten schleunigst die Bezeichnung „I" und „II" erläutert werden. Beginnen wir mit den **schwarzen Männchen des Typs I**, die sowohl in Braun wie in Achat spalterbig sind. Zwar unterscheidet sich ein Männchen mit diesen rezessiven und geschlechtsgebundenen Faktoren in seinem Phänotyp (dem Aussehen) nicht von einem reinerbig schwarzen Männchen, doch ist er von ganz anderem Genotyp (den Erbanlagen). So kann die Nachkommenschaft des schwarzen Männchens vom Typ I schwarz, braun oder achat sein, beim „crossing over" sogar noch Isabell. Da alle der vier „klassischen Farben" mit einem solchen schwarzen Männchen erzielt werden können, wird es **Passepartout-Männchen** genannt. Es passt wie die Einrahmung zu einem Bild oder wie der Hauptschlüssel zu allen vier Schlössern – zu allen vier Farben.

Nun noch ein Wort zum „**crossing over**". Bei einigen der X-Chromosomen oder Geschlechtschromosomen, die ja bei der geschlechtsgebundenen Vererbung Träger der Farbgene sind, kann es zum „crossing over" kommen. Das heißt, dass einige Gene bei der Bildung der Samenzellen von einem Chromosomen abreißen und an ein anderes anwachsen. Normalerweise ist das Chromosomenpaar allel, also identisch, sodass bei der Teilung zur Samenzelle jede einen gleichen Chromosomenstrang bekommt.

**Tabelle18: Achatmännchen im Typ II.**

| | | | | |
|---|---|---|---|---|
| 1. | Achat-Männchen II × Schwarzes Weibchen | = | 25%<br>25%<br>25%<br>25% | Schwarze/achat-Männchen<br>Schwarze Männchen II<br>Achat-Weibchen<br>Isabell-Weibchen |
| 2. | Achat-Männchen II × Achat-Weibchen | = | 25%<br>25%<br>25%<br>25% | Achat-Männchen<br>Achat-Männchen II<br>Achat-Weibchen<br>Isabell-Weibchen |
| 3. | Achat-Männchen II × Braunes Weibchen | = | 25%<br>25%<br>25%<br>25% | Schwarze Männchen I<br>Braune Männchen II<br>Achat-Weibchen<br>Isabell-Weibchen |
| 4. | Achat-Männchen II × Isabell-Weibchen | = | 25%<br>25%<br>25%<br>25% | Achat-Männchen II<br>Isabell-Männchen<br>Achat-Weibchen<br>Isabell-Weibchen |

**Tabelle 19: Braune Männchen im Typ II.**

| | | | | |
|---|---|---|---|---|
| 1. | Braunes Männchen II × Schwarzes Weibchen | = | 25%<br>25%<br>25%<br>25% | Schwarze/braun-Männchen<br>Schwarze Männchen II<br>braune Weibchen<br>Isabell-Weibchen |
| 2. | Braunes Männchen II × Achat-Weibchen | = | 25%<br>25%<br>25%<br>25% | Schwarze Männchen I<br>Achat-Männchen II<br>Braune Weibchen<br>Isabell-Weibchen |
| 3. | Braunes Männchen II × Braunes Weibchen | = | 25%<br>25%<br>25%<br>25% | Braune Männchen<br>Braune Männchen II<br>Braune Weibchen<br>Isabell-Weibchen |
| 4. | Braunes Männchen II × Isabell-Weibchen | = | 25%<br>25%<br>25%<br>25% | Braune Männchen II<br>Isabell-Männchen<br>Braune Weibchen<br>Isabell-Weibchen |

Durch das crossing over kommen verschiedene Chromosomenstränge in die einzelnen Samenzellen und bewirken dadurch eine von den üblichen Regeln **abweichende Vererbung**. Zum crossing over kann es kommen, wenn ein Vogel mehrere geschlechtsgebundene Faktoren trägt, was bei dem schwarzen Männchen des hier besprochenen Typs I der Fall ist. Die Vererbung des Typs I im Normalfall und nach dem crossing over erfolgt nach den dargestellten Regeln. Es soll nicht unerwähnt bleiben, dass das crossing over seltener vorkommt. Es können aber bei jeder Brut mit Männchen entsprechender Veranlagung neben normalerbigen auch crossing over-Resultate im Nest sein (siehe Tabelle 16 Seite 90).

Bei allen diesen Verpaarungen werden im Falle des crossing over **Isabell-Weibchen** erzielt, die verdünnte Form der Braunen, die im folgenden Kapitel behandelt werden. Da sie ein Produkt aus Achat × Braun über Schwarze des Tps I und des Typs II sind, finden sie in den Regeln dieses Kapitels schon Eingang.

Kommen wir nun zu den **schwarzen Männchen des Typs II**. Sie sind außer in Braun und Achat auch in Isabell spalterbig, also ebenfalls Passepartout-Vögel. Ferner sind auch sie zum crossing over fähig. Die Regeln für die Vererbung der schwarzen Männchen des Typs II sind in der Tabelle 17 Seite 91 dargestellt.

Es gibt auch Achat-Männchen des Typs II, wie wir oben schon gesehen haben. Ebenso sind braune Männchen des Typs II vorhanden. Beide sind in der Lage, Nachkommen in allen der hier behandelten vier Farben zu erzeugen. Wenn sie auch nur in zwei Farben spalterbig sind, nämlich in Braun und Isabell, beziehungsweise in Achat und Isabell, so fallen aus Verpaarungen von Braun × Achat oder umgekehrt doch auch immer Schwarze. Diese Männchen können demnach ebenfalls zu den Passepartout-Vögeln gezählt werden. Achatmännchen, die spalterbig in Braun und Isabell, also Typ II-Vögel sind, vererben wie Tabelle 18 zeigt.

Braune Männchen, die spalterbig in Achat und Isabell sind, erhalten ebenfalls eine „II" in ihrer Bezeichnung. Ihre Vererbungen sind in Tabelle 19 ersichtlich.

## Die Isabellvögel

Wie aus dem vorigen Kapitel zu ersehen ist, konnten Isabell-Kanarien nur durch Kombination zweier verdünnter Melaninfarben

Männchen, isabell rot intensiv.

Weibchen, isabell rot schimmel.

Männchen, isabell weiß rezessiv.

(Braun und Achat) und ein „crossing over" von Genen aus schwarzen Männchen erzielt werden, die spalterbig in Braun und Achat waren. Zwar hatte man versucht, Isabellen direkt aus der Verpaarung von Achat × Braun zu bekommen, doch waren die Männchen daraus alle schwarz, allerdings spalterbig in den Melaninfarben beider Eltern, also des Typs I. Es bedurfte einer weiteren Generation, um erstmals **Isabell-Weibchen** zu züchten. Mit ihrer Hilfe war es möglich, die schwarzen, braunen und achatfarbenen Passepartout-Männchen des Typs II zu bekommen, die spalterbig in Isabell waren. Nun konnten auch **Isabell-Männchen** gezüchtet werden. Die günstigsten Verpaarungen, um Isabell-Kanarien zu bekommen, können aus den Regeln des vorigen und dieses Kapitels ersehen werden.

Zuerst etwas über das **Erscheinungsbild** der Isabellen. Was die Achat-Kanarien in der Schwarzreihe sind, nämlich die von Schwarz auf Grau verdünnten, sind die Isabellen in der Braunreihe. Die braunen Eumelanine sind zur Isabellfarbe verdünnt. Diese **hellbraune Melaninzeichnung** soll sich vom Oberkopf über Nacken, Rücken, Flügeldecken und Flanken erstrecken, und zwar in schmaler, unterbrochener Form. Die Schwingen und der Schwanz sind hellbraun, Schnabel, Beine, Füße und Krallen fleischfarben. Das Untergefieder ist bei diesen Vögeln von hellem, etwas bräunlichem Grau. Das zarte Isabellbraun setzt sich bei weißgrundigen Vögeln am besten ab. Diese

**Tabelle 20: Farben der Isabellvögel.**

| | | |
|---|---|---|
| goldisabell und zitronisabell | = | heute isabell gelb intensiv oder schimmel |
| orangegelbisabell<br>orangeisabell<br>orangerotisabell<br>rotisabell | = | heute isabell rot intensiv oder schimmel |

Vögel werden Silberisabell, heute auch isabell weiß dominant bzw. rezessiv genannt. Die mit dominantweißer Grundfarbe müssen gelbe oder rötliche Handschwingsäume und Schultern haben. Sonst sind die in Tabelle 20 aufgeführten Farben zu unterscheiden, analog zu den Aufgehellten. Die Isabellvögel können reinerbig miteinander

**Tabelle 21: Verpaarungen reinerbiger schwarzer, brauner und achatfarbener Männchen mit Isabell-Weibchen.**

| | | | |
|---|---|---|---|
| 1. Schwarzes Männchen × Isabell-Weibchen | = | 50%<br>50% | Schwarze Männchen II<br>Schwarze Weibchen |
| 2. Braunes Männchen × Isabell-Weibchen | = | 50%<br><br>50% | Braune/isabell-Männchen<br>Braune Weibchen |
| 3. Achat-Männchen × Isabell-Weibchen | = | 50%<br>50% | Achat-Männchen II<br>Achat-Weibchen |

**Tabelle 22: Verpaarungen von Isabell-Männchen mit Isabell-, Braun-, Achat- und Schwarzweibchen.**

| | | | |
|---|---|---|---|
| 1. Isabell-Männchen × Isabell-Weibchen | = | 50%<br>50% | Isabell-Männchen<br>Isabell-Weibchen |
| 2. Isabell-Männchen × Braunes Weibchen | = | 50%<br>50% | Braune Männchen II<br>Isabell-Weibchen |
| 3. Isabell-Männchen × Achat-Weibchen | = | 50%<br>50% | Achat-Männchen II<br>Isabell-Weibchen |
| 4. Isabell-Männchen × Schwarzes Weibchen | = | 50%<br>50% | Schwarze Männchen II<br>Isabell-Weibchen |

verpaart und gezüchtet werden. Dies geschieht auch in den meisten Fällen. Bei ständiger **Reinzucht** werden die Vögel körperlich kleiner und die Farben blasser, besonders die ohnehin schon sehr verdünnten Melanine. So ist es ratsam, hin und wieder einen Achat-, Braun- oder Schwarzvogel in den Stamm einzukreuzen, am besten ein Passepartout-Männchen, das ja spalterbig in Isabell ist. Die Regeln dazu finden sich im vorigen Kapitel. Hier die Regeln für Verpaarungen reinerbiger schwarzer, brauner und achatfarbener Männchen mit Isabell-Weibchen in Tabelle 21.

Isabell-Männchen können nicht spalterbig in Braun, Achat oder Schwarz sein, da diese Melaninfarben ja über Isabell dominieren. Da wegen der Geschlechtsgebundenheit aller vier „klassischen" Melaninfarben Weibchen auch nicht spalterbig sein können, ist die Vererbung sehr einfach und in der Tabelle 22 dargestellt.

## Melanin-Pastell-Kanarien

Im Jahre 1957 entstand bei dem holländischen Züchter Kollen durch **Mutation** der erste Melanin-Pastell-Kanarienvogel. Er tauchte in einem Stamm von Rotorange-Isabellvögeln auf. Der Vogel fiel durch seine noch hellere, fast nicht mehr sichtbare Melaninzeichnung auf Rücken und Flügeldecken auf. Wie durch einen Schleier wirkten die hellbraunen Strichelzeichnungen, auch verteilter über den Rücken. Sie waren heller und auseinandergeflossen. Die Mutation konnte gefestigt und auch bald in die Braunen, Achatfarbenen und Schwarzvögel eingeführt werden. Das war gar nicht ganz so einfach, denn das Melanin-Pastell vererbt **geschlechtsgebunden** und **rezessiv** gegenüber den vier klassischen Farben Schwarz, Braun, Achat und Isabell. Ferner ist ein crossing over von Genen notwendig, um diese Mutation in den Achat- und Schwarzvögeln sichtbar in Erscheinung treten zu lassen. Es handelt sich beim Melaninpastell um einen **zweiten Verdünnungsfaktor**, der bei Schwarzvögeln ein mittleres Grau als Zeichnung entstehen lässt, bei Achatvögeln ein helles Grau bis Graubraun, bei Braunen kräftiges Braun und bei Isabellen ein zartes Gelbbraun. Bei den Braunen und Isabellen mit Melanin-Pastell-Faktor kommt die Schleierwirkung meistens sehr gut heraus, während bei den Schwarz- und Achatvögeln das Grau der Zeichnung schmal und unterbrochen bleibt, das Braun der Federsäume aber ebenfalls auseinanderfließt. Das Untergefieder ist dunkelgrau bis gelbbraun, je nach Farbe der Melaninzeich-

Weibchen, isabell pastell gelb ivoor schimmel.

Männchen, schwarz graufügel rot intensiv.

nung. Auch sind bei den Schwarzvögeln Schnabel, Beine und Krallen dunkelgrau, bei den Vögeln mit verdünnten Melaninen (Braune, Isabellen, Achatfarbene) dagegen hell hornfarben oder fleischfarben.

Wegen der geschlechtsgebundenen und rezessiven Vererbung gegenüber den Melaninfarben Schwarz, Achat, Braun und Isabell sehen die Verpaarungen, hier in der einfachsten Form mit Isabell aus wie in Tabelle 23 dargestellt.

Wie aus diesen Regeln zu ersehen ist, sollte zur Einführung des Pastellfaktors in den Zuchtstamm ein Isabellpastell-Männchen genommen werden (Regel 4), wodurch alle Weibchen isabellpastellfarben und alle Männchen spalterbig in Pastell sind. Bei Verpaarung eines Isabell-Männchens mit einem Isabell-Weibchen (Regel 1) sind nur in Pastell spalterbige Männchen und Isabell-Weibchen zu erwarten.

Bei Verpaarungen von Braunen mit Isabellpastellvögeln werden die Ergebnisse gleich vervielfacht (siehe Tabelle 24).

Natürlich werden die Jungen der verschiedenen Farben nicht in dem hier angegebenen Verhältnis schlüpfen. Dieses kommt erst als Durchschnitt bei vielen Bruten annähernd zustande.

Ebenso breit gefächert sind die Resultate, wenn ein Achatpastell-Männchen des Typs II oder gar ein Schwarzpastell-Männchen des Typs I oder II, also ein Passepartout-Männchen, mit einem Weibchen in

**Tabelle 23: Vererbung bei Melanin-Pastell-Kanarien.**

| | Verpaarung | | Anteil | Nachkommen |
|---|---|---|---|---|
| 1. | Isabell-Männchen × Isabellpastell-Weibchen | = | 50% | Isabell/pastell-Männchen |
| | | | 50% | Isabell-Weibchen |
| 2. | Isabell/pastell-Männchen × Isabell-Weibchen | = | 25% | Isabell-Männchen |
| | | | 25% | Isabell/pastell-Männchen |
| | | | 25% | Isabell-Weibchen |
| | | | 25% | Isabellpastell-Weibchen |
| 3. | Isabell/pastell-Männchen × Isabellpastell-Weibchen | = | 25% | Isabell/pastell-Männchen |
| | | | 25% | Isabellpastell-Männchen |
| | | | 25% | Isabell-Weibchen |
| | | | 25% | Isabellpastell-Weibchen |
| 4. | Isabellpastell-Männchen × Isabell-Weibchen | = | 50% | Isabell/pastell-Männchen |
| | | | 50% | Isabellpastell-Weibchen |
| 5. | Isabellpastell-Männchen × Isabellpastell-Weibchen | = | 50% | Isabellpastell-Männchen |
| | | | 50% | Isabellpastell-Weibchen |

**Tabelle 24: Verpaarungen von Braunen mit Isabellpastellvögeln.**

| | Verpaarung | | Anteil | Nachkommen |
|---|---|---|---|---|
| 1. | Isabellpastell-Männchen × Braunes Weibchen | = | 50% | Braune/isabell/pastell-Männchen |
| | | | 50% | Isabellpastell-Weibchen |
| 2. | Braunes Männchen × Isabellpastell-Weibchen | = | 25% | Braune/isabell/pastell-Männchen |
| | | | 25% | Isabell/pastell-Männchen |
| | | | 25% | Braune Weibchen |
| | | | 25% | Isabell-Weibchen |
| 3. | Braunes/isabell/pastell-Männchen × Isabellpastell-Weibchen | = | 12,5% | Braune/isabell/pastell-Männchen |
| | | | 12,5% | Braunpastell/isabell-Männchen |
| | | | 12,5% | Isabell/pastell-Männchen |
| | | | 12,5% | Isabellpastell-Männchen |
| | | | 12,5% | Braune Weibchen |
| | | | 12,5% | Isabell-Weibchen |
| | | | 12,5% | Braunpastell-Weibchen |
| | | | 12,5% | Isabellpastell-Weibchen |

**Tabelle 25: Verpaarungsbeispiel Passepartout-Männchen mit Isabell.**

| | | | |
|---|---|---|---|
| Schwarzpastell-Männchen I × Isabell-Weibchen | = | 12,5% | Schwarze/achat/braun/isabell/pastell-Männchen = schwarze Männchen II/pastell |
| | | 12,5% | Braune/isabell/pastell-Männchen |
| | | 12,5% | Achat/isabell/pastell-Männchen |
| | | 12,5% | Isabell/pastell-Männchen |
| | | 12,5% | Schwarzpastell-Weibchen |
| | | 12,5% | Braunpastell-Weibchen |
| | | 12,5% | Achatpastell-Weibchen |
| | | 12,5% | Isabellpastell-Weibchen |

Schwarz, Achat, Braun oder Isabell verpaart wird. Zu den Regeln über die Vererbung der Schwarzen I und der Schwarzen II (Seiten 90–91) können dann noch die Vererbungen für das ebenfalls geschlechtsgebundene Pastell hinzugefügt werden. In der Tabelle 25 oben nur ein Beispiel einer solchen Verpaarung.

## Grauflügel-Kanarien

Durch den Melanin-Pastell-Faktor kam es in Holland 1968 erstmals zu einer interessanten Escheinung bei Melanin-Vögeln der Schwarzreihe. Es war der **Grauflügel-Effekt**. Dabei zeigten einige Vögel alle Hand- und Armschwingen sowie die Schwanzfedern von silbrigem Grau. Nur die Spitzen der Federn waren schwarz. Allerdings war eine so weitgehende und gleichmäßige Aufhellung der Flugfedern sehr selten. Häufiger hatten die Flügel und der Schwanz nur die Außenfahnen der Federn aufgehellt oder waren hell quergestreift. Heute sind die Grauflügel häufiger zu finden, auch die ideal gezeichneten. Das liegt daran, dass die Züchter jetzt wissen, wie sie gezüchtet werden können, während es in den ersten Jahren doch viel Rätselraten um ihre Entstehung und Vererbung gab.

**Hinweis**

Nur reinerbige Melanin-Pastell-Vögel der Schwarzreihe bringen den gesuchten Grauflügel-Effekt. Sie sind die idealen Schauvögel dieser Farbspielart.

Alle Vögel, die noch spalterbig in einer der anderen klassischen Melaninfarben sind, also in Achat, Braun oder Isabell, bringen dagegen fleckig graue Flügel- und Schwanzfedern. Am schlechtesten kommt der Grauflügel-Effekt zutage, wenn der Schwarzvogel spalterbig in zwei oder allen drei anderen Farben, also ein Passepartout-Vogel ist. Spalterbig können nur die Männchen sein, aber sie besitzen, wenn reinerbig den Doppelfaktor, der den Grauflügel-Effekt in der gewünschten Reinheit zum Ausdruck bringt. Wegen der geschlechtsgebundenen Vererbung können Weibchen nur einen Einfachfaktor besitzen und sind darum nicht so gut gezeichnete Grauflügel.

Wenn die Flügel geschlossen sind, zeigen Grauflügel-Kanarien große hellgraue Flügelspiegel. Ferner sind die Federn der Rückenmitte ebenfalls heller und tragen keine Strichelung mehr, sondern ovale bis kreisrunde Flecke. Ihre Farbe ist ein mittleres Grau. Wie bei manchen anderen Rassen zeigen die Grauflügel das Silbergrau in Flügeln und Schwanz im ersten Erwachsenenkleid am besten. Im zweiten Jahr sind die Farben dunkler grau oder schwärzlich.

Die Grauflügel-Eigenschaft könnte vielleicht auch bei den anderen klassischen Melaninfarben eingeführt werden, vielleicht auch von sich aus auftreten. Wegen des geringen Kontrasts ist sie jedoch weder erwünscht noch bemerkt worden.

## Opal-Kanarien

Im Jahre 1949 trat diese Mutation bei dem Fürther Züchter Rosner zum esten Male auf. Aus einem Paar grüner Harzer Roller fiel ein Vogel mit blaugrauer Rückenzeichnung und ebenso blaugrauen Flankenstricheln. Diese vom Geschlecht unabhängige und **rezessiv vererbende Mutation** wurde von ihrem Erstzüchter „**Fürther Rezessive Frei-Achat**" genannt. Trotz seines Bemühens um die Anerkennung dieser Mutation blieb sie lange Zeit ziemlich unbeachtet. So gelangten diese Kanarien nach Holland und kamen in verschiedenen attraktiven Grundfarben als Opal-Kanarien auf den Markt, auch nach Deutschland, wo sie nun sehr begehrt waren.

Die anfängliche Ablehnung der Opal-Kanarien mag mit der damaligen Beliebtheit der Achat-Vögel zusammengehangen haben. Diese Mutation hat eine gewisse Ähnlichkeit und ist wegen ihrer geschlechtsgebundenen Vererbung leichter zu züchten. Fast vierzig Jahre nach den Rezessivweißen traten mit den Opalen zum zweiten Male rezessiv vererbende Kanarienvögel auf. Ihre Vermehrung erforderte also mehr Zeit und Mühe, da die in Opal spalterbigen Vögel sich nicht von den nicht spalterbigen unterscheiden ließen. Bevor wir uns die Vererbungsregeln für Opale ansehen, hier etwas zu ihrem **Erscheinungsbild**. Fast alle braunen Phaeomelanine, die an den Rändern der Federn angesiedelt sind, treten nicht in Erscheinung. Auch die braunen Eumelanine entlang der Federmitte werden ausgeschaltet. Das schwarze Eumelanin entlang der Federmitte zeigt sich in einem dunklen Silbergrau. Durch eine **Strukturveränderung** kommt ein bläulicher Effekt in die graue Strichelzeichnung der Oberseite und der Flanken. Schwingen und Schwanz sind ebenfalls bläulich grau. Die Oberseite der Federn ist heller (mehr silberblaugrau) als deren Unterseite. Das kommt durch eine **Verlagerung der Melanine** in den Federzellen. Nach oben wird mehr **blaues Licht** reflektiert, daher der **Opaleffekt**, während die Wirkung der Melanine ganz (die braunen) oder zum Teil (die schwarzen) gebremst wird. Auch wirkt sich der Opalfaktor nicht oder kaum auf das Untergefieder aus, das bei Vögeln der Schwarzreihe anthrazitfarben, bei denen der Achatreihe von hellerem Grau ist.

Da durch den Opalfaktor das Braun der Melanine fast ganz ausgeschaltet wird, sind bei den Braunopalen nur noch geisterhaft graue Strichelzeichnungen auf dem Rücken sichtbar. Auch Schwingen und Schwanz sind nur noch hell graubraun. Während bei den **Schwarzopalen** Schnabel, Beine und Krallen schwarz, bei den **Achatopalen** dunkelgrau sein sollen, sind sie bei den **Braunopalen** und **Isabellopalen** fleischfarben hell. Bei den Isabellopalen sind keine Melaninzeichnungen mehr zu sehen. Auch sind Schwingen und Schwanzfedern wie bei den **Aufgehellten**. Nur an der schwach sandgelben Färbung des Untergefieders unterscheiden sich diese Vögel noch von den Aufgehellten, ferner an ihrer **rötlichen Augenfarbe**. Der Opalfaktor kann außer in gelbgrundige und rotgrundige auch in weißgrundige Vögel eingeführt werden. Bei den Dominantweißopalen sind gelbe oder rote Handschwingensäume vorhanden. In Verbindung mit dem Melanin-Pastell-Faktor wird die blaugraue Rückenzeichnung pastellartig abgeschwächt, wie dies bei den Pastellvögeln auch sonst üblich ist.

Einen Nachteil bringen die Opalen der **Schwarzreihe**. Bei ihnen **kräuseln** sich sehr leicht die **Armschwingen**, manchmal auch Federn des Bauchgefieders. Die Schwingen sind außerdem recht **brüchig**, sodass sie leicht abbrechen oder zerschleißen. Dieser Fehler tritt bei Verpaarungen von Schwarz-

Weibchen, achat mosaik gelb opal.

**Tabelle 26: Rezessive Vererbung von Opalen.**

| | | | |
|---|---|---|---|
| 1. Schwarz × Opal | = | 100% | Schwarze/opal |
| 2. Schwarz/opal × Schwarz/opal | = | 25%<br>50%<br>25% | Schwarze<br>Schwarze/opal<br>Opale |
| 3. Schwarz/opal × Opal | = | 50%<br>50% | Schwarze/opal<br>Opale |
| 4. Schwarz/opal × Schwarz | = | 50%<br>50% | Schwarze<br>Schwarze/opal |
| 5. Opal × Opal | = | 100% | Opale |

opal × Schwarzopal am stärksten in Erscheinung. Um ihn zu vermeiden oder abzuschwächen, sollte ein Brauner oder Achatvogel, der spalterbig in Opal ist, mit einem Schwarzopal verpaart werden. Zu den Regeln der rezessiven Vererbung von Opalen siehe Tabelle 26. Bei diesen Verpaarungen spielt es keine Rolle, ob das Männchen oder Weibchen der Opalvogel ist. Die Resultate sind die gleichen.

Die in Opal spalterbigen Vögel sind von den reinerbig Schwarzen (die hier nur als Beispiel für alle über Opal dominierenden Farbspielarten eingesetzt sind) nicht zu unterscheiden. Nestlinge, die spalterbig in Opal sind, besitzen ein helleres Dunengefieder und sind häufig daran zu erkennen.

Bei Verpaarungen heller Opalvögel mit hellen Pastellvögeln werden die Jungen weiß oder weißlich sein. Ebenso sind die Jungen aus Verpaarungen von Opal- mit Isabellweißen Vögeln weißlich. Sie als Nichtaufgehellte zu erkennen, ist höchstens am wenig pigmentierten Untergefieder und an den rötlichen Augen möglich.

## Phaeo-Kanarien

Durch Mutation traten bei einem englischen Züchter 1964 Kanarienvögel auf, die keine braunen bis schwarzen **Eumelanine** mehr zeigten, sondern nur noch die gelblich bis rötlich braunen **Phaeomelanine**. Aus diesem Grunde wurden sie Phaeo-Kanarien genannt. Die Vererbung der Phaeo-Eigenschaft ist nicht geschlechtsgebunden, sondern unabhängig vom Geschlecht. Es können also auch Weibchen spalterbig in Phaeo sein. Gegenüber Vögeln mit dem vollen Melanin in ihrem Erbbild sind die Phaeo-Kanarien rezessiv.

Die Phaeo-Eigenschaft macht sich bei Vögeln der Schwarzreihe und der Braunrei-

Pärchen, phaeo gelb schimmel.

**Hinweis**

Die Phaeo-Kanarien der Achat- und der Isabellreihe sehen äußerlich wie Aufgehellte aus. Sie sind allerdings durch ihr hellgraues beziehungsweise hellbeiges Untergefieder und durch ihre roten Augen von diesen zu unterscheiden.

he am günstigsten bemerkbar, während sie bei Vögeln der Achat- und der Isabellreihe kaum noch in Erscheinung tritt, denn die Vögel sehen Aufgehellten gleich und sind häufig nur an ihrem etwas pigmentierten Untergefieder und an den roten Augen zu erkennen.

Mit dem Verlust jeglicher Eumelanine geht eine Aufhellung der **Augenfarbe** einher. Sie ist, je nach Farbreihe, von unterschiedlichem Rot. Auch die Füße, Zehen und Krallen sind bei allen Phaeo-Kanarien, auch bei denen der Schwarzreihe, hell fleischfarben.

Phaeo-Kanarien der **Schwarzreihe** sind am eindruckvollsten. Sie zeigen eine kräftige Phaeomelanin-Zeichnung auf der Oberseite und an den Flanken. Bei ihnen ist auf dem Rücken eine Strichelung zu sehen, die durch die Phaeomelanine entlang des Federkiels entsteht. Die Federsäume sind dagegen weiß oder fettfarben (gelb oder rötlich). Die Flügeldecken sind wiederum braun gesäumt. Bei den Phaeos der Schwarzreihe sind Schwingen und Schwanz braun und haben eine ganz schmale helle Säumung. Ihr Untergefieder ist anthrazitfarben. Bei den **Weibchen** zeigt sich das Phaeomelanin kräftiger. Es ist aber auch verschwommener in den einzelnen Federn, sodass die Strichelung nicht so klar hervortritt wie bei den Männchen.

In der **Braunreihe** zeigen die Phaeo-Kanarien auf dem Rücken keine Strichelung, sondern eine **Schuppung**. Ihre Schwingen und Schwanzfedern sind hell, mit nur sehr schmaler, schwacher Melaninumsäumung. Auch die Flügeldeckfedern sind hellbraun gesäumt. Bei ihnen ist das Untergefieder beige. Füße, Zehen und Krallen sind hell wie bei den Phaeos der Schwarzreihe, die Augen etwas heller rot.

**Tabelle 27: Vererbung von Phaeo-Kanarien.**

| Verpaarung | | Ergebnis | |
|---|---|---|---|
| 1. Schwarz × Schwarz/phaeo | = | 50%<br>50% | Schwarze<br>Schwarze/phaeo |
| 2. Schwarz × Phaeo | = | 100% | Schwarze/phaeo |
| 3. Schwarz/phaeo × Schwarz/phaeo | = | 25%<br>50%<br>25% | Schwarze<br>Schwarze/phaeo<br>Phaeo |
| 4. Schwarz/phaeo × Phaeo | = | 50%<br>50% | Schwarze/phaeo<br>Phaeo |
| 5. Phaeo × Phaeo | = | 100% | Phaeo |

Im Gegensatz zu den Phaeo-Kanarien der Schwarz- und der Braunreihe, die in ihrem schönen und aparten Äußeren eine Augenweide und Bereicherung der Farbspielarten darstellen, sind die der **Achat-** und der **Isabellreihe** nicht erstrebenswert.

Tabelle 27 zeigt die Regeln der Vererbung von Phaeo-Kanarien, wobei bedacht werden muss, dass es gleichgültig ist, ob Männchen oder Weibchen als Phaeos eingesetzt werden, denn beide Geschlechter vererben gleich.

Statt Schwarz kann jede andere **Melaninfarbe** eingesetzt werden. Werden Braunphaeos mit Schwarzen oder Schwarzphaeos mit Braunen verpaart, kommt für diese Farben natürlich noch ihre geschlechtsgebundene Vererbung in Betracht. Ferner können alle **Grundfarben** also Rot, Gelb und Weiß mit der Phaeo-Eigenschaft verbunden werden. Bei **dominantweißen** Phaeos müssen die Handschwingen fettfarbene Säume zeigen. Bei den **Rezessivweißen** ist keinerlei Fettfarbe mehr zu sehen.

Die Phaeos der Achat- und der Isabellreihe wurden früher häufig **Inos** (Abkürzung für Albinos, Lutinos und Rubinos) genannt. Doch echt albinotisch sind diese Vögel nicht, wenn sie auch rote Augen haben und

**Hinweis**

Die weißen Phaeos der Schwarz- und der Braunreihe zeigen den schönsten Kontrast aller Vögel dieser interessanten Mutation.

kaum noch Melanine aufweisen. Ihre Vererbung müsste eine geschlechtsgebundene sein und sie dürften kein melaninhaltiges Untergefieder aufweisen.

## Topas-Kanarien

Die Topas-Eigenschaft ist wahrscheinlich zusammen mit der Phaeo-Mutation aufgetreten, wurde jedoch lange nicht erkannt. Es gibt intermediäre Vögel, die Eumelanine besitzen, aber weder als Phaeo- noch als Topaskanarien angesprochen werden können.

Nestjungen Topas-Vögel haben rote Augen. Diese dunkeln jedoch mit fünf Tagen nach und sehen bald denen normaler Melaninvögel gleich. Bei Nestlingen der intermediären Art dunkeln die Augen erst später als bei Topasvögeln nach. Die Topas-Vögel zeigen folgende Merkmale:

Die Federschäfte, vor allem die der Flügel- und Schwanzfedern, sind farblos. Die Eumelanine sind bei den Topas-Vögeln reduziert und zeigen sich bei denen der Schwarz- und der Achatreihe schwarzgrau bzw. von hellerem Grau. Sie konzentrieren sich zu beiden Seiten des Schaftes, wohingegen sich die Phaeomelanine außen, also am Federrand befinden und nur schwach ausgebildet sind. Dadurch entsteht eine breite und auffallende **helle Randzone** an den Flugfedern wie den Flügeldeckfedern. Auch zeigen die Eumelanine der Brauntopas-Vögel eine betont hellbraune Färbung in Linienform. Isabelltopas-Vögel zeigen im allgemeinen zu wenig und nur beigefarbenes Melanin, sodass sie kaum als solche erkannt werden, sondern den Vögeln in Isabellopal ähneln. Das Untergefieder zeigt sich im Gegensatz zu den Flügeldeckfedern und dem Großgefieder schwarz.

Helle Hornteile (Schnabel und Krallen), fleischfarbene Füße, jedoch schwarze Augen sind typisch für Schwarz- und Achat-

Rechte Spalte unten: Männchen, achat topas gelb mosaik Typ 1.

**Tabelle 28: Vererbung der Topas-Kanarien**

| Kreuzung | | Anteil | Ergebnis |
|---|---|---|---|
| 1. Topas × Klassisch | = | 100% | Klassische/topas |
| 2. Phaeo × Klassisch | = | 100% | Klassische/phaeo |
| 3. Topas × Phaeo | = | 100% | Intermediäre |
| 4. Intermediär × Intermediär | = | 25%<br>25%<br>50% | Phaeo<br>Topas<br>Intermediäre |
| 5. Klassisch/topas × Klassisch/topas | = | 25%<br>25%<br>50% | Klassische<br>Topas<br>Klassische/topas |
| 6. Klassisch/topas × Klassisch/phaeo | = | 25%<br>25%<br>25%<br>25% | Klassische<br>Klassische/topas<br>Klassische/phaeo<br>Intermediäre |
| 7. Klassisch/topas × Klassisch | = | 50%<br>50% | Klassische<br>Klassische/topas |
| 8. Klassisch/topas × Topas | = | 50%<br>50% | Topas<br>Klassische/topas |
| 9. Topas × Intermediär | = | 50%<br>50% | Topas<br>Intermediäre |
| 10. Phaeo × Intermediär | = | 50%<br>50% | Phaeo<br>Intermediäre |
| 11. Intermediär × Klassisch | = | 50%<br>50% | Klassische/phaeo<br>Klassisch/topas |
| 12. Topas × Topas | = | 100% | Topas |

Topasvögel. Die Braun- und Isabelltopas-Vögel zeigen rotbraune Augen.

Die Vererbung der Topas- und der Phaeokennzeichen scheinen durch den gleichen Faktor verursacht zu werden. Dieser ist autosomal und rezessiv. Die hier aufgeführten Verpaarungen bringen Ergebnisse entsprechend Tabelle 28.

Der Topasfaktor kann mit allen Grundfarben, auch mit Mosaik, kombiniert werden. Nicht ratsam ist, die Faktoren Satinet, Opal und Melaninpastell mit Topas zu verbinden. Die Eumelaninmenge, die gegenüber klassischen Vögeln bei Topasvögeln ohnehin nur 20% beträgt, würde durch diese Faktoren so stark vermindert, dass kaum Zeichnung und schlechte obendrein daraus resultieren würde. Die Unterlagen für die Topas-Kanarien stammen von P. Grünhagen, W. Fischer sowie von Dr. H. Groeneveld (mündl. und briefl.).

## Satinet-Kanarien

Gegen Ende der 1960er Jahre kam es bei einem holländischen Züchter zur Mutation der Satinet-Kanarien. Sie sind bei der Zucht von Isabell Kanarien aufgetreten. Durch diese Mutation werden alle Phaeomelanine, also die rotbraunen Pigmente, sowie die schwarzen und grauen Eumelanine ausgeschaltet. Es bleiben nur **gelbbraune** bis **mittelbraune** in den Federn zurück. Die Eumelanine sind entlang des Federkiels zu finden. Bei Schwarz- und Achatvögeln sind diese schwarz oder grau und verdecken nur wenig vorhandenes braunes Eumelanin so gut wie vollständig. Tritt nun die Satinet-Eigenschaft bei diesen Vögeln auf, so zeigen sie entweder keinerlei Melanine mehr, oder nur so viel, dass sie gerade noch geisterhaft zu sehen sind. **Schwarz- und Achatvögel** ergeben also schlechte Satinet-Kanarien. Sie sehen vielmehr aufgehellten Kanarien ähnlich oder gleichen diesen im Erscheinungsbild vollständig. Nur an ihrem graubraunen Untergefieder und an ihren roten Augen sind sie von den Aufgehellten zu unterscheiden.

**Braune** und **Isabellen** zeigen dagegen die Satinet-Eigenschaft seht gut und können, je nach Grundfarbe, wunderhübsche Vögel sein. Durch Fortfall des rotbraunen Phaeomelanins an den Rändern der Federspitze verbeibt nur noch der hell- bis mittelbraune Streifen entlang des Federschaftes. Die Farbe dieser braunen Eumelanine ist gegenüber der der normalen Braunen und Isabellen nicht oder kaum reduziert. Sie ist vielmehr akzentuiert, und zwar nicht nur durch den Fortfall aller anderen Melanine, sondern auch, weil an deren Stelle zum Teil Weiß (Säume) getreten ist.

Die Braun-Satinet-Vögel besitzen eine etwas breitere Melaninstreifung. Diese soll sich von der Stirn über den Kopf, Nacken und Rücken erstrecken. Auch die Flanken zeigen die Strichelung. Bei den Weibchen ist die Strichelung meistens etwas kräftiger, aber auch breiter und verschwommener. Schwingen und Schwanzfedern sind ebenfalls braun und haben schmale helle Säume. Das Untergefieder ist hellbraun, manchmal mit einem Stich ins Graue. Schnabel, Füße, Zehen und Krallen sind hell fleischfarben.

Bei den Isabell-Satinet-Vögeln ist die Melanin-Strichelung etwas heller und schmaler. Sie wirkt auch etwas unterbrochen, da bei diesen Vögeln, wie bei den normalen Isabellen, das braune Eumelanin nicht ganz bis in die Spitzen der Federn reicht und von deren weißen Säumen überdeckt wird. Wie bei den Satinet-Vögeln in Braun sind die Strichelungen bei den Weibchen der Isabell-Satinet-Vögel etwas breiter und kräfti-

Mutter, orange-grün gescheckt, mit drei Wochen alten Jungtieren in rosé grün gescheckt und satinet rot schimmel.

**Tabelle 29: Vererbung von Satinet-Kanarien.**

| Verpaarung | | Anteil | Nachkommen |
|---|---|---|---|
| 1. Isabell-Männchen × Satinet-Weibchen | = | 50% | Isabell/satinet-Männchen |
| | | 50% | Isabell-Weibchen |
| 2. Isabell/satinet-Männchen × Isabell-Weibchen | = | 25% | Isabell-Männchen |
| | | 25% | Isabell/satinet-Männchen |
| | | 25% | Isabell-Weibchen |
| | | 25% | Satinet-Weibchen |
| 3. Isabell/satinet-Männchen × Satinet-Weibchen | = | 25% | Isabell/satinet-Männchen |
| | | 25% | Satinet-Männchen |
| | | 25% | Isabell-Weibchen |
| | | 25% | Satinet-Weibchen |
| 4. Satinet-Männchen × Isabell-Weibchen | = | 50% | Isabell/satinet-Männchen |
| | | 50% | Satinet-Weibchen |
| 5. Satinet-Männchen × Satinet-Weibchen | = | 50% | Satinet-Männchen |
| | | 50% | Satinet Weibchen |

ger in der Farbe. Flügel und Schwanz zeigen ebenfalls Melaninfarbe in Beige bis Hellbraun. Untergefieder sowie Schnabel, Füße und Krallen ähneln denen der Braun-Satinet-Vögel. Die roten Augen sind bei den Isabell-Satinet-Vögeln am hellsten.

Der Kontrast der hellbraunen Satinet-Strichelung tritt in Verbindung mit rezessivweißer Grundfarbe am kräftigsten in Erscheinung. Auch die Silber-Isabell-Satinet-Vögel aus Dominantweißen sind sehr reizvoll, trotz, oder gerade wegen ihrer fettfarbenen Säumung der Handschwingen. **Mosaik- und Rotorange-Vögel** mit der zarten Satinet-Zeichnung lassen ebenfalls die Herzen vieler Kanarienfreunde höher schlagen. Es kann durchaus gesagt werden, dass die Satinet-Mutation eine weitere Bereicherung der Farbenkanarienzucht darstellt.

Die Satinet-Eigenschaft vererbt **geschlechtsgebunden** und **rezessiv** gegenüber den klassischen Melaninfarben. Um große, kräftige Vögel und eine gute Strichelzeichnung auf der Oberseite und an den Flanken im Stamm zu bewahren, sollten normal Braune und Isabellen, aber auch Schwarz- und Achatvögel eingekreuzt werden. Übrigens sind Hähne, die spalterbig in Satinet sind, oftmals als solche zu erkennen. Dieses stellt eine Ausnahme der Farbenkanarienzucht dar, aber eine willkommene, denn sie erspart so manche Kontrollverpaarung. Hierin mag auch einer der Gründe zu finden sein, weshalb sich die Satinet-Kanarien in so kurzer Zeit so weit in den Vordergrund schieben konnten. Bei den **spalterbigen Hähnen** in Satinet sind die Rücken- und Flankenfedern hell gesäumt, wodurch die Melanin-Strichelung schmaler und der Vogel etwas heller erscheint. Speziell bei Achat-Hähnen, die spalterbig in Satinet sind, sollen die Handschwingen etwas heller grau sein, als dies bei normalen Achat-Hähnen der Fall ist.

Die Regeln für die geschlechtsgebundene Vererbung der Satinet-Kanarien sind die gleichen, wie die der klassischen Melaninvögel, doch sollen sie hier dennoch aufgeführt werden: Für Isabell kann auch Braun, Achat oder Schwarz stehen (siehe Tabelle 29).

## Eumo-Kanarien

Die Eumo-Eigenschaft beruht auf der Einlagerung von geringen Mengen an Eumelaninen im Mittelteil der Federfahnen. Sie machen sich bei Schwarzvögeln als anthrazitfarbene, bei Achatvögeln als graue Strichelung bemerkbar. In den Schäften und

Männchen, achat eumo gelb schimmel.

Randzonen der Federn fehlen die Eumelanine ganz, sodass diese aufgehellt erscheinen. Phaeomelanine sind in den Federn überhaupt nicht mehr vorhanden.

Damit die Eumo-Eigenschaft gut sichtbar wird, ist die **Zucht** dieser Vögel nur über **Schwarz- und Achatvögel** ratsam. Bei Braun- und Isabellvögeln wäre der Kontrast so gering, dass sie fast wie Aufgehellte aussehen würden. Durch das Fehlen der Phaeomelanine liegt ein farbloser Hauch über dem Gefieder. Dieser täuscht lange Schimmelsäume vor. Die Augen sind bei den Eumos ziemlich rot, der Schnabel hell hornbraun, die Füße fleischfarben.

Die Eumo-Eigenschaft kann mit opal, pastell, grauflügel, topas, ivoor, mosaik und natürlich intensiv oder schimmel ausgebildetem Gefieder auftreten, so Dr. H. Groeneveld (mündl. und briefl.).

## Onyx-Kanarien

Farbkanarien mit vestärkt hervortretendem schwarzen Eumelanin und gleichzeitiger Umwandlung der braunen Phaeomelanine in schwarzbraune oder anthrazitfarbene Eumelanine, wurden 1993 bei der COM-Weltschau in Breda, Holland, von den beiden spanischen Züchtern Luis und Fernando Bellver-Llorens erstmals vorgestellt. Nach Paul Pütz im Kanarienfreund 10/93 hatten die beiden Spanier die nicht geschlechtsgebunden und **rezessiv** vererbende Mutation im Laufe von sieben Jahren gefestigt und in die verschiedensten Farbschläge eingekreuzt. So konnten sie eine ganze Palette von Farbkanarien mit dem Onyx-Faktor in Breda zeigen. Sie wurden von den Technischen Kommissionen Hollands und Belgiens in Breda gründlich untersucht. Man kam zum vorläufigen Ergebnis, dass sich durch diese Mutation eine **übermäßige Produktion von Eumelaninen** zeigt, vor allem im Bereich des Kopfes und Halses.

Im Frühjahr 1995 sollten Onyx-Kanarien, so Dr. Groeneveld (mündl.), auch bei einem holländischen Züchter vermehrt werden, was anfangs wenig erfolgreich verlaufen ist. Es werden sicherlich noch etliche Jahre vergehen, bis sie anerkannt sind.

Symmetrischer Schecke, schwarz gelb.

## Schecken

Auf dem Wege zur Domestikation kommt es bei fast allen Tieren zuerst zur Scheckenbildung. Dies war auch beim Kanarienvogel nicht anders. Schon im fünfzehnten Jahrhundert sind Schecken-Kanarien gezüchtet worden, wie aus zahlreichen Gemälden aus dieser Zeit hervorgeht.

Die Scheckung entsteht durch teilweisen **Melaninausfall**. Es handelt sich hierbei um eine **Verlustmutation**. Zuerst wurden die aufgehellten Stellen im Nacken, im Schwanz und in den Flügeln festgestellt. Durch die Verpaarung solch teilweise aufgehellter Vögel miteinander wurden neben völlig aufgehellten auch sehr schön gescheckte Kanarien erzielt.

Die Scheckenzeichnung tritt bei Kanarien unabhängig vom Geschlecht der Vögel und als Zwischenglied zwischen Melaninvögeln und Aufgehellten auf. Es handelt sich also um **intermediäre Vererbung**.

**Hinweis**

Als **Melaninvögel** haben wir die Schwarzvögel, die Achatvögel, die Braunvögel und die Isabellvögel kennengelernt. Die aufgehellten Kanarien sind solche ohne alle Melanine, also die rein Gelben, Weißen und Roten. Sie sind als **Lipochromvögel** bekannt.

Nachfolgend in der Tabelle 30 dargestellte Regeln veranschaulichen den unabhängigen und intermediären Erbgang gescheckter Kanarien.

Aus vier dieser Möglichkeiten fallen also Schecken. Welcher der Eltern nun Schecke, Melanin- oder Lipochromvogel ist, spielt keine Rolle. Scheckenweibchen sollen allerdings mehr Schecken in ihrer Nachzucht hervorbringen als Scheckenhähne, wenn beide mit Melanin- oder Lipochromvögeln verpaart werden.

Für die **Bewertung** auf den Schauen kommen nur **symmetrische Schecken** in Betracht. Dies gilt nicht nur für Zügel-, Stirnfleck-, Nackenfleck- und Sattelschecken, sondern auch für die sogenannten **Schwalben**, die dunkle Flügel im sonst aufgehellten Gefieder besitzen. Wie aus den Namen hervorgeht, müssen bestimmte Gefiederpartien Melaninzeichnung tragen.

So sind beim **Zügelschecken** nur die Zügel notwendig. Das sind dunkle Streifen, die sich von der Schnabelwurzel zu den Augen und eventuell darüber hinaus erstrecken. Andere Scheckungen, solange sie symmetrisch sind, können vorhanden sein, dann spricht man allerdings nicht mehr von Zügelschecken.

Ebenso ist es mit dem **Stirnfleckschecken**, der auch „Mücke" genannt wird. Dieser Schecke muss den dunklen Stirnfleck tragen. Zusätzlich darf er einen Kinnfleck und Augenbrauen in Melaninfarbe zeigen. Der **Nackenfleckschecke** muss den typischen dunklen Fleck im Nacken tragen. Dieser kann sich bis zu den Augen und den Halsseiten erstrecken. Ferner dürfen Nackenfleckschecken dunkle oder helle Schwingen und davon unabhängig einen dunklen oder hellen Schwanz besitzen.

Der **Sattelschecke** darf als sogenannten Sattel nur die Armschwingen dunkel zeigen. Schwalbe wird ein Vogel genannt, der außer den Armschwingen auch die Handschwingen von dunkler Farbe hat. Bei ihm darf der Schwanz hell oder dunkel, oder hell mit dunklen Säumen sein. Eine weitere Scheckenform ist die mit **Mantel- oder Halbmondzeichnung**. Hierbei zieht sich über Flügeldecken und Rücken ein halbmondförmiger dunkler Fleck. Diese Halbmondschecken dürfen außer dem Augenstreifen helle oder dunkle Flügel- und Schwanzfedern besitzen.

Es sind natürlich noch andere Scheckungen möglich, etwa mit dunkler Kopfplatte, doch müssen alle Zeichnungen symmetrisch verlaufen. Wer Schecken für Schauen züchtet, wird sich nicht auf zufällige Symmetrie der Zeichnungen verlassen können. Er muss gezielt nur tadellos gezeichnete Vögel zur Zucht verwenden und außerdem als Partner solche wählen, die möglichst gleiche Zeichnungen aufweisen.

**Hinweis**

Schecken treten bei allen Verpaarungen von Lipochromvögeln mit Melaninvögeln ungewünscht auf. Soll ein bestimmter Faktor der einen Gruppe in die andere eingekreuzt werden, dann gibt es zuerst eine Generation Schecken. Diese Vögel sind notwendig für den weiteren Verlauf der Einkreuzung. Zum Glück verläuft die Vererbung der Schecken dergestalt, dass unter ihren Nachkommen stets reinerbige ungescheckte Vögel auftreten, mit denen dann weitergezüchtet werden kann.

**Tabelle 30: Vererbung von Schecken.**

| Verpaarung | | Nachzucht |
|---|---|---|
| 1. Melaninvogel × Melaninvogel | = | 100% Melaninvögel |
| 2. Melaninvogel × Lipochromvogel | = | 100% Schecken |
| 3. Schecke × Schecke | = | 25% Melaninvögel<br>50% Schecken<br>25% Lipochromvögel |
| 4. Schecke × Melaninvogel | = | 50% Melaninvögel<br>50% Schecken |
| 5. Schecke × Lipochromvogel | = | 50% Schecken<br>50% Lipochromvögel |
| 6. Lipochromvogel × Lipochromvogel | = | 100% Lipochromvögel |

## Bewertungsrichtlinien

Alle Farbenkanarienvögel werden nach den nationalen und internationalen **Schaurichtlinien** einheitlich mit maximal 100 Punkten bewertet, wie dies auch unter Berücksichtigung anderer Kriterien bei den Positurkanarien und den Mischlingen der Fall ist.

### Farbe ...

Die **Fettfarbe** soll so gleichmäßig wie möglich am ganzen Körper sein. Oft sind Flügeldecken oder Kopf heller oder dunkler als das übrige **Gefieder**, manchmal auch die Brustgefieder-Ausfärbung fleckig. Bei Dominantweißen darf sich ein Farbanflug nur an den Flügeln zeigen. Die Rezessivweißen müssen völlig reines Weiß aufweisen. Alle Lipochromvögel können für Reinheit und Intensität der Fettfarbe bis zu 50 Punkte bekommen. Bei den Melaninvögeln wird die Fettfarbe in gleicher Weise beurteilt. Sie muss gut verteilt sein, damit keine Flecken entstehen. Melaninvögel erhalten für die Grundfarbe bis zu 20 Punkte.

Die Rubrik „**Melaninfarbe**" ist den Melaninvögeln vorbehalten, denn die Lipochromvögel besitzen ja keine Melanine in ihrem Gefieder. Je nach Standard der einzelnen Farbspielarten muss sie dunkler oder heller (schwarz, Achat, braun, Isabell usw.) sein. Auf richtige **Zeichnung**, richtige Anordnung im Gefieder und natürlich auf Gleichmäßigkeit wird geachtet. Auch die für die Farbgruppe verlangte Färbung der **Hornteile** (Schnabel, Beine, Krallen) wird bewertet. Es dürfen sich in diesem wie im Gefieder keine hellen Flecke oder Federn befinden. Für eine einwandfreie Melaninfärbung kann ein Vogel bis zu 30 Punkte erhalten.

Die Qualität und Vollständigkeit des **Gefieders** wird mit maximal 15 Punkten bewertet. Das Gefieder soll glatt sein und gut anliegend getragen werden. Die Flügelfedern müssen geschlossen und an den Körper gelegt gehalten werden. Sie, wie die zwölf Schwanzfedern dürfen nicht fehlen, geknickt oder abgebrochen sein. Auch Lücken im Kleingefieder sind fehlerhaft.

Die ideale **Größe** des Farbenkanarienvogels beträgt 14 cm. Bis zu ½ cm Unter- und Übergröße sind nicht fehlerhaft. Außer dem Maß in cm werden in dieser Position die harmonischen Proportionen bewertet. Für das Idealmaß erhält der Vogel 10 Punkte.

Farbenkanarien, rot intensiv und rot schimmel in ihren Ausstellungskäfigen.

Die **Form** des Farbenkanarienvogels ist mittelschlank und harmonisch. Dabei soll der **Kopf** schön gerundet sein, der Hals kräftig, aber im Nacken etwas eingebuchtet. Der **Rücken** verläuft schön gerade und mit dem geschlossenen Schwanz in einer Linie. Er soll weder hohl noch gerundet sein. Die **Brustlinie** ist weder zu flach noch zu stark gerundet und läuft fließend in die des **Bauches**, der Unterschwanzdecken und des **Schwanzes** aus. Der **Schnabel** hat eine kurze Kegelform. Die **Beine** sind mittellang, ebenso die Zehen und Krallen. Für gute Form gibt es bis zu 10 Punkte.

Die **Haltung** des Vogels ist **mittelaufrecht** und beträgt 45° zur Sitzstange.

Der Vogel soll sich lebhaft, aber keinesfalls scheu und ängstlich flatternd im Schaukäfig zeigen. Es ist also **Schautraining** nötig. Manche Vögel halten vor **Nervosität** die Flügel fast ständig gekreuzt, oder sie verkriechen sich in einer Ecke, sitzen zu geduckt oder zu aufrecht auf der Stange. Ein vertrauter Vogel mit Idealhaltung kann bis zu 10 Punkte gewinnen.

Bei der Beurteilung des **Gesamteindruckes** geht es um die letzten 5 Punkte. Einmal werden hier die vorangegangenen Positionen in ihrem Zusammenwirken beurteilt. Dann auch die **Kondition** des Vogels, **Sauberkeit** und die des Schaukäfigs.

# Positurkanarien

Lizard, rotgrundig intensiv mit full cap.

Bei den Positurkanarien kommt es weniger auf die Qualität des Gesanges, noch auf die Reinheit der Farbe des Vogels an, sondern auf ihre Figur, ihre Haltung, das Gefieder mit seinen Locken oder der Haube. Ausnahme ist der Lizard, bei dem das Gefieder mit seiner besonders ausgeprägten Farbanordnung die Hauptrolle spielt. Die Positurkanarien haben sich vom Aussehen her am weitesten vom Wildvogel entfernt.

## Lizard-Kanarienvogel

Der Lizard-Kanarienvogel stellt eine ganz besondere Rasse dar. Zwar wird er unter die Positurkanarien gereiht, doch besitzt er weder eine besondere Körperform, noch stellt er sich in eine ungewöhnliche Positur. Von der Figur her ist er vielmehr einem Farbenkanarienvogel ähnlich. Da seine Besonderheit die **Färbung des Gefieders** ist, stünde er wohl auch besser bei den Farbenvögeln.

**Hinweis**

Die Besonderheit des Lizard ist seine geschuppt wirkende Gefiederzeichnung. Von ihr ist sein Name abgeleitet, denn das englische „lizard“ bedeutet Eidechse. Wie die Schuppen der Eidechsen sind die Federn gezeichnet, wenigstens bei guten Vertretern dieser alten Rasse.

Wann, wo und wie der Lizard erstmalig auftrat, ist nicht mehr bekannt. Einige Autoren vermuten, dass er schon im 16. oder 17. Jahrhundert mit den Hugenotten nach Großbritannien kam, als diese aus Frankreich flüchteten. Dass der Lizard schon sehr lange in Großbritannien bekannt ist, geht aus alten Schriften hervor. Ziemlich sicher kann angenommen werden, dass die **Schuppenzeichnung** durch eine Mutation entstanden ist.

Der Lizard war mit dem **London Fancy** nahe verwandt. Allgemein wird die Ansicht vertreten, dass diese ausgestorbene Rasse aus dem Lizard herausgezüchtet worden oder durch eine weitere Mutation aus dem Lizard entstanden war. Es gibt aber auch Autoren, die nicht ausschließen, dass Lizards aus dem London Fancy durch Selektion erzüchtet wurden. Das scheint jedoch unwahrscheinlich, denn eine so ausgefallene Zeichnung kann einem Kanarienvogel nicht angezüchtet werden. Wie dem auch sei, mit dem Lizard haben wir eine der schönsten Kanarienrassen erhalten.

In der ersten Hälfte des letzten Jahrhunderts war der Lizard beinahe ausgestorben. Nach dem Zweiten Weltkrieg soll es nur noch 50 bis 60 Vögel dieser Rasse gegeben haben. Durch Initiative der beiden britischen Liebhaber und Preisrichter A. W. Smith und Robert H. Yates vereinigten sich die Züchter mit Lizard-Kanarien 1945 zur „Lizard Canary Association of Great Britain“. Mit ihren kleinen Beständen begannen sie, die Lizards wieder zu vermehren und gleichzeitig die Qualität zu verbessern. Was nämlich an Vögeln den Krieg überlebt hatte, waren nicht alles Spitzentiere. Die Mitglieder der Lizard Canary Association verpflichteten sich, keine Vögel an Außenstehende abzugeben, solange der Bestand nicht hinreichend vergrößert war. Diese Beschränkung konnte aber bald aufgehoben werden, denn der Lizard erwies sich als **fruchtbarer** und **zuverlässiger Zuchtvogel**, wie er es auch vormals gewesen war.

Kappenformen beim Lizard

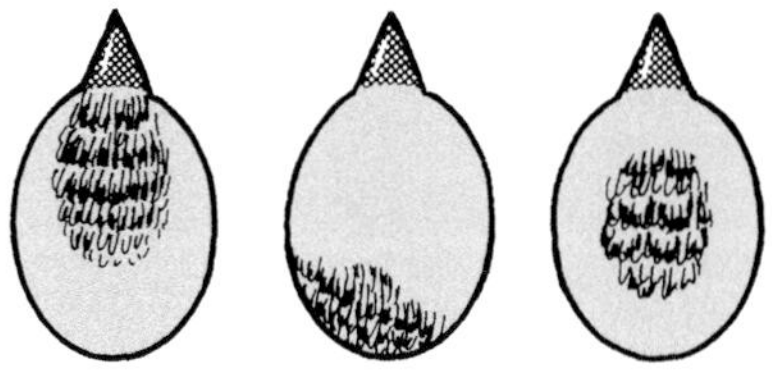

Ein freier gefasster **Standard** mit Schauklassen für Vögel ohne Kappe, mit unterbrochener Kappe und für zwei- und mehrjährige Vögel ließ mehr Züchter Interesse an Lizards finden, sodass ihr Bestand in Großbritannien und später auch in Deutschland und anderen Ländern stark zunahm. Ihr **Rückgang** zuvor war nicht nur auf die beiden Kriege zurückzuführen, sondern auch auf die Tatsache, dass nur Jungvögel mit **vorschriftsmäßiger Kappe** ausgestellt werden durften. Da aber nur wenige Vögel dieser Rasse so ideal gezeichnet waren, bedeutete es für die Züchter ein viel zu großer Aufwand, weshalb sie sich anderen Kanarienrassen zuwandten. Wie wir beim Standard später noch sehen werden, verändern sich die Schwingen und Schwanzfedern bei der ersten Großgefiedermauser von schwarz nach grau. Natürlich sind diese Vögel für die Zucht ebenso wertvoll wie die mit unterbrochener oder fehlender Kappe.

Wesentlichstes Merkmal des Lizard-Kanarienvogels ist sein schuppenartig gezeichnetes **Gefieder**. Die Schuppen der Oberseite (**spangles**) werden durch das schwarze Melanin in jeder Feder und durch die helle **Säumung** gebildet. Das Melanin ist nicht mehr ein schmaler Streifen entlang der Federmitte, sondern ein tropfenförmiger Fleck zur Federspitze hin. Durch die Säumung in Weiß, Gelb oder Orange entsteht die gewünschte und so auffällige Schuppenzeichnung. Da die Unterseite stets weniger Melanine enthält als die Oberseite, ist hier die Schuppung (**rowings**) auch weniger deutlich. Ist bei einem normalen grünen Farbenkanarienvogel die Unterseite eine gleichmäßig grüne Mischfarbe aus der gelben Grundfarbe und der schwarzen Melaninfarbe, so haben sich beim Lizard die Farben getrennt, wobei die Melanine in die Nähe der Federspitzen verlagert worden sind.

Wie bei anderen Kanarien sollte auch beim Lizard stets ein intensiver **A-Vogel** mit einem nicht intensiven **B-Vogel** verpaart werden. Bei dieser Rasse werden die A-Vögel **Gold-Lizard** und die B-Vögel **Silber-Lizard** genannt. Das Gefieder des Lizard ist äußerst dicht. Damit die Schuppenzeichnung vorteilhaft zur Geltung kommt, ist es wichtig, dass das Gefieder gut anliegend getragen wird. Das kann durch die **Gold × Silber-Verpaarungen** am besten erreicht werden, ohne Gefiederdichte einzubüßen.

Die üblichen Lizard-Kanarienvögel waren die mit gelber Grundfarbe. Daher kam ihr Name Gold-Lizard. Durch die breite weißliche Säumung wirken die B-Vögel blasser, silbriger, wodurch sie ebenso treffend den Namen Silber-Lizard erhalten haben. Auf jeden Fall sollte der Silber-Lizard nicht mit dem **Blauen Lizard** verwechselt werden. Letzterer ist die weißgrundige Form dieser Rasse. Sie wurde erzielt, indem Dominantweiße eingekreuzt wurden. Inzwischen gibt es auch Lizard-Kanarien mit **orangegelber** bis **orangeroter** Grundfarbe. Ihnen ist bisher aber noch kein eigener Name gegeben worden. Auch Lizard mit Melaninen in Achat, Braun oder Isabell sind schon gezüchtet worden. Durch diese verdünnten Melaninzeichnungen verliert der Lizard jedoch gerade das, was ihn eigentlich auszeichnet: seine schwarze, eindeutige Schuppenzeichnung.

Eine ganz neue Kombination ist die von Lizard-Kanarien mit Satinet-Kanarien. Diese **Satinet-Lizards** werden in Belgien und Frankreich „perlé“ und in England „pearl“ genannt, also Perle oder **Geperlte**, wie sie bei uns heißen werden. Diese Geperlten, die nur in Braun und Isabell gute Resultate bringen, zeigen einen braunen rundlichen Fleck oder Querstrich auf jeder Feder. Wie bei Satinet-Kanarien üblich, haben diese Vögel rote Augen. Von den Lizard-Kanarien haben die Geperlten Melaninzeichnungen quer über die Brust und die restliche Unterseite geerbt. Über die Vererbung der Lizard-Kanarien und die der Satinet-Kanarien wird gleich zu sprechen sein, doch sollen zuvor die weiteren Rassenmerkmale der Lizard behandelt werden.

Die **Schuppenzeichnung** ist das wichtigste Merkmal. Verfügt ein guter Lizard dann noch über eine helle Kappe (ohne Me-

**Standard und Bewertung für den Lizard.**

| Merkmal | Idealform | Punkte |
|---|---|---|
| Kappe | Die Kappe (cap) soll sich von der Schnabelwurzel in ovaler Form bis zum Hinterkopf erstrecken. Die Begrenzung ist eine möglichst klare Linie, die über den Augen schmale, melaninfarbene „Augenbrauen" belässt. Für eine ideale Kappe erhält der Vogel 10 Punkte. | 10 |
| Farbe | Die Grundfarbe soll so gleichmäßig wie möglich am ganzen Vogel sein. Auch die Farbe der Kappe wird dabei bewertet. Es werden auch hier 10 Punkte vergeben. | 10 |
| Augenbrauen | Die Augenbrauen müssen als etwa 1 mm breiter und möglichst dunkler Strich vorhanden sein. Ununterbrochene Augenbrauen heben das Aussehen der Kappe und erhalten bis zu 5 Punkte. | 5 |
| Schuppen | Die Schuppenzeichnung der Oberseite erhält die höchste Bewertung, nämlich bis zu 25 Punkte. Sie ist sichelförmig in jeder Feder sichtbar und wird am Rand nur durch einen hellen Saum begrenzt. Von der Kappe bis zu den Schwingen und zum Bürzel sollen die Schuppen gleichmäßig in Reihen angeordnet sein. | 25 |
| Schwingen und Schwanz | Die Schwingen und der Schwanz müssen möglichst tiefschwarz sein. Bei Vögeln, die nicht der Schwarzreihe angehören, ist die Farbe des Großgefieders ihrer übrigen Melaninfarbe entsprechend. Flügel und Schwanz werden mit 10 Punkten bewertet. | 10 |
| Gefieder | Das Gefieder soll beim Lizard sehr dicht sein. Es muss trotzdem fest anliegen, damit die Schuppenzeichnung gut zur Geltung kommen kann. Loses Gefieder ist fehlerhaft. Es werden bis zu 15 Punkte für tadelloses Gefieder gegeben. | 15 |
| Flügeldecken | Die Flügeldeckfedern, auch als Mantel und Schultern bezeichnet, sollen eine schöne Schuppung aufweisen, die einen harmonischen Übergang von der Schuppenzeichnung des Rückens zu den Schwingen bilden. Gerade auf den Flügeldecken kommen einzelne helle Federn leicht vor, auch nachgewachsene, die in der Farbe nicht ganz zu den anderen passen. Es gibt 5 Punkte für gute Flügeldecken. | 5 |
| Brustzeichnung | Die Brustzeichnung soll sich als halbmondförmige Schuppen zeigen. Sie verlaufen in regelmäßigen Reihen entlang der ganzen Unterseite. Für eine gut ausgebildete Brustzeichnung bekommt der Vogel bis zu 10 Punkte. | 10 |
| Schnabel, Beine und Krallen | Schnabel, Beine und Krallen sollen möglichst dunkel sein. Bei verdünnten Lizard-Farbschlägen müssen sie der vorgeschriebenen Farbe entsprechen, wie dies bei Farbkanarien verlangt wird. Bis zu 5 Punkte gibt es für die einwandfreie, ungefleckte Färbung der Hornteile. | 5 |
| Gesamteindruck | Der Gesamteindruck beinhaltet Kondition, Lebhaftigkeit, Zutraulichkeit, Haltung, Figur, Sauberkeit. Es werden im Höchstfall 5 Punkte gegeben. Die Größe des Lizards, die 13 cm betragen soll, wird hier ebenfalls bewertet. | 5 |

laninbeimischung in reiner Grundfarbe), die vom Schnabel den ganzen Oberkopf bis einschließlich Hinterkopf bedeckt, dann ist er ideal gezeichnet. Früher wurden nur Vögel mit solcher Kappe zu Schauen zugelassen. Die Kappen werden auch bei uns mit ihren englischen Namen unterschieden. Eine ideale Kappe wird **clear cap** genannt. Häufiger sind jedoch Vögel mit unterbrochener Kappe (**broken cap**), wobei an irgendeiner Stelle Melaninzeichnungen in der Kappe sind. Davon können die Stirn, eine Oberkopfseite oder gar der Scheitel betroffen sein. In letzterem Falle kann auch von einer gefleckten Kappe (**patched cap**) gesprochen werden. Verläuft die Kappe sehr weit in den Naken, dann wird sie Langkappe (**over-cap**) genannt. Hat der Vogel dagegen keine Kappe, dann heißt er Kappenloser (**non-cap**). Reicht die Kappe nur vom Schnabel bis zum Oberkopf, dann hat er eine Kurzkappe (**short cap**). Schließlich kommen Lizards vor, bei denen die Kappe bis zum Kinn, bis unter die Augen oder gar über die Wangen reichen. Solche Vögel werden Hellgesicht (**bald-face**) genannt.

Alle Kappen, die nicht der Idealgröße und -form entsprechen, werden bei der Bewertung mit Minuspunkten bedacht. Oft haben diese Vögel aber eine besonders gute Schuppenzeichnung, sodass sie höher bewertet werden können, als Vögel mit clear cap, aber schlechter Schuppung. Für die Zucht sind Vögel mit den verschiedensten Kappen und kappenlose gleich wichtig. Werden immer nur Vögel mit der idealen clear cap miteinander verpaart, kommt es bald zu Nachwuchs mit **over-cap**. Bei der Verpaarung von over-cap × non-cap erzielt man dagegen wieder sehr häufig gute Clear-Cap-Vögel.

Mit genau so gutem Erfolg können Broken-Cap-Vögel eingesetzt werden. Wichtig ist, dass die Vögel alle sehr gute Schuppung zeigen, und dass mit Erfahrung und Fingerspitzengefühl die richtigen Partner gewählt werden.

**Hinweis**

Werden Vögel mit zu großen Kappen miteinander verpaart, kann es leicht zu Scheckenzeichnungen im Körpergefieder oder zu einzelnen hellen Federn im Großgefieder kommen.

Wichtige Rassemerkmale des Lizard sind schwarze Schwingen und Schwanzfedern. Diese Farbe haben sie allerdings nur im ersten Jahr. Nach der ersten Vollmauser im zweiten Jahr wachsen diese Federn nur noch grau nach. Auch die Hornteile, Schnabel, Beine und Krallen, sollen so dunkel wie möglich sein. Schwarz sind sie allerdings kaum, eher von dunklem Grau.

## Zucht und Aufzucht

In der Zucht sind Lizard-Kanarien sehr zuverlässig. Ihre Zucht sollte paarweise in Bauern betrieben werden. Männchen und Weibchen kümmern sich zumeist gleichermaßen gut um die Versorgung der Nestlinge.

Die selbstständigen Jungen sind mit Beginn der Mauser sehr sorgfältig zu beobachten, damit es nicht durch einen **Federrupfer** zu fehlerhaftem Gefieder bei den Vögeln kommt. Jede Feder des Erwachsenenkleides wächst nicht in genau gleicher Farbe und Zeichnung nach, wodurch es zu **Flecken** und **Fehlern im Gefieder** kommt, die für die Bewertung Nachteile bringt. Die Schuppenzeichnung wächst heller nach, die Säumung wird breiter. Flügel- und Schwanzfedern bekommen ein helleres Aussehen und würden von den dunkleren Nachbarn abstechen. Manche Züchter bringen ihre jungen Lizard-Kanarien einzeln unter, um das Rupfen zu vermeiden. Junge Vögel brauchen aber Bewegung, um sich körperlich gut entwickeln zu können. Sie dürfen gern in Gesellschaft anderer junger Lizards in **Flugbauern** und **Volieren** untergebracht werden. Wichtig ist nur, dass sie viel **Abwechslung** haben. Als vorteilhaft hat sich auch gezeigt, dass die Sitzstangen, die als Schlafplätze dienen, durch kleine Brettchen in Einzelabteile aufgegliedert werden. Dann sitzt jeder Vogel für sich, wodurch das Rupfen aus Spielerei unterbleibt.

Da Lizard-Kanarien bei all ihrer Robustheit verhältnismäßig leicht **Durchfall** bekommen, sollten Grünfutter, Obst und geriebene Möhren nur sparsam verabreicht werden. Der Mohnanteil zum Körnerfutter kann etwas erhöht werden. Auch Haferflocken helfen gegen Durchfall. Wird vorsichtshalber sehr wenig Grünfütter und Möhre gegeben, sollte der Vitaminbedarf durch ein **Multivitamin-Präparat** gedeckt werden.

## Neuzüchtungen

Nun ein Wort über die Neuzüchtungen und Experimente mit Lizard-Kanarien, die in letzter Zeit häufiger vorgenommen wurden. Den Lizard wird man in seinem Erscheinungsbild als Schwarzvogel mit kräftiger Schuppenzeichnung, dunklen Flügeln, Schwanzfedern und Hornteilen und der in schönem Kontrast stehenden Kappe wohl schwerlich verbessern können. Mit seiner Hilfe könnten aber **neue**, interessante **Farbschläge** erzüchtet werden, wie das beim Satinet-Lizard, dem Geperlten schon gelungen zu sein scheint.

Bei Verpaarungen von Lizard-Kanarien mit Farbenkanarien ist es wichtig, ihre Vererbungsweise zu kennen. **Lizards vererben** gegenüber Melaninvögeln in den „klassischen Farben" (Schwarz, Braun, Achat und Isabell) **rezessiv** und unabhängig vom Geschlecht. Bei Verpaarungen von Schwarzvögeln und Lizards würden die Regeln aussehen wie in Tabelle 31.

Männchen wie Weibchen können also spalterbig in Lizard sein. Bei diesen Verpaarungen stimmen zwar die Prozentsätze mit denen in der Tabelle annähernd überein, doch sind die Lizards in den seltensten Fällen gleich dem Schaustandard entsprechend. Es muss bedacht werden, dass Lizard **Schecken** sind, die durch Selektion und Erbmasse nur die **Kopfplatte** aufgehellt zeigen. Mit anderen Rassen vermischt, zeigt sich jedoch die Scheckung häufig an anderen Stellen des Körpers. Normalerweise wird der Lizardzüchter keine Farbenkanarien in seinen Stamm einkreuzen. Doch wenn er mit neuen Farben experimentieren möchte und diese nicht als Lizards bekommen kann, wird er Verpaarungen wie die in den obigen Regeln vornehmen müssen.

Wer Geperlte = **Satinet-Lizards** züchten will, hat einen noch weiteren und komplizierteren Weg vor sich. Der Braunfaktor und der Satinetfaktor müssen in die Lizards eingeführt werden. Das kann auf die in Tabelle 32 dargestellten Weise geschehen. Werden die Jungvögel, natürlich zweier verschiedener Elternpaare, zusammengeführt, erhält man 24 verschiedene mögliche Kombinationen.

Diese vielen verschiedenen Resultate sind nur durch die mehrfachen Spalterbigkeiten und durch crossing over möglich. Satinet-Lizards, also Geperlte, sind nur vier Vögel aus den insgesamt 24 Möglichkeiten. Von diesen zeigen nur das braune Satinet-

**Tabelle 31: Vererbung von Lizards.**

| Verpaarung | | Ergebnis |
|---|---|---|
| 1. Schwarz × Lizard | = | 100% Schwarze/lizard |
| 2. Schwarz/lizard × Lizard | = | 50% Schwarze/lizard<br>50% Lizard |
| 3. Schwarz/lizard × Schwarz/lizard | = | 25% Schwarze<br>50% Schwarze/lizard<br>25% Lizard |
| 4. Schwarz/lizard × Grün | = | 75% Schwarze<br>25% Schwarze/lizard |
| 5. Lizard × Lizard | = | 100% Lizard |

**Tabelle 32: Vererbung von Satinet-Lizards (Geperlte).**

| Verpaarung | | Ergebnis |
|---|---|---|
| 1. Braunes/satinet-Männchen × Lizard-Weibchen | = | 50% Schwarze/braun/satinet/lizard-Männchen<br>50% Braun-Satinet-Weibchen |
| 2. Grünes/braun/satinet/lizard-Männchen × Braun-Satinet-Weibchen | = | 5% Schwarz/braun/satinet-Männchen<br>4% Schwarz/braun/satinet/lizard-Männchen<br>4% Schwarz-Satinet-/braun-Männchen<br>4% Schwarz-Satinet/braun/lizard-Männchen<br>4% Lizard/braun/satinet-Männchen<br>4% Satinet-Lizard/braun-Männchen<br>5% Braune/satinet-Männchen<br>4% Braune/satinet/lizard-Männchen<br>4% Braun-Satinet-Männchen<br>4% Braun-Satinet/lizard-Männchen<br>4% Braune Lizard/satinet-Männchen<br>4% Braune Satinet-Lizard-Männchen<br>5% Weibchen<br>4% Schwarz/lizard-Weibchen<br>4% Lizard-Weibchen<br>4% Schwarz-Satinet-Weibchen<br>4% Schwarz-Satinet/lizard-Weibchen<br>4% Satinet-Lizard-Weibchen<br>5% Braune Weibchen<br>4% Braune/lizard-Weibchen<br>4% Braun-Satinet-Weibchen<br>4% Braun-Satinet/lizard-Weibchen<br>4% Braune Lizard-Weibchen<br>4% braune Satinet-Lizard-Weibchen |

Border, schwarz gelb schimmel gescheckt, Männchen.

Lizard-Männchen und das braune Satinet-Lizard-Weibchen die hübsche Perlzeichnung, während die normalen Satinet-Lizards fast alle Melaninfarbe eingebüßt haben. Für die Zucht der Geperlten sind daraus außerdem braune Lizard/satinet-Männchen, braune Weibchen und braune Lizard-Weibchen geeignet.

## London Fancy

Diese altenglische Kanarienrasse ist im Jahre 1934 **ausgestorben**, nachdem der letzte Zuchtstamm bei Cyril H. Rogers eines Nachts einem Hermelin zum Opfer fiel, wie der britische Züchter und Autor selbst berichtet. Doch schon in den Jahren zuvor ging der Bestand der London Fancies immer mehr zurück. Dieses Ende einer so interessanten und alten Kanarienrasse ist sehr bedauerlich. Sowohl in Großbritannien wie in manchen anderen Ländern haben sich Züchter erfolglos bemüht, diese Rasse wieder entstehen zu lassen.

Das Besondere am London Fancy waren seine schwarzen Schwingen und Schwanzfedern. Sonst war er ein gelber Kanarienvogel von 14 cm Länge und einer Figur, die der des Border Fancy ähnelte. Sein Gefieder war weich und von möglichst goldgelber Farbe, Zehen und Krallen sollten dunkel sein. Die Flügel wurden eng anliegend, der Schwanz schön geschlossen getragen.

Leider ist es nie bekannt geworden, wie der London Fancy zu seinen **schwarzen Schwingen** und **Schwanzfedern** gekommen war. Die Rasse hat über 200 Jahre lang existiert. Ebenso alt oder noch älter ist der Lizard-Kanarienvogel, der in Größe, Figur und vor allem im Gefieder Ähnlichkeiten mit dem London Fancy hat. Eine Theorie geht dahin, dass Lizard-Kanarien mit großer gelber Kappe miteinander verpaart, und dass aus ihren Nachkommen immer die mit den größten gelben Ausdehnungen für die Zucht verwendet wurden. Die Melanine wurden auf diese Weise aus dem gesamten Kleingefieder verdrängt. Sie blieben nur im Großgefieder erhalten, in Flügeln und Schwanz.

Es kann aber auch so gewesen sein, dass diese Reduzierung der Melanine sprunghaft geschehen ist, wie 1969 auf ähnliche Weise bei einem Vogel, dessen Eltern ganz normale Lizard-Vögel gewesen sein sollen. Dieser Vogel, bei dem belgischen Züchter Jean Jamoulle aufgetreten, soll oberseits völlig gelb, unterseits dunkel gewesen sein.

Dass der London Fancy aus dem Lizard hervorgegangen ist, scheint man auch aus folgender Tatsache abzuleiten: Sein Großgefieder, also Flügel und Schwanz, waren nur im **ersten Erwachsenenkleid** wirklich schwarz, danach nur noch grau oder grau durchsetzt. Die gleiche Veränderung tritt auch beim Lizard auf.

Es wäre schön, wenn diese alte Rasse durch selektive Zucht aus Lizard-Kanarien wieder erzielt werden könnte. Dazu wären gemeinsame planmäßige Versuche einer größeren Anzahl von Liebhabern notwendig. Der London Fancy wäre eine aparte Bereicherung der Positurrassen. Auf der Landesschau 1987 in Kaltenkirchen stellte Heinz Schnoor einen symmetrischen Schecken aus, der dem Erscheinungsbild des London Fancy sehr nahe kam.

## Border Fancy

Wenn auch noch nicht in Deutschland, so gehört der Border Fancy in vielen Ländern zu den beliebtesten Positurrassen. In Großbritannien ist er bei weitem der häufigste Positurkanarienvogel.

Der Border Fancy ist eine alte Rasse, die vor etwa 100 Jahren erst richtig in Erscheinung trat. Wieviel älter sie ist, weiß man nicht. Damals war diese Rasse als **Cumberland Fancy** bekannt, was darauf hinweist, dass sie dort, im Grenzgebiet zwischen England und Schottland erzüchtet worden ist. Aus dieser Tatsache heraus und wegen des Streites der englischen und der schottischen Züchter um die Vaterschaft dieser Rasse wurde sie einfach Border Fancy genannt, also „Grenzland-Vogel".

Vor 100 Jahren waren die großen Rassen wie Norwich, Yorkshire, Lancashire dominierend. Manche Züchter wünschten sich aber einen kleineren Positurvogel. So wurde aus Harzer Rollern, kleinen Norwich-, Lizard-Kanarien und eventuell auch Lon-

**Standard und Bewertung für den Border Fancy.**

| Merkmal | Idealform | Punkte |
|---|---|---|
| Kopf | Für einen kleinen, hübsch gerundeten Kopf, mitten in den Gesichtsseiten platzierten Augen und einen zierlichen Schnabel erhält der Border bis zu 10 Punkte. | 10 |
| Körper | Der Körper soll rundlich, doch elegant wirken. Die Rückenlinie verläuft von einer deutlichen Einbuchtung im Nacken über eine sanfte Rundung über den Schultern gerade bis zur Schwanzspitze. Ebenso zeigt sich die Brust schön gerundet, doch ohne stark hervorzustehen. Der Hals ist kurz, doch deutlich abgesetzt. Insgesamt soll der Körper die zierliche, elegante Form besitzen, die nur der gute Border zeigt. Höchstpunktzahl 15. | 15 |
| Flügel | Die Flügel werden straff geschlossen und eng am Körper liegend getragen. Sie berühren sich gerade an den Spitzen, die etwas über die Schwanzwurzel hinausreichen. Am Bug stehen die Flügel etwas aus dem umgebenden Kleingefieder. Die Idealnote für gute Flügelhaltung beträgt 10 Punkte. | 10 |
| Beine | Die Beine sind mittellang, die Schuppung ist fein und auf keinen Fall rau. Die Zehen und Krallen sollen ebenfalls zierlich sein. Die Schenkel sind knapp zur Hälfte sichtbar. Wenn die Beine in harmonischer Weise zur ganzen Erscheinung passen, gibt es bis zu 5 Punkte dafür. | 5 |
| Gefieder | Das Gefieder muss dicht und fein sein und glatt anliegen. Es soll seidenartig glänzen. Grobe, raue Federn sind ebenso unerwünscht wie lose getragene oder gar gelockte. Gutes Gefieder wird mit maximal 10 Punkten bewertet. | 10 |
| Schwanz | Der Schwanz soll mit dem Rücken in einer Linie getragen werden, und zwar schön geschlossen, sodass er schmal und zur Wurzel hin rund und voll in den Körper übergeht. Hier gibt es bis zu 5 Punkte. | 5 |
| Haltung | Die Haltung ist halbaufrecht, etwa bei 60° zur Horizontalen. Auf korrekte Haltung wird so viel Wert gelelgt, dass bis zu 15 Punkte dafür vergeben werden. | 15 |
| Erscheinung | Die Eleganz seiner Erscheinung und seiner Bewegungen ist ebenfalls ein wichtiger Faktor bei der Bewertung. Der Vogel soll ein zutrauliches Wesen haben und keine Scheu zeigen. Er soll einen gesunden, munteren Eindruck machen und lebhaft von Stange zu Stange hüpfen. Die Haltung seines Kopfes spielt hierbei ebenfalls eine Rolle. Es gibt 10 Punkte im Höchstfalle. | 10 |
| Farbe | Die Farbe soll kräftig und rein sein, so gleichmäßig wie nur möglich am ganzen Vogel. Scheckungen sollen gut im Kontrast zu den aufgehellten Partien stehen. Unnatürlich kräftige Farben, wie sie von einer Farbfütterung kommen können, sind nicht zugelassen. Für hervorragende Gefiederfarben gibt es 15 Punkte. | 15 |
| Größe | Die Größe des Vogels darf 14 cm nicht überschreiten. Noch besser sind 13,4 cm Länge, damit die Zierlichkeit des Border Fancy erhalten bleibt. Die richtige Größe bringt dem Vogel 5 Punkte ein. | 5 |

don Fancies diese Rasse entwickelt. Sie durfte nicht mehr als 5 ½ inches, also knapp 14 cm in der Länge messen.

Der heutige Border Fancy hat sich nicht viel geändert. Er ist ein so niedlicher, **zierlicher** und **zutraulicher** Vogel, dass es nicht erstaunt, diese Beliebtheit erlangt zu haben. Es scheint, dass er sich auch bei uns in Deutschland mehr und mehr durchsetzt. Dem Anfänger in der Zucht von Positurkanarien ist der Border Fancy sehr zu empfehlen, weil er keine so schwer züchtbaren Merkmale oder Posituren hat wie die meisten anderen Rassen. Seine Haltung entspricht vielmehr der eines Wildvogels, wie sie uns Hänfling oder Bergfink am ähnlichsten zeigen.

Ein ganz besonderes Plus, gerade für Anfänger, ist seine **Zuverlässigkeit** und sein Eifer **in der Zucht**. Hierin ist er das Gegenteil von einigen anderen Positurrassen. Auch sein seidig weiches Gefieder in allen Kanarienfarben außer in Rot hat ihm viele Freunde eingebracht. Als aufgehellte Vögel kommen sie in rein Gelb oder Weiß vor, häufig auch als symmetrische Schecken und Melaninvögel in Grün und Braun.

In Großbritannien, wo der Border in großer Zahl auf den Schauen vertreten ist, sind Klassen mit Lipochromvögeln, die nur einen kleinen dunklen Fleck auf dem Kopf oder Körper besitzen. Dieser Fleck darf nicht größer als ein Zweicentstück sein. Die Vögel mit solcher Zeichnung werden **ticked**, also gefleckt, genannt. In diese Klassen kommen auch Vögel, die drei dunkle Federn nebeneinander in einem Flügel oder im Schwanz haben. Eine umgekehrte Zeichnung ist aber nicht erlaubt, wenn zum Beispiel ein Melaninvogel einen hellen Fleck oder helle Federn im Schwanz trägt. Dafür gibt es **Schecken-Klassen**, ferner eine für Vögel mit 75% dunklem Gefieder.

Die Border in Großbritannien sind heute meistens etwas größer (bis 15 cm) und mit größerem Kopf, als das früher der Fall war. Leider rücken sie damit in die Nähe des Norwich-Kanarienvogels. Allerdings dürfen sie nie das lange, lockere Gefieder jener Vögel besitzen, natürlich auch nicht deren breiteren, flacheren Kopf. Viele britische Liebhaber des Border Fancy wünschen ihn sich wieder **zierlicher** und führende Autoren wie George Lynch und Cyril H. Rogers setzen sich in ihren Büchern für maximal 14 cm Länge ein. Früher wurde der Border unter britischen Züchtern „wee gem“, also „Kleines Schmuckstück“, genannt. Zu diesem soll er auch wieder werden.

In den Mitgliedsländern des COM (Confederation Ornithologique Mondial) hat man sich schon längst geeinigt, den Border Fancy mit kleinerem Kopf nach altenglischem Vorbild zu züchten. Der Standard sieht die Bewertung wie in der Tabelle links vor.

Fife Fancy, schwarz weiß intensiv, Männchen.

## Fife Fancy

Diese mit höchstens 11,5 cm Länge kleine Ausgabe des Border Fancy ist offiziell erst 1957 entstanden, als der „Fife Fancy Canary Club“ gegründet wurde. In den Jahren davor waren nämlich zahlreiche schottische Liebhaber mit der Entwicklung des Border Fancy nicht mehr einverstanden. Dieser wurde damals als „Kleiner Edelstein“ bezeichnet, doch wuchs seine Länge auf 15 cm an. Um aber einen wirklich kleinen Positurvogel zu haben, wurde mit kleinen Border und mit Gloster Fancies die Rasse „Fife

Fancy“ entwickelt. In Schottland ist sie inzwischen sehr beliebt, hat sich anderwärts jedoch noch nicht in dem Maße durchgesetzt.

Der Standard sieht die **Punkteverteilung wie** für den **Border Fancy** vor. Vom Temperament her gleicht der Fife Fancy ebenfalls seinem größeren Bruder, ist sogar noch etwas **lebhafter**. In der Zucht erweist er sich als ebenso zuverlässig.

Da der Fife Fancy sehr klein ist, sind für ihn Fußringe von 2,7 mm Durchmesser vorgeschrieben. Das gilt auch für den Japan Hoso und den Raza Española.

Standard und Bewertung für den Columbus Fancy.

| Merkmal | Idealform | Punkte |
|---|---|---|
| Farbe | Die Farbe soll natürlich, leuchtend und gleichmäßig ausgefärbt sein. Auch Schecken sind zugelassen, jedoch keine rotgrundigen Vögel. Es können bis zu 15 Punkte erreicht werden. | 15 |
| Körper | Der Körper soll kurz und kompakt sein, der Schnabel zierlich. Bei rundem Kopf und vollem Nacken sollen Brust und Rücken breit und wohlgeformt sein. Die Haube muss gut zum Gesamteindruck des Vogels passen, rund und ohne Einkerbungen sein und gut anliegen. Stimmt der Vogel in all diesen Punkten, kann er 30 Punkte erringen. | 30 |
| Gefieder | Das Gefieder soll glatt anliegend getragen werden und von seidig-weicher Beschaffenheit sein. Dann erhält der Vogel 15 Punkte dafür. | 15 |
| Flügel | Die Flügel müssen kurz sein und sollen eng anliegend getragen werden. Der in normaler Haltung getragene Schwanz soll ebenfalls kurz sein. Hierbei sind auch 5 Punkte zu erreichen. | 15 |
| Größe | Die Größe soll 14 bis 15 cm erreichen, auf keinen Fall mehr. Bei richtiger Größe bekommt der Vogel 10 Punkte zugesprochen. | 10 |
| Beine | Die Beine sollen kurz und kompakt und gut zurückgesetzt sein. Das gibt maximal 5 Punkte. | 5 |
| Gesamteindruck | Für einen guten Gesamteindruck, womit gute Kondition, Gesundheit und natürliche Farben gemeint sind, gibt es weitere 10 Punkte. | 10 |

## Columbus Fancy

Der Columbus Fancy ist eine Positurkanarienrasse, die in **Amerika** aus dem Border Fancy entwickelt wurde. Auch der Harzer Roller soll bei seiner Schöpfung eine Rolle gespielt haben.

Nach Schüller (AZN 7/82) waren vor allem Gesangskanarien mit Haube und kleine Norwichkanarien an der Entstehung des Columbus Fancy beteiligt. Er hat jedoch eine Figur, die mit der des Borders weitgehend übereinstimmt.

Begonnen wurde mit seiner Zucht um 1924. Ob nun der Entdecker Amerikas oder die Stadt Columbus in Ohio oder beide diesem Kanarienvogel den Namen gegeben haben, ist nicht ganz klar. Die Liebhaber, die an seiner Entstehung maßgeblichen Anteil hatten, lebten übrigens in Memphis, Tennessee. Sie wollten einen kleinen Haubenvogel von 14 bis 15 cm Länge züchten, der die **aufrechte Haltung** und **gefällige Figur** eines Border-Kanarienvogels hat. Dass dies mit Norwich-Kanarien und Harzer Rollern gelang, ist einleuchtend. Die **Haube** soll von Gesangsvögeln mit Haube in den Columbus Fancy eingekreuzt worden sein. Da der Columbus Fancy aber eine schöne Rundhaube trägt, ist anzunehmen, dass auch Gloster oder gar Crested dafür verantwortlich sind. Da es bei Verpaarungen von Haubenvogel × Haubenvogel oft zum Absterben der Jungen im Ei kommt, hat man auch **glattköpfige** (smoothhead) gezüchtet, so wie das von anderen Haubenrassen bekannt ist.

Das Gefieder soll leuchtende Farben zeigen und kann aufgehellt, gescheckt oder dunkel sein, jedoch nicht rotgrundig. Der Standard für den Columbus Fancy, der in letzter Zeit schon auf europäischen Schauen zu sehen war, legt Richtlinien für die Bewertung wie in der Tabelle links zugrunde.

## Raza Española

Dies ist ein nur 11 cm kleiner, schlanker Kanarienvogel, der in Spanien erzüchtet wurde, wie sein Name ja auch sagt. Über die Entstehungsgeschichte schreibt Schüller

Raza Española, gelb intensiv, Männchen.

**Standard für den Raza Española**

| Merkmal | Idealform | Punkte |
|---|---|---|
| 1. Größe | Als Idealmaß werden 11 cm angestrebt. Nach unten ist keine Grenze gesetzt. Eine Abweichung nach oben bis zu 0,5 cm ist nicht zu bestrafen. Bis zu einer Größe von 12,5 cm entsprechende Punktabzüge vorzunehmen, darüber hinaus ist der Vogel zu disqualifizieren. | 25 |
| 2. Kopf und Hals | Der Kopf wird klein und zierlich gewünscht, oval und etwas abgeflacht; vergleichbar dem Kopf einer Eidechse oder der Form einer Haselnuß. Der kurze, dünne Hals soll den Kopf vom Körper gut abgesetzt erscheinen lassen, dadurch entsteht sowohl im Naken wie auch an der Kehle eine Einschnürung. | 10 |
| 3. Rücken und Brust | Rücken und Brust sollen abgeflacht sein, um den Vogel in seiner Form schlank erscheinen zu lassen. Rundungen sind in dieser Position unerwünscht. | 25 |
| 4. Flügel und Schwanz | Die Flügel sollten dicht am Körper anliegen und an den Enden geschlossen sein. Der Schwanz sollte nicht zu lang sein, um den Vogel nicht zu groß erscheinen zu lassen. Am Ende sollte der Schwanz eine deutliche Einkerbung zeigen (wie der Schwanz eines Fisches, nur nicht so breit). | 10 |
| 5. Beine und Füße | Die Beine sollten möglichst kurz sein, sodass die Schenkel fast nicht mehr zu sehen sind. Von der Fußwurzel bis zum Gelenk sollten 14 mm nicht überschritten werden. Die Füße sollten auch klein und zierlich sein. | 10 |
| 6. Gefieder | Das Gefieder sollte glatt, dicht und lückenlos sein sowie am Körper eng anliegen. | 110 |
| 7. Haltung | Durch die schlanke Figur und das meist „nervöse" Verhalten bedingt, wirkt die Haltung weniger als 45 Grad zur Sitzstangenebene. Eine gewisse „innere Unruhe" ist rassebedingt. Der Vogel ist immer in Bewegung. | 5 |
| 8. Gesamteindruck | In dieser Position ist die Kondition des Vogels zu berücksichtigen. Auch sind die gesamten Positionen zusammenzufassen, wobei die Präsentation – auch des Käfigs – nicht außer acht gelassen werden sollte. | 5 |

(AZN 10/78), dass die Vereinigung der Kanarienzüchter Spaniens, die „Union de Canariculture de Barcelona", schon 1931 das Ziel hatte, einen **kleinen Kanarienvogel** mit **eng anliegendem Gefieder** zu erzüchten. Er wurde damals „Canario del Pais", also „Kanarienvogel des Landes", genannt. Leider wurden während des Bürgerkriegs 1936 bis 1939 in Spanien die meisten der bis dahin gezüchteten Vögel eingebüßt. Es ging in den folgenden Jahren nur langsam wieder aufwärts mit der kleinen spanischen Rasse.

Erst 1948 wurde ein **Standard** erstellt und der Name „**Raza Española**" vorgeschlagen. Dieser wurde 1956 international anerkannt. Fast wäre die Rasse international wieder in Vergessenheit geraten, denn spanische Züchter nahmen an Weltausstellungen jahrelang nicht teil. Als 1976 die **Weltausstellung** in Valencia stattfand, stellte sich heraus, dass die COM, der Weltvogelzüchterverband, vergessen hatte, den Raza Española in ihren Standard aufzunehmen. Das war natürlich eine große Enttäuschung für die spanischen Züchter, die ihre Vögel in ihrem eigenen Land vorstellen wollten. Schnell wurden alle notwendigen Formalitäten erledigt, und bei der Weltausstellung 1977 in Genua waren die ersten Exemplare des Raza Española ausgestellt. Seitdem haben sie auf keiner der jährlich stattfindenden Weltausstellungen gefehlt.

Das ist das Verdienst des 1976 gegründeten Spezialclubs für den Raza Española, der dem spanischen Kanarienzüchterverband in Barcelona angeschlossen ist. Der Club betreut die Rasse und nimmt die Interessen ihrer Züchter wahr, auch international. In Deutschland gibt es ebenfalls schon Liebhaber dieser kleinen Kanarienvögel, die regelmäßig auf den großen Schauen zu sehen sind.

Der Raza Española gilt als ein Positurkanarienvogel. Er wird darum auch in einem Positurkanarienkäfig ausgestellt. Wegen seiner zierlichen Beine ist die Ringgröße 2,7 mm vorgeschrieben, da die üblichen Ringe von 3 mm Stärke eventuell einem ausgewachsenen Vogel übergezogen werden könnten.

Die Zucht dieses kleinen, drahtigen Kanarienvogels ist nach Schüller nicht besonders schwierig. Da der Raza Española ein sehr **lebhafter Vogel** ist, empfiehlt Schüller **geräumige Zuchtkäfige** und auch die Haltung in **Volieren**.

Um diese Rasse bei der idealen Größe von nur 11 cm halten zu können, sind überwiegend Verpaarungen von A-Vögeln vorzunehmen. Diese intensiv gefärbten Vögel haben ein dünneres und härteres Gefieder als die farblich nicht intensiven Schimmel. Bei häufigen **Verpaarungen von A × A** kann es zu **Gefiederlücken** kommen, vor allem in der Augenumgebung. Außerdem werden die Federn hart und spröde, sodass sie sich leicht abstoßen. Aus diesem Grunde muss auch gelegentlich ein Schimmel in den Stamm eingekreuzt werden. Zwar werden die Nachkommen aus dieser Verpaarung etwas größer, doch auch vitaler und federfülliger.

**Hinweis**

Ständige A × A-Verpaarungen lassen die Vögel immer zwergenhafter werden, wobei auch ein Teil der Jungen schon im Ei oder in den ersten Lebenstagen sterben. Hier macht sich also der Letalfaktor bemerkbar, wie wir ihn von den Haubenvögeln und den Dominantweißen her kennen.

## Irish Fancy

Diese irische Kanarienrasse wurde auch Irish Roller genannt, weil sie viel mit dem Harzer Roller gemein hat und von ihm abstammen soll. Jedoch wurde der Irish Fancy durch viele Jahrzehnte oder viel länger ohne ein bestimmtes Zuchtziel gepflegt, vermehrt und ausgestellt. Es waren Vögel, die einen angenehmen Gesang hatten, von Größe und Figur wie der **Harzer Roller** waren, aber auch größer und schlanker oder kleiner und dicker sein konnten, und in allen Farben und gescheckt auftraten. Wie George Lynch in seinem Buch berichtet, brachten die Leute ihre Vögel in allen möglichen Bauern zu den Ausstellungen. Es gab nicht einmal einen Standard und ein Bewertungssystem. Die Preisrichter suchten vielmehr die Vögel mit der harmonischsten Figur, der schönsten Farbe und Zeichnung als Sieger heraus.

Seitdem hat sich manches geändert. Es besteht jetzt auch ein **Standard** für den Irish Fancy. Nach ihm soll er ein niedlicher kleiner Vogel sein, der einen gerundeteren Kopf und eine stromlinienförmigere Figur als der Harzer Roller hat. Er trägt Schwanz und Flügel geschlossen und fest anliegend. Sein Gesang ist voll und schön. Alle Farben sind zugelassen. Durch die Zucht nach Standard soll der Irish Fancy einheitlicher geworden sein. Er ist der beliebteste Kanarienvogel in seiner Heimat, außerhalb der Grünen Insel ist er aber kaum bekannt.

**Standard und Bewertung für den Norwich**

| Merkmal | Idealform | Punkte |
|---|---|---|
| Form | Die Form des Norwich ist rund, gedrungen. Rücken, Schultern, Brust und Bauch sollen schön gerundet sein. Der Vogel soll kompakt, ja bullig wirken. Seine Größe beträgt zwischen 15 bis 16 cm, nicht darüber. Für die kurze, untersetzte Form bekommt der Norwich bis zu 25 Punkte. | 25 |
| Kopf | Der Kopf soll im Verhältnis zum Körper in Form und Größe passen. Er muss allseitig rund sein, auch eine hohe, runde Stirn und Oberseite haben (hier ist der Crestbred flach). Die Wangen sind ebenfalls schön gerundet. Wegen des weichen, dichten Gefieders zeigt der Norwich „Augenbrauen", das sind Federwulste, wie sie der Crestbred ausgeprägt trägt. Beim Norwich dürfen diese nicht über die Augen fallen und evtl. die Sicht behindern. Der Schnabel ist kurz und von kräftiger Kegelform. Ein runder Kopf kann bis zu 10 Punkte einbringen. | 10 |
| Hals und Nacken | Hals und Nacken sollten sichtbar überhaupt nicht vorhanden sein, das heißt, es dürfen keine Einbuchtungen zwischen Kopf und Rücken und zwischen Kinn und Brust bestehen. Hierfür sind ebenfalls bis zu 10 Punkte ausgesetzt. | 10 |
| Flügel | Die Flügel werden schön anliegend und geschlossen getragen. Sie sollen kurz sein und sich an den Spitzen über der Schwanzwurzel berühren. Bringt maximal weitere 10 Punkte. | 10 |
| Schwanz | Der Schwanz soll kurz und schmal sein, schön geschlossen und in einer Linie mit dem Körper getragen werden. Er bringt bis zu 5 Punkte. | 5 |
| Beine und Füße | Die Beine sollen kurz und zurückgesetzt sein. Die Zehen und Krallen wirken zierlich. Hierfür werden 5 Punkte vergeben. | 5 |
| Eindruck | Für eine gute Kondition, lebhafte, kraftvolle Bewegungen sowie Sauberkeit des Gefieders, Schnabels und der Füße werden 10 Punkte berechnet. | 10 |
| Form | Weiches, seidiges Gefieder, das dicht ist und glatt anliegt, verhilft dem Vogel zu der gewünschten Form. Auch hierfür sind bis zu 10 Punkte ausgesetzt. | 10 |
| Gefiederfarbe | Die Farbe des Gefieders soll leuchtend und gleichmäßig sein. Bei Melaninvögeln und Schecken ist ebenfalls eine kräftige und gleichmäßige Grundfarbe notwendig. B-Vögel sollen guten „Schimmel" zeigen. Für die perfekte Färbung können 5 Punkte erreicht werden. Bei Schecken ist Symmetrie der Zeichnungen anzustreben. | 5 |
| Körperhaltung | Die Körperhaltung beträgt 45 Grad zur Sitzstange. Dabei soll der Körper nicht aufliegen, sondern von der Sitzstange erhoben getragen werden. Für eine perfekte Haltung, ein selbstsicheres und zutrauliches Wesen erhält der Vogel bis zu 10 Punkte. | 10 |

## Norwich-Kanarienvogel

Der Ursprung des Norwich-Kanarienvogels ist nicht mehr bekannt. Nach Meinung einiger Autoren wurden sie schon gegen Ende des 16. Jahrhunderts von flämischen Webern nach England mitgebracht, als diese vor der spanischen Verfolgung flohen. Sie haben sich im Osten Englands, vor allem in Norwich angesiedelt. Dort wurde die Rasse dann weitergezüchtet. Eine andere Theorie geht dahin, dass der Norwich in England aus Lizard-Kanarien, London Fancies und einfachen Landkanarien herausgezüchtet wurde. Da aber auch die Lizards durch die Hugenotten zur selben Zeit nach England mitgebracht sein sollen, könnte die erste Theorie schon zutreffen. Auf jeden Fall wurden diese Kanarien im Osten Englands weiterentwickelt und erhielten ihren Namen nach der Stadt, die die Hochburg ihrer Zucht war: Norwich. Dieser Name ist den Vögeln geblieben, auch wenn sie heute in anderen Teilen Englands zahlreicher gezüchtet werden, vor allem in Leicestershire. Auf der ganzen Welt sind Norwich-Kanarien heute vertreten und haben für ihre Heimatstadt fast ebenso viel Publicity betrieben wie die Roller für den Harz.

Früher waren Norwich-Kanarien noch viel leichter und schlanker, wenn auch schon von etwas rundlicher Figur. Sie waren während des ganzen neunzehnten Jahrhunderts sehr beliebt und auf den Schauen an Zahl nur von den Border Fancies übertroffen. Damals wurde fast nur Wert auf eine reine und vor allem **kräftige Gefiederfarbe** gelegt. Als dann um 1872 mit der Farbfütterung durch Cayennepfeffer begonnen wurde, richteten die Züchter bald ihr Augenmerk auf die Größe des Norwichs. Mit zwei Mitteln versuchten sie diese zu erreichen: Es wurden die großen Lancashire Coppies eingekreuzt, und es wurden zunehmend nicht intensive **B-Vögel** (buff × buff) miteinander verpaart. Das führte zwar zu **größeren** Vögeln, zu mehr **Federfülle**, gleichzeitig aber auch zu einem zu langen, fast **zotteligen** Gefieder und zu „**lumps**", den Zysten, in denen sich Federn verklumpten oder zusammenrollten. Sie waren zu weich und zu eng beieinander, um noch normal durch die Haut brechen zu können. So wurde innerhalb 50 Jahren eine Kanarienrasse verdorben, ja **fast ausgerottet**. Die Vögel, die es noch gab, hatten fast alle ihre Identität verloren, indem sie kaum noch von den Crestbred zu unterscheiden waren. Das führte sogar so weit, dass besonders auf dem europäischen Kontinent und in einigen Fachbüchern vom Haubennorwich und vom ungehäubten Norwich gesprochen wurde. In England wurde dem Norwich das Wort **Plainhead** angefügt, damit eine Unterscheidung des **Crested** und **Crestbred** auf der einen Seite und des Norwich auf der anderen Seite bestand. Um 1950 herum begann der englische Preisrichter und Züchter A. W. Smith durch strenge Auslese und Einkreuzen des Border Fancy der Rasse **Typ und Gesundheit** zurückzugeben. Es sollte der rundliche, etwas behäbige und kleine „**John Bull**" wieder entstehen. Zwar sollte sein Gefieder weich, lang und dicht sein, doch nicht zottelig. Der Vogel musste frei von Lumps sein und zwischen 15 bis 16 cm messen, nicht mehr. Damit wurde der Norwich gerettet, denn allmählich bestand wieder eine deutliche Abgrenzung gegenüber dem größeren und zotteligen Crestbred. Auf der anderen Seite unterschied er sich durch seine untersetzte Figur gut vom Border.

Norwich, gelb schimmel, Männchen.

Heute ist der Norwich wieder einer der beliebtesten Kanarien in Großbritannien. Auch in Deutschland und vielen anderen Ländern hat er zahlreiche Anhänger gefunden. Mit seinem **zutraulichen, ruhigen Wesen** nimmt er auch für sich ein. Zwar sollte der Norwich in möglichst **geräumigen Bauern** und in kleineren **Zimmervolieren** untergebracht sein, damit er nicht seine Flügel zu gebrauchen vergisst, doch braucht er nicht große Gartenvolieren. In der Zucht kann der Norwich unzuverlässig sein. Meistens liegt das jedoch an den Züchtern selbst. Bei dieser Rasse, wie bei manchen anderen Positurrassen, wird den Vögeln oft keine Chance gegeben, sich in der Zucht zu bewähren, sondern die Eier vielmehr anderen Kanarienvögeln untergelegt. Werden

Crestbred Männchen schwarz gelb schimmel gescheckt und Crested Männchen schwarz gelb intensiv, zwei Jungvögel.

jedoch Norwich-Kanarien nicht nur nach ihrem **Erscheinungsbild** ausgewählt, sondern auch nach ihrer **Zuchtleistung**, dann kann man sich meistens auch auf sie verlassen. Sie sind sogar ausgesprochen eifrige Eltern, die ihre Jungen sehr gut aufziehen. Manche Züchter halten nur Norwich-Kanarien und haben damit sehr gute Erfolge.

Eine paarweise Unterbringung in einem Bauer von 80 bis 100 cm Länge ist für die **Zucht** am günstigsten. Die Voraussetzungen sind sonst die gleichen, wie im Kapitel „Zucht" beschrieben. Kommt es trotz beobachteter Paarungen bei einem Paar nur zu unbefruchteten Eiern, kann das am zu langen **Bauchgefieder** liegen. Dann ist es ratsam, beiden Partnern die zu langen und die Kloake überdeckenden Federn etwas kürzer zu schneiden. Bei Vögeln mit zu langem Bauchgefieder ist dieses meistens durch Kot verschmutzt. Beim Norwich treten Verschmutzungen und Kopulationsschwierigkeiten viel seltener auf als beim Crested.

Der Standard des heutigen Norwich und seine Bewertung ist auf Seite 120 dargestellt.

Die Farbe des Norwich war lange Zeit reines Gelb. Aufgehellt Gelbe als intensive A- und nichtintensive B-Vögel waren allein auf den Schauen zu finden. Je kräftiger die gelbe Farbe war, desto besser schnitt der Vogel auf den Schauen ab. Das führte vor mehr als 100 Jahren zur **Farbfütterung**, die in Großbritannien bis heute beibehalten wurde. Die Gelben wurden zu Orangefarbenen. Heute sind Norwichs auch in allen anderen Farben begehrt und zugelassen. Gescheckte, Grüne, Braune und Isabellen sind auf großen Schauen zu sehen, auch Weiße und Weißgrundige in der Schwarz-, Achat-, Braun- und Isabellreihe. In Großbritannien ist der **Braune Norwich** als „**Cinnamon**" eine selbstständige Rasse. Es gibt sogar einen eigenen Club für diesen Farben-Norwich, den „Cinnamon Canary Club", der es sich zur Aufgabe gemacht hat, ein reines Braun bei den Vögeln zu erreichen, die vom Typ echte Norwich-Kanarien sind. Für die Reinheit der Farbe haben sie 35 Punkte bei ihm angesetzt. Zur Zucht müssen hin und wieder Grüne verwendet werden. Es gelten die **geschlechtsgebundenen Vererbungs-**

**regeln**, wie sie bei den Farbenkanarien im Kapitel „Braunvögel“ gegeben wurden.

## Crested- und Crestbred-Kanarienvogel

Dieses ist eine Kanarienrasse mit großer, kreisrunder Haube. Wann der Crested entstanden ist, wird wohl nicht mehr zu erforschen sein. Nach britischen Autoren soll die Rasse schon 1750 existiert haben. Gegen Ende des 19. Jahrhunderts gab es den Crested am zahlreichsten. Spitzenvögel wurden hoch bezahlt. Um immer größere Vögel mit noch **größeren Hauben** zu erzielen, wurden ständig nicht intensive Vögel miteinander verpaart. Das gesamte **Gefieder** wurde dicht und weich, die einzelnen Federn hingen lang nach den Seiten herab, vor allem die des Rückens, der Flanken und des Bürzel- und Bauchgefieders. Hinzu kam mehr Körperlänge und Masse, sodass der Crested zu einem imposanten Vogel wurde. Diese Ent-

**Standard und Bewertung für den Crested und Crestbred-Kanarienvogel**

| Merkmal | Idealform | Punkte |
|---|---|---|
| Haube Crested | Die Haube des Crested soll möglichst groß sein und sich von einem Mittelpunkt nach allen Seiten gleichmäßig über den Kopf verteilen. Die Federn der Haube sind lang und breit und überdecken den Schnabel und die Augen. Von oben gesehen soll die Haube kreisrund und geschlossen sein. Für eine gleichmäßig lange, große und nicht unterbrochene Haube erhält der Crested bis zu 45 Punkte. | 45 |
| Kopf Crestbred | Beim Crestbred werden ebenfalls 45 Punkte vergeben, und zwar für einen großen, breiten und abgeflachten Kopf. Die Kopffedern sollen lang, breit und weich sein. Über den Augen zeigen sich breite „Augenbrauen“. | 45 |
| Schnabel | Ein kurzer, kegelförmiger Schnabel wird verlangt, der dem Typ dieser Rasse gerecht wird. Dafür gibt es bis zu 5 Punkte. | 5 |
| Nacken und Hals | Ohne eine Einbuchtung soll sich der kurze, kräftige Nacken und Hals zeigen. Es werden auch hierfür bis zu 5 Punkte vergeben. | 5 |
| Körper | Der Körper soll den Eindruck von Masse und Gewicht vermitteln. Er ist etwas gestreckter als der gedrungene des Norwich. Die Länge beträgt darum auch mindestens 16 cm. Die Flügel werden eng anliegend getragen, der Schwanz gut geschlossen. Er ist breiter und länger als der des Norwich. Darum kommt die Kerbe der Schwanzspitze auch deutlicher zur Geltung. Die Form bringt im Idealfall 10 Punkte ein. | 10 |
| Beine | Für kurze Beine und nicht aus dem Bauchgefieder ragende Schenkel kann der Vogel 5 Punkte bekommen. | 5 |
| Gefieder | Das Gefieder soll weich und seidig sein. Die Federn sind lang und breit. Die des Bauches und der Flanken sind nicht so glatt anliegend. Vom Rücken und vor allem vom Bürzel hängen lange Federn seitwärts herab. Es werden bis zu 10 Punkte für das Gefieder vergeben. | 10 |
| Haltung | Die Haltung des Crested beträgt 45° zur Sitzstange; manchmal ist sie auch etwas steiler. Ein Fehler wäre flaches Aufliegen des Vogels auf der Sitzstange. Gute Haltung bringt ihm 10 Punkte ein. | 10 |
| Gesamteindruck | Der Gesamteindruck beinhaltet Schönheit des Vogels, sein ruhiges, doch aufmerksames Verhalten, seine Kondition, Gesundheit und Sauberkeit. Auch die Sauberkeit des Schaukäfigs wird hierbei mitbewertet. Es sind hier 10 Punkte zu erringen. | 10 |

wicklung hielt weiterhin an, wenn durch die beiden Weltkriege die Zucht des Crested auch stark zurückging. Es waren aber nicht nur die äußeren Umstände, die der Crested-Zucht Abbruch taten, sondern auch zwei Dinge, die diese Rasse selbst betrafen. Zum einen waren es die **lumps**, Zysten in der Haut dieser Vögel, die durch die Federfülle und Weichheit der Federn entstanden. Einige Federn konnten nicht mehr durch die Haut brechen. Sie wuchsen zurück oder rollten sich im Hautgewebe auf. Einige Federn klumpten auch zusammen. Die **Zysten** konnten als gebliche Knoten harmlos sein und den Vogel kaum behindern, sie konnten aber auch **entzünden**, eitern und dadurch Krankheit und Tod herbeiführen. Durch die Zunahme an Körperfülle wurden die Crested auch recht **phlegmatische Vögel**. Die Anlage zur **Verfettung** wurde immer deutlicher.

### Zuviel des Guten

Die Vögel verloren allmählich ihre Zuchtfreudigkeit. Es wurden **Ammen** eingesetzt, was das Problem nur verschlimmerte, denn damit wurde den Crested die Chance genommen, sich in der Zucht zu bewähren. Hier trifft die britischen Züchter der Vorwurf, zur Erlangung immer imposanterer Schauvögel die **Vitalität** der Rasse **vernachlässigt** zu haben. Dort, wo diese Rasse erzüchtet wurde, ist sie auch heute noch im Abstieg begriffen und dem Aussterben nahe. Da haben Züchter auf dem Kontinent, nicht zuletzt auch deutsche, bessere Arbeit geleistet. Hier gibt es wieder gut brütende und ihre Jungen einwandfrei aufziehende Crested von sehr gutem Typ.

Als **Haubenvogel** muss der Crested mit einem Ungehäubten verpaart werden, soll vermieden werden, dass ca. 25% der Jungen vor oder kurz nach dem Schlupf sterben. Es liegt am **Letalfaktor**, der mit dem Haubenfaktor verbunden ist. Aus diesem Grunde also die Verpaarung eines Crested mit einem Crestbred (Crested = **Haubenvogel**, Crestbred = aus Haubenvogel gezüchteter **Glattkopfvogel**), wie der ungehäubte dieser Rasse genannt wird. Dieser Vogel hat ein ebenso langes, weiches Gefieder wie der Crested, auch auf dem Kopf. Zur Haubenbildung kommt es bei ihm nur nicht, weil ihm der Hautwirbel in Scheitelmitte nicht gewachsen ist.

Der Crestbred gleicht in jeder Beziehung dem Crested, bis auf die Haube. Er ist ebenso kompakt und groß. Dass ein Norwich mit einem Crested verpaart werden müsse, stand in manchem älteren Kanarienbuch, nicht nur bei uns, sondern auch in England. Es sind dort wie hier auch lange Zeit beide Rassen vermischt worden, wenn auch nicht von allen Züchtern. So wundert es nicht, wenn sogar vom Haubennorwich gesprochen wurde. Zum Glück hat man in jüngster Zeit eine deutliche und scharfe Trennung beider Rassen im Standard erreicht. Schon bei der Größe fängt es an. Während der Norwich in seiner runden Form nicht über 16 cm messen soll, fängt die **Größe** für den Crested und Crestbred erst bei 16 cm an. Diese Rasse soll bei aller Wuchtigkeit etwas langgstreckter wirken. Beim Norwich darf das Gefieder zwar lang, seidig und weich sein, es darf aber nicht in der fransigen Federfülle ausarten, wie dies beim Crested gewünscht ist. Es gibt Ähnlichkeiten der beiden Rassen. Auch was die Zucht betrifft, weshalb hier auf die Ratschläge beim Norwich hingewiesen sein soll. Wegen der **Haube**, die bis über die Augen des Vogels fällt, ist seine **Sicht behindert**. Für die Aufzucht der Jungen ist es deshalb ratsam, die Haube so zu beschneiden, dass der Vogel gut sehen kann, damit er erfolgreich füttern kann.

Die Rassenbeschreibung, der Standard und die Bewertung sind in der Tabelle Seite 123 dargestellt.

## Lancashire Coppy

Eine zur Zeit recht seltene britische Positurkanarienrasse. Es sind Vögel von 19 bis 23 cm, die es in zwei „Ausführungen“ gibt. Die eine sind die Haubenvögel, die „Coppies“. Sie besitzen eine flache **Halbhaube**, die die Augen nicht überdeckt und sich gleichmäßig über die vordere Kopfhälfte verteilt. Der Kopf ist flacher als beim Norwich und Yorkshire. Beim ungehäubten Lancashire Coppy, dem **Plainhead**, ist der Kopf ebenfalls flach, was durch die Federn

**Standard und Bewertung für den Lancashire Coppy.**

| Merkmal | Idealform | Punkte |
|---|---|---|
| Kopf und Haube | Der Kopf und die Coppy werden mit bis zu 30 Punkten bewertet. Vom Mittelpunkt des breiten, etwas flachen Kopfes soll sich die Haube (Coppy) nach den Seiten und nach vorn gleichmäßig und voll über die Schnabelwurzel und bis vor die Augen legen. Nach hinten soll sich keine Haube zeigen, sondern der Übergang zum Nacken glatt und stufenlos sein. Die Coppy soll möglichst gänzlich aufgehellt sein. Häufig zeigt sie jedoch eine mehr oder weniger starke Sprenkelung in Melaninfarbe. | 30 |
| Kopf Plainhead | Beim Plainhead wird ein breiter, abgeflachter Kopf verlangt. Es sollen möglichst dichte, hervortretende Augenbrauen vorhanden sein. Ein solcher Kopf ist für die Herauszüchtung guter Coppies notwendig und wird darum ebenfalls mit 30 Punkten bewertet. | 30 |
| Hals | Der Hals soll zwar untersetzt sein, gegenüber dem Körper aber eine deutliche Einbuchtung aufweisen. Es werden bis zu 10 Punkte für den Hals gegeben. | 10 |
| Rücken | Die Rückenlinie soll schön abgerundet und möglichst lang sein. Auch an Breite darf es nicht fehlen. Hierfür sind ebenfalls bis zu 10 Punkte zu erringen. | 10 |
| Körper | Für die allgemeine Beurteilung des Körpers und der Größe werden 25 Punkte vorgesehen. Dabei geht es um breite Schultern, eine gut gerundete Brust, anliegende, lange Flügel, einen langen, geraden und gut geschlossenen Schwanz, der leicht nach unten abgewinkelt getragen wird. Insgesamt soll der Körper zwar kräftig, aber nicht plump wirken. Die Größe sollte 22 cm betragen, wird aber bei den heutigen Vögeln noch nicht erreicht. | 25 |
| Haltung | Die Haltung soll aufrecht sein, jedoch nicht so steil wie die des Yorkshire. Die Beine sind lang und gerade, die Schenkel schauen etwa zur Hälfte aus dem Bauchgefieder heraus. Die Haltung wird mit bis zu 15 Punkten bewertet. | 15 |
| Gesamteindruck | Bei der Beurteilung des Gesamteindruckes wird Wert darauf gelegt, dass der Vogel lebhaft und in guter Kondition ist. Ein feines, dichtes und glattes Gefieder ohne Verschmutzung oder fehlenden bzw. abgebrochenen Federn werden verlangt. Alle Farben sind zugelassen, doch sind die aufgehellten Vögel noch immer am begehrtesten. Der Gesamteindruck kann bis zu 10 Punkte einbringen. | 10 |

noch betont wird, die über den Augen seitwärts abstehen. Der Schnabel des Lancashire Coppy ist kräftig, aber kurz. Dem etwas untersetzten Nacken schließt sich eine lange, schön gerundete Rückenlinie an. Ebenso soll die Brust gut gerundet, der ganze Körper kräftig, aber nicht plump sein. Flügel und Schwanz sind lang und werden gerade und gut geschlossen getragen. Ebenso sind die Beine lang und gerade; die Schenkel dürfen ein wenig aus dem Bauchgefieder herausragen.

Wie schon der Name dieser **größten britischen Kanarienrasse** aussagt, stammt sie aus der Grafschaft Lancashire und wurde in der Stadt Manchester sehr intensiv gezüchtet, weshalb sie oft auch Manchester Coppy genannt wird. Wann diese große Kanarienrasse entstanden ist, ist nicht überliefert, doch war sie schon vor weit mehr als 200 Jahren bekannt. Es wird angenommen, dass sie aus den alten Holländischen Kanarien herausgezüchtet wurde, wobei allerdings die Haube entwickelt werden musste. Bald wurden mit Hilfe des Lancashire Coppy andere große Rassen erzüchtet, von denen der prominenteste heute der Yorkshire ist. Durch die Entwicklung anderer Rassen mit ihrer Hilfe und als begehrte Mischlingspartner wurde dem Bestand der Lancashires geschadet. Auch waren sie keine zuverlässigen Zuchtvögel; und schließlich ging ihr Bestand durch **lumps** zurück, den Zysten, die sich durch zu weiche Federkiele in der Haut bildeten. Dieses hat zum Aussterben der Rasse zu Anfang des vorigen Jahrhunderts geführt. Sie wurde seit etwa 1950 erneut erzüchtet, inzwischen mit recht gutem Erfolg. Außer in Großbritannien ist der Lancashire Coppy noch so gut wie unbekannt.

Fast alle Lancashire Coppies sind **reingelbe**, selten auch **reinweiße Vögel**. Wenige der Haubenvögel haben etwas dunkle Pigmentierung in der Haube. Sonst sind bei dieser Rasse auch die Hauben einfarbig und hell. Einfarbige Melaninvögel in Braun, Grün, Silber, Isabell, sowie Schecken und Vögel mit Rotfaktor gibt es noch nicht unter den Lancashire Coppies. Sie könnten natürlich erzielt werden, doch ob das bei dem jetzigen geringen Bestand an guten Rassevögeln überhaupt erwünscht ist, bleibt zu bezweifeln.

Sein Standard und seine Bewertung sind auf Seite 125 dargestellt, denn in den vergangenen Jahren konnte der Lancashire auch bei deutschen Züchtern Eingang finden und auf Schauen zu sehen sein.

**Standard und Bewertung für den Rheinländer.**

| Merkmal | Idealform | Punkte |
|---|---|---|
| Kopf und Haube | Eine dichte, hufeisenförmige Haube soll symmetrisch vom Mittelpunkt des Kopfes ausgehen. Hinter den Augen läuft sie glatt aus, ohne im Nacken einen Haubenansatz zu zeigen. Die stets nur aufgehellte Haube soll in gerader Linie oberhalb der Augen verlaufen. Beim haubenlosen Vogel soll der „Glattkopf" breit und abgeflacht, mit erkennbaren Augenwülsten, sein. Bis zu 20 Punkte sind für den Kopf bzw. Kopf mit Haube zu vergeben. | 20 |
| Körper | Der Körper des Vogels soll sich bei leicht gerundetem Rücken und Brust schlank und zierlich zeigen. Dafür sind ebenfalls 20 Punkte vorgesehen. | 20 |
| Haltung | Die aufrechte und leicht gebogene Haltung während der Bewertung bringt dem Vogel weitere 20 Punkte ein. | 20 |
| Größe | Bleibt seine Größe unter 12 cm, erhält der Vogel bis zu 15 Punkte. | 15 |
| Gefieder | Natürlich gehört es sich für einen Ausstellungsvogel, dass er sein Gefieder lückenlos und glatt anliegend trägt. Dafür erhält er 10 Punkte. | 10 |
| Beine und Füße | Zierliche und fein gegliederte Beine und Füße, die mit den übrigen Körperproportionen in Einklang stehen, sowie leicht sichtbare Schenkel verhelfen dem Vogel zu weiteren 5 Punkten. | 5 |
| Schwanz | Ebenso sind 5 Punkte für einen schmalen, gering eingekerbten Schwanz vorgesehen. | 5 |
| Gesamteindruck | Für den Gesamteindruck des Vogels werden 5 Punkte vergeben. Dabei spielen die Sauberkeit, auch die des Käfigs, eine Rolle. | 5 |

## Rheinländer

Der damals in Düsseldorf lebende Züchter Horst Noffke hatte 1979 in Belgien sehr schlanke, aufgehellte Gloster-Positurkanarien gesehen. Sie wirkten in ihrer Form und natürlich mit kleiner Haube auf ihn wie Mini-Lancashires. Eine solche Rasse zu erzüchten, wurde sein Traum. Schon 1980 begann er damit und kreuzte schlanke Gloster mit Japan Hosos. Das Resultat, das nach jahrelanger Selektion nun wirklich einem Mini-Lancashire ähnlich sah, nannte er Eurasier. Der asiatische Japan Hoso und der europäische Gloster ließen ihn auf diesen Namen kommen.
Der Technischen Kommission AZ-DKB gefiel der zierliche Vogel auch, allerdings nicht der Name. Aus diesem solle die Herkunft dieser **neuen Positurkanarienrasse** hervorgehen. Als Düsseldorfer kam Noffke zusammen mit seinen damaligen Vereinskollegen auf den Namen „Rheinländer", der dann auch der Standard-Kommission zusagte. So hat diese Rasse in Deutschland seit 1989 offizielle Anerkennung und einen Standard. Noffkes Beitrag im Kanarienfreund 11/93 gibt detaillierte Auskunft über den Rheinländer und seine Entstehung. Für die Bewertung werden die

Punkte berücksichtigt wie in der Tabelle links beschrieben. Zugelassen sind nur aufgehellte Kanarien. Der Ringdurchmesser beträgt 2,5 mm.

## Gloster Fancy

Der Gloster Fancy ist nicht nur in seiner britischen Heimat eine der beliebtesten Positurkanarienrassen, sondern auch in vielen anderen Ländern und nicht zuletzt in Deutschland. Er ist ein **kleiner**, rundlicher und **kompakter** Vogel, **lebhaft** und **dreist**. Den Gloster gibt es in zwei Formen: Die eine ist der **Corona**, der Vogel mit einer kreisrunden, vollständigen **Haube** auf dem Kopf. Sein Partner ist der **Consort**, dem die Haube fehlt.

Erst in den zwanziger Jahren des 20. Jahrhunderts wurde der Gloster Fancy gezüchtet und zwar in Glocestershire in England. An der Entstehung dieser Rasse sind Crested Canaries, Norwich, Border Fancies und Harzer Roller, vor allem gehäubte, beteiligt gewesen. Die Herauszüchtung, die Anerkennung der Gloster als eigene Rasse und ihre schnelle Verbreitung ist zu einem großen Teil das Verdienst Mrs. A. Hogersons. Sie sorgte dafür, dass so viele Züchter wie möglich Tiere dieser neuen **Zwergrasse** erhielten.

Das Erstaunliche dabei ist, dass eine Rasse, die auf Kleinheit und Zierlichkeit gezüchtet wurde und 12 cm Gesamtlänge nicht überschreiten sollte, so schnell so beliebt wurde. Das Zuchtziel der anderen Rassen lief ja auf das Gegenteil hinaus, nämlich besondere Größe zu erreichen.

Gloster Corona, schwarz rot schimmel gescheckt, Männchen.

In der **Bewertung** und Beschreibung sieht der Gloster Fancy aus wie in Tabelle unten beschrieben. **Fehler** sind unvollständige Haube, kahler Fleck im Nacken, fehlende „Augenbrauen“, zu groß, zu schlank, zu großer Schnabel, zu lange Beine und Füße, zu langer Schwanz, loses Gefieder, schlechte Haltung.

Der Gloster Fancy zeigt sich in **allen Kanarienfarben**, mit Ausnahme der rotfaktorigen. Es sind vor allem Gelbe, Grüne, Braune und Weiße auf den Schauen zu sehen, ferner hübsche **Schecken**. Symmetrische Schecken und helle Vögel mit dunkler Haube sowie dunkle Vögel mit heller Haube sind von besonders großer Schönheit. Damit die üppige Gefiederstruktur dieser Rasse erhalten bleibt, und sowohl zu dünnfiedrige wie zu zottige Vögel vermieden werden, gilt auch hier, jeweils einen

**Standard und Bewertung für den Gloster Fancy.**

| Merkmal | Idealform | Punkte |
|---|---|---|
| Kopf und Haube | Die Corona soll kreisrund und gleichmäßig ausgebildet sein und in gerader Linie vom Schnabel bis zum Hinterkopf reichen, wobei der Schnabel und die Augen klar sichtbar sein müssen. Die Wangen sollen voll sein. An deren Übergang zu den Halsseiten dürfen sich keine Einbuchtungen zeigen. Der Schnabel ist kurz und kegelförmig. Im Idealfall bekommt der Vogel für die Haube und den Kopf 15 Punkte. | 15 |
| Kopf des Consort | Der Consort, dem ja die Haube fehlt, soll einen breiten, flachen Oberkopf haben, sonst wie Corona, mit 15 Punkten im Idealfall. | 15 |
| Kopf des Corona | Beim Corona wird ein möglichst kleiner Mittelpunkt der Haube gewünscht, der mitten auf dem Oberkopf sitzen soll. Bis zu 5 Punkte gibt es hierfür. | 5 |
| Augenbrauen beim Consort | Beim Consort sollen die „Augenbrauen“ gut ausgebildet sein, das sind die Federn über den Augen. Sie sollen so breit sein, dass die Augen nicht zu sehen sind, wenn der Vogel von oben betrachtet wird. Macht im Bestfalle auch 5 Punkte. | 5 |
| Körper | Der Körper des Gloster Fancy soll gut gerundet und gedrungen sein. Die Flügel werden fest anliegend getragen. Mit Idealfigur erhält er dafür 15 Punkte. | 15 |
| Schwanz | Der Schwanz soll kurz, schmal und eng geschlossen getragen werden. Die Schwanzspitze sollte nur schwach eingekerbt sein. Er wird mit dem Rücken in einer Linie verlaufend getragen. Dafür gibt es höchstens 5 Punkte. | 5 |
| Gefieder | Das Gefieder ist dicht, fein und wird anliegend getragen. Ein etwas volleres Gefieder als bei anderen Kanarien bringt bis zu 15 Punkte ein. | 15 |
| Haltung | Die Haltung ist die eines selbstbewußten, kecken Vogels. Der Körper sollte zur Horizontalen in einem Winkel von 45° getragen werden. Es gibt 10 Punkte für eine einwandfreie Haltung. | 10 |
| Beine und Füße | Die Beine und Füße sollen kurz und zierlich sein, die Schenkel im Bauchgefieder versteckt bleiben. Die Schuppen auf Beinen und Zehen sollen fein sein. Dann gibt es 5 Punkte dafür. | 5 |
| Größe | Die Größe ist nach oben mit 12 cm festgesetzt. Als Zwergrasse werden beim Gloster Fancy kleinere Vögel vorgezogen. Mit ca. 11 bis 11,4 cm erhalten sie 15 Punkte dafür. | 15 |
| Gesamteindruck | Der Gesamteindruck des Vogels, sein Temperament, seine Kondition werden hier bewertet. Auch auf Sauberkeit, Gepflegtheit und Gesundheit wird geachtet. Stimmt alles mit dem Ideal überein, gibt es 10 Punkte hierfür. | 10 |

intensiven **A-Vogel** mit einem nichtintensiven **B-Vogel** zu verpaaren.

Es gibt beim Gloster Fancy zwei Paarungsmöglichkeiten, die wir vermeiden sollten. Die eine ist, nie zwei **Dominantweiße** miteinander zu verpaaren. Dabei wäre ein Viertel der Jungen nicht lebensfähig und würde im Ei oder nach dem Schlupf sterben. Das Gleiche gilt bei der Verpaarung von zwei **Haubenvögeln**. Darum sollte ein Corona stets mit einem Consort zusammengebracht werden.

Gloster Fancies sind sehr **fruchtbare** und **brutwillige** Vögel. Sie ziehen ihre Jungen einwandfrei auf, was auch ein Grund für ihre Beliebtheit und ihre verhältnismäßig niedrigen Preise ist. Die paarweise Zuchtmethode in nicht zu kleinen Bauern ist für den Gloster Fancy die beste.

## Deutscher Haubenkanarienvogel

Den Haubenkanarienvogel deutschen Ursprungs gibt es schon seit etwa 1670. Er trat hier und da in Stämmen der Gesangkanarien auf, war aber nie sehr beliebt, und wurde daher auch nie intensiv und in größerer Zahl gezüchtet. Seine **Haube** entsprang zwar auch schon einem Hautwirbel auf dem Kopfmittelpunkt, war aber nicht sehr lang und stand zumeist recht **wirr** auf dem schmalen Kopf dieser Vögel. Durchweg zeigten die Vögel eine **kahle Stelle** hinter der Haube, was ihr Aussehen und ihre Beliebtheit auch nicht gerade förderte. So blieb der Haubenkanarienvogel in Deutschland in seinem Dornröschenschlaf, während in Großbritannien gleich drei Rassen florierten: Der Lancashire Coppy, der Crested und später noch der Gloster Fancy.

Der deutsche Haubenvogel erlangte erst mit den Farbenkanarien zusammen zwischen den beiden Weltkriegen und vor allem nach 1960 größere Popularität. Im Jahre 1962 wurde ein **Standard** für den Deutschen Haubenkanarienvogel aufgestellt und von der COM anerkannt. Die Hauben waren beträchtlich verbessert worden. Die einen taten es, indem sie Gloster, Crested oder Border einkreuzten, um die Hauben oder die längeren Federn dieser Rassen zu übertragen. Die Hauben wurden dadurch natürlich größer und voller, doch war für zwei bis drei Generationen vom **Typ** des Deutschen Haubenkanarienvogels einiges verlorengegangen. Er sollte ja ein schlanker, dem Farbenkanari gleichender Vogel mit Haube sein.

Deutsche Haube, rot schimmel, Männchen.

Andere Züchter haben Haubenvögel mit Glattkopfvögeln verpaart, deren einer Elternteil ebenfalls ein Haubenvogel ist. Diese **Paarungsmethode** hat sich bewährt, denn ein Glattköpfiger, der einen guten Haubenvogel als Vater oder Mutter hat, besitzt einen breiteren Kopf, als ein Vogel ohne Haubenvorfahren. Wenn nun Glattkopf aus Haube × Haube, und zwar beides nicht intensive B-Vögel, miteinander verpaart werden, gibt es ein längeres, volleres Gefieder, vor allem eine bessere Haube. Natürlich dürfen nicht ständig B-Vögel miteinander verpaart werden. Das ist auch nicht mehr nötig, wenn gute Haubenvögel erst den **Zuchtstamm** bilden. Es gehören dann auch hervorragende A-Vögel mit breitem Kopf und kräftigen Farben dazu, Haubenvögel, als auch aus Haubenvögeln gezüchtete Glattköpfe. Natürlich sollen sol-

**Standard und Bewertung für den Deutschen Haubenkanarienvogel.**

| Merkmal | Idealform | Punkte |
|---|---|---|
| Kopf und Haube | Die Haube verläuft von einem Wirbel in der Kopfmitte aus nach allen Seiten möglichst gleichmäßig. Die Federn der Haube reichen bis zur Schnabelwurzel, lassen die Augen frei, bedecken aber die Kahlstelle im Nacken. Diese ist allen Deutsch-Haube-Vögeln eigen, und nicht nur diesen, sondern auch den Haubenvögeln der anderen Kanarienrassen. Am Hinterkopf können bei Deutsch-Haube-Vögeln die Federn etwas abstehen. Das ist für diese Rasse kein Fehler, solange die Haube keinen struppigen Eindruck macht oder sich dadurch lückenhaft zeigt. Für eine erstklassige Haube gibt es 20 Punkte. | 20 |
| Gestalt | Von der Gestalt her ist der Deutsche Haubenkanarienvogel mit Farbenkanarienvögeln übereinstimmend. Der Kopf soll schön gerundet und weder zu klein noch zu flach oder zu groß sein. Der Hals ist kräftig, im Nacken leicht eingebuchtet. Der Körper ist von anmutiger Figur, weder zu schwer und plump, noch zu leicht und schlank. Alle Linien verlaufen harmonisch zueinander. Die Rückenlinie verläuft gerade und setzt sich in der des Schwanzes fort. Gekrümmter Rücken und Hohlrücken sind fehlerhaft. Die Brust darf ebenfalls nicht vorstehen oder zu flach verlaufen. Die Flügel werden eng anliegend und gut geschlossen getragen. Auch der Schwanz, von harmonischer Mittellänge, wird eng geschlossen und gerade zur Rückenlinie verlaufend gehalten. Er hat an der Spitze eine leichte Kerbe. Die Beine sind mittellang und die Zehen und Krallen weder zu grob noch zu klein. Für eine Idealfigur gibt es 15 Punkte. | 15 |
| Farbe | Die Farbe ist beim Deutschen Haubenkanarienvogel ebenso wichtig wie die Haube und wird darum mit bis zu 20 Punkten bewertet. Die Grundfarbe, weiß und gelb bis rot muss rein und so gleichmäßig wie möglich sein. Melaninzeichnungen sind bei Aufgehellten Fehler. Nur die Haube darf dunkel, gesprenkelt oder hell sein. Bei Melaninvögeln sind die Farben und Zeichnungen notwendig, wie sie für die einzelnen Farbschläge vorgeschrieben sind (s. Farbenkanarien). Auch symmetrische Schecken sind als Haubenvögel zugelassen. | 20 |
| Gefieder | Das Gefieder soll seidig und glatt sein. Es muss anliegend getragen werden und darf keine Lücken aufweisen. Flügel- und Schwanzfedern dürfen nicht abgebrochen oder am Nachwachsen sein, und natürlich sollen keine fehlen. Das Gefieder in Bestzustand bringt 15 Punkte ein. | 15 |
| Größe | Die Größe des Deutschen Haubenkanarienvogels beträgt 13,5 bis 14,5 cm. Neben der Größe wird in dieser Rubrik auch die Harmonie des Körpers beurteilt. Es sind bis zu 10 Punkte zu gewinnen. | 10 |
| Haltung | Die Haltung ist halbaufrecht und beträgt ca. 45° zur Sitzstange. Der Vogel soll nicht scheu und unruhig im Schaukäfig umherflattern, sondern sich aufmerksam und lebhaft zeigen, wobei er vor dem Betrachter von Stange zu Stange hüpft. Gute Haltung und ein vertrautes Benehmen bringen bis zu 10 Punkte ein. | 10 |
| Gesamteindruck | Der Gesamteindruck, den der Vogel hinterlässt, ist für weitere 10 Punkte zuständig. Hier kommt es sowohl auf die Kondition, als auch auf die Sauberkeit des Vogels und des Schaukäfigs an. Hat er in allen anderen Positionen mit Auszeichnung bestanden, dann wird er in deren Gesamtheit hier auch noch bewertet. | 10 |

**Tabelle 33: Vererbung von Haubenvögeln.**

| | | |
|---|---|---|
| 1. Haubenvogel × Glattkopf | = | 50% Haubenvögel (Einfachfaktor)<br>50% Glattköpfe |
| 2. Haubenvogel × Haubenvogel | = | 25% Glattköpfe<br>50% Haubenvögel (Einfachfaktor)<br>25% Haubenvögel (Doppelfaktor) |

che Vögel nicht so regelmäßig in die Zucht genommen werden, wie etwa bei den Farbenkanarien, sondern gezielt im richtigen Verhältnis und mit dem richtigen Partner eingesetzt werden.

Die **Zucht** der Deutsch-Hauben bereitet keine Schwierigkeiten, denn die Vögel sind sehr **vital**, **lebhaft** und **zuverlässig**. Sie sind beinahe mehr Farbenkanarien als Positurkanarien und auch so zu behandeln. Es kann nur die paarweise Haltung für die Zucht empfohlen werden. Bei dieser Zuchtmethode müssten die Jungen kräftig und die Eltern nicht überfordert werden. Zwei Haubenvögel sollten nicht miteinander verpaart werden, da der **Haubenfaktor** in doppelter Menge **letal** wirkt. Das bedeutet, dass etwa 25% der Jungen, die den Doppelfaktor erben, nicht lebensfähig sind, sondern schon im Ei oder bald nach dem Schlupf sterben. Der Haubtenfaktor vererbt unabhängig vom Geschlecht und dominant. Die Regeln dafür sind in Tabelle 33 dargestellt.

Die letzten 25% Haubenvögel sind nicht lebensfähig. Die elterlichen Haubenvögel besitzen natürlich nur den Einfachfaktor.

Die Rassenbeschreibung und die Bewertungsnoten für den Deutschen Haubenkanarienvogel gehen aus der Tabelle Seite 129 hervor.

## Yorkshire-Kanarienvogel

Dieses ist eine ganz besonders **elegante** und **große Rasse** unter den Gestaltskanarien. Sie wurde um 1870 in Yorkshire erzüchtet, und zwar aus den Rassen Lancashire Coppy, Bossu Belge und Norwich. Das Zuchtziel soll damals ein kleinerer und schlankerer Vogel gewesen sein, als es der mit 18 bis 20 cm Länge riesenhafte Lancashire war. Um die Wende vom 19. zum 20. Jahrhundert galt der ideale Yorkshire als ein Vogel, der „durch einen Ehering“ passen würde. Er hatte damals nicht die breiten Schultern und auch nicht die **aufrechte Haltung**, die den heutigen idealen Yorkshire kennzeichnen. Bald nach der Jahrhundertwende wandte sich das Interesse jedoch wieder größeren Vögeln zu, und so wurde der Yorkshire allmählich zu dem Gestaltsvogel heutiger Größe. Er ist mit 17 bis 19 cm Länge nicht nur der größte der britischen Gestaltsvögel, sondern in seiner aufrechten Haltung und mit seiner **kräftigen** und zugleich **schlanken Stromlinienform** ein ungemein schöner Anblick. Nicht zu unrecht wird der Yorkshire als der „Aristokrat“ und „Gardist“ unter den Gestaltskanarien bezeichnet.

Die Beschreibung des Yorkshire-Kanarienvogels und seine Idealnoten für die einzelnen Bewertungsgebiete finden sich in der Tabelle auf Seite 132.

Häufige **Fehler** sind kleiner, platter Kopf, zu großer Schnabel und zu dünner und langer Hals. Zu stark ausgebildete und tiefe

Yorkshire, gelb schimmel, Männchen.

**Standard und Bewertung für den Yorkshire-Kanarienvogel.**

| Merkmal | Idealform | Punkte |
|---|---|---|
| Kopf | Der Kopf ist schön gerundet, auch der Hinterkopf gut ausgeprägt. Die Augen sollen möglichst genau in der Mitte der Kopfseite placiert sein. Der Schnabel ist zierlich und fein zugespitzt. Der Übergang vom Kopf zum Rücken und zu den Schultern verläuft gleichmäßig und ohne Einbuchtung, ebenso die Linie vom Kinn zur Brust. Die Idealnote beträgt hierfür nach dem COM-Standard 10 Punkte, nach dem neuen (1962) Standard des britischen „Yorkshire Canary Club" und dem neueren (1976) deutschen Einheitsstandard 20 Punkte. | 20 |
| Körper | Die Körperform ist schlank, doch kräftig. Die Schultern sind breit, doch schön gerundet. Von ihnen verläuft der Körper stromlinienförmig zum Schwanz hin. Hierfür werden im Höchstfalle 10 Punkte vergeben. | 10 |
| Größe | Die Größe ist mit 17 bis 18 cm ideal, was ebenfalls 10 Punkte erbringt. | 10 |
| Haltung | Die Haltung ist sehr aufrecht. Die kräftigen und langen Beine sind fast durchgedrückt. Die Oberseite bildet vom Kopf bis zur Schwanzspitze eine gerade Linie. Der Vogel soll einen lebhaften, kraftvollen und selbstsicheren Eindruck machen und einen kecken Blick haben. Ideale Haltung 25 Punkte. | 25 |
| Gefieder | Das Gefieder ist von seidiger Struktur, kurz, doch dicht, und liegt fest an. Die langen Flügel und der lange Schwanz werden gut geschlossen getragen. Die Flügelspitzen berühren sich über dem Schwanz. Für ein tadelloses Gefieder sind 25 Punkte vorgesehen. | 25 |
| Farbe | Die Farbe wird in der Rubrik Gesamteindruck bewertet. Es kommt dabei auf die Reinheit und Gleichmäßigkeit der Fettfarbe an. Alle Farben und Schecken sind zugelassen. Der Gesamteindruck bezieht sich auf die Kondition, die Vollständigkeit des Gefieders und die allgemeine Sauberkeit. Macht der Vogel einen gepflegten, einwandfreien Eindruck, bekommt er dafür 10 Punkte zugesprochen. | 10 |

Brust sind ebenso fehlerhaft wie eine krumme Rückenlinie, zu lange oder zu kurze Flügel, Schwanzfedern und Beine, gekräuselte Federn und zu stark ausgebildete „Augenbrauen" nicht erwünscht.

Die **Farbe** spielt beim Yorkshire-Kanarienvogel eine untergeordnete Rolle. Am häufigsten sind aufgehellt gelbe und weiße Vögel und solche mit leichten Zeichnungen. Diese sollen möglichst klein sein und sich über den Augen und auf dem Rücken oder den Flügeln zeigen. Auch Vögel mit ausgedehnten dunklen **Scheckenpartien** sind immer häufiger zu sehen. Grüne und Braune sind ebenfalls nicht selten. Die **Grünen** sind am besten von kräftiger, reiner Farbe und haben Rückenzeichnung, Schwingen und Schwanz fast schwarz. Die **Braunen** besitzen ein besonders **seidiges**, dichtes und fest anliegendes **Gefieder**. Sie werden häufig in die anderen Farben beim Yorkshire eingekreuzt, um die **Federqualität** des Zuchtstammes zu verbessern. Schließlich seien noch die **Blauen** und die **blauen Schecken** erwähnt. Sie sind zwar selten zu sehen, sind aber sehr aparate Vögel und gar nicht so schwer zu züchten. Die **weißen** Yorkshire-Kanarien sind nämlich von dominanter Vererbungsweise. Wird ein Dominantweißer mit einem Grünen oder einem grünen Schecken verpaart, so fallen meistens schon weiß gezeichnete Vögel. Werden von diesen solche mit möglichst starker Zeichnung wieder mit Grünen verpaart, sind unter den Jungen schon Blaue und blaue Schecken. Um ein schönes Blau zu erzielen, möglichst leuchtend grüne Vögel zu ihrer Erzüchtung einzusetzen. Den **Rotfaktor** in die Yorkshires einzukreuzen, sollte an sich keine Mühe bereiten, doch sind die **rotfaktorigen** Vögel viel **kleiner** und von **anderer Haltung** und jahrelange Auswahlzuchten nötig, um rotfaktorige Yorkshire von der notwendigen Größe und Haltung zu erlangen.

Yorkshire-Kanarien sind sehr **zuverlässige Zuchtvögel**. Sie zeigen eine gute Fruchtbarkeit und ziehen die Jungen zuverlässig auf. Mit Rücksicht auf ihre Größe sollten die Zuchtbauer geräumiger und die Nistkörbchen größer sein. Bei paarweiser Haltung beteiligt sich der Hahn meistens sehr eifrig an der Aufzucht der Jungen. Da so das Weibchen nicht so stark gefordert wird, kann das Paar zwei bis drei Bruten in einer Saison machen. Meistens wird aber ein Hahn für zwei bis drei Hennen vorgesehen. Dann sollten einjährigen Hennen nicht mehr als eine, älteren Hennen auch nur zwei Bruten erlaubt werden.

Zwar ist dem Yorkshire-Kanarienvogel seine **aufrechte Haltung** zum größten Teil durch Zuchtauswahl angeboren, doch kann diese durch ein **Training** der Jungvögel noch verbessert und weiter gefestigt werden. Das Strecken der langen Beine und das Hochrecken des gesamten Körpers kann erreicht werden, indem den Vögeln das Grünfutter auf ihre Bauer gelegt wird und die Sitzstangen in entsprechender Höhe befestigt werden.

## Berner Gestaltskanarienvogel

Er hat fast die **Figur** des Yorkshire-Kanarienvogels, und fast auch dessen Größe. Nur ist der Berner etwas **schlanker** und besitzt einen deutlich schlanken Hals. Es zeigen sich also an Hals und Nacken Einbuchtungen, die der Yorkshire nie haben darf. Auch besitzt der Kopf des Berner nicht die hohe Rundung, wie sie beim Yorkshire so typisch ist, sondern er ist etwas flach und eckig. Auch trägt der Berner seine Flügel am Bug nicht so fest anliegend.

Wie der Name sagt, ist sie in Bern in der **Schweiz** erzüchtet worden, und zwar aus Harzer Gesangskanarien. Vor rund 90 Jahren wurde mit ihrer Zucht begonnen. Auf Schauen kommt der Berner nur selten, außer in seinem Heimatland. In Bern gibt es einen Verein, dessen Mitglieder sich fast

**Standard und Bewertung für den Berner Gestaltskanarienvogel.**

| Merkmal | Idealform | Punkte |
|---|---|---|
| Haltung | Die Haltung ist aufrecht und forsch. Die Beine werden nicht ganz durchgedrückt, sondern ein wenig abgewinkelt gehalten. Dafür gibt es bis zu 20 Punkte. | 20 |
| Kopf | Der Kopf ist breit und eckig, die Stirn hoch, der Oberkopf abgeflacht. Der Hinterkopf ist stark ausgebildet. Dadurch wird eine deutliche Einbuchtung zum schlanken Hals erkennbar. Auch vom Kinn ist eine Einbuchtung zur Kehle zu sehen. Für die typische Kopf- und Halsform erhält der Berner bis zu 20 Punkte. | 20 |
| Körper | Der Körper des Berner Vogels verläuft von den deutlich hervorstehenden Schultern, vom abgerundeten Rücken und der kräftigen Brust in einem Kegel, dessen Spitze die Schwanzwurzel bildet. Brust, Rücken und Schultern zusammen können in der Bewertung bis zu 20 Punkte bekommen. | 20 |
| Flügel | Die Flügel sind verhältnismäßig lang. Sie werden gut geschlossen getragen. Die Spitzen liegen nebeneinander über den Oberschwanzdecken. Sie dürfen sich nicht kreuzen. Der Schwanz ist lang, gerade und schmal und wird mit dem Rücken in einer Linie getragen. Flügel und Schwanz ergeben zusammen bis zu 10 Punkte. | 10 |
| Beine | Die Beine sollen lang und kräftig sein, die Zehen und Krallen stark, doch nicht zu groß. Die Schenkel sind glatt befiedert und zur Hälfte sichtbar. Hier können 10 Punkte vergeben werden. | 10 |
| Gefieder | Das Gefieder liegt glatt an. Es ist dicht, doch nicht zu weich oder gar lockig. Aufgehellt gelbe Vögel sind das Zuchtziel. Kleine Melaninflecke werden toleriert, doch keine Schecken oder gar Melaninvögel. Für einwandfreies Gefieder und Farbe sind 10 Punkte angesetzt. | 10 |
| Gesamteindruck | Schließlich wird noch der Gesamteindruck bewertet, und zwar mit bis zu 10 Punkten. Dabei wird auf die Kondition, die Sauberkeit, auch die des Schaukäfigs, auf das Schautraining, also ein lebhaftes und vertrautes Benehmen und den Eindruck als Typvogel Wert gelegt. | 10 |

ausschließlich mit der Zucht, Verbesserung und Verbreitung ihrer Rasse befassen.

Für den Standard und die Bewertung des Berner Gestaltskanarienvogels siehe Tabelle Seite 133.

## Bossu Belge

Diese Rasse, auch **Belgischer Bultkanarienvogel** oder Belgischer Buckelkanarienvogel genannt, ist schon seit mehr als 200 Jahren bekannt. Sie soll aber noch viel älter sein. Durch die beiden Weltkriege war sie im Bestand sehr zurückgegangen und ihr Fortbestehen gefährdet. Jetzt ist diese Rasse in Belgien wieder häufig und sehr beliebt. Bei uns hat sie dagegen bisher nur wenige Liebhaber gefunden. Seinen Namen verdankt dieser Vogel der Tatsache, dass er einen Buckel macht, wenn er **arbeitet**, also **in Positur** geht. Viel **Training** ist notwendig, um auf Wunsch den Buckel gezeigt zu bekommen. Dabei stellt sich der Vogel ganz senkrecht, zieht die Schultern hoch und senkt bei ausgestrecktem Hals den kleinen Kopf schräg nach vorn. Natürlich muss der Vogel seit vielen Generationen in diese Richtung gezüchtet worden sein. Es ist eine **anatomische Veränderung** da, die auch bei herabgelassenen Schultern und erhobenem Kopf, also in Ruhestellung, den Buckel erkennen lässt.

Mit 15 bis 17 cm Gesamtlänge ist der Bossu Belge etwas kleiner als der Yorkshire-

**Standard und Bewertung für den Bossu Belge.**

| Merkmal | Idealform | Punkte |
|---|---|---|
| Figur | In seiner Form und Figur soll der Bossu Belge ein schlanker Vogel sein, bei dem Rücken und Schwanz eine senkrechte Linie bilden. Die Brust darf weder eingebuchtet noch zu stark gewölbt sein. Bei breiten, hochgezogenen Schultern soll sich zwischen ihnen eine Einbuchtung zeigen. Der Körper ist lang, ebenso sind es die Flügel, die sich an den Spitzen nicht kreuzen dürfen, aber fest anliegend getragen werden. Entspricht die Form dem Standardbild, gibt es dafür 25 Punkte. | 25 |
| Größe | Für richtige Größe sind 5 Punkte vorgesehen. | 5 |
| Kopf | Der Kopf sollte flach und etwas schlangenartig sein, der Schnabel klein und von hübsch konischer Form. Die Augen sollen groß, dunkel und lebhaft sein. Der Hals ist schlank und lang und wird in Positur etwas nach unten und vorgestreckt gehalten. In der Bewertung können Kopf und Hals bis zu 12 Punkte bekommen. | 12 |
| Haltung | Die Haltung des Vogels, besonders die der Schultern und der Rückenlinie sind von großer Wichtigkeit für die Positur, die der Bossu Belge einnehmen soll. Während des „Arbeitens", das In-Positur-Ziehen, bilden Rücken und Schwanz die senkrechte Linie, die Schultern werden hochgezogen, der Kopf vorgestreckt und die Beine durchgedrückt. Er soll dieses häufig und lange machen, wenn seine Aufmerksamkeit erregt wird. Der Preisrichter nimmt den Käfig dafür in die Hand oder stellt ihn in Augenhöhe hin und kratzt mit dem Fingernagel am Boden des Käfigs oder berüht mit einem Stab das Gitter. Für wunschgemäßes und richtiges Posieren und eine ideale Haltung erhält der Vogel 40 Punkte. | 40 |
| Schwanz | Als nächstes wird der Schwanz bewertet, und zwar mit 5 Punkten. Er soll lang sein und schön geschlossen getragen werden. | 5 |
| Beine | Die Beine sind ebenfalls lang, gerade und dünn, die Schenkel gut befiedert. Hierfür gibt es bis zu 5 Punkte. | 5 |
| Gesamteindruck | Schließlich wird der Gesamteindruck bewertet. Hat der Bossu Belge eine gute Kondition, ein sauberes und lückenloses Gefieder, kann er hierbei 8 Punkte erreichen. | 8 |

Links: Bossu Belge, gelb schimmel, Männchen.

Rechts: Scotch Fancy, gelb schimmel, Männchen.

Kanarienvogel. Er wird vor allem in **rein gelb** gezüchtet, und zwar als A- und B-Vogel. Der intensive A-Vogel trägt sein kürzeres Gefieder natürlich fester anliegend als der Schimmel-B-Vogel. Flanken- und Bauchgefieder wird meistens etwas abstehend getragen, was durch die **aufrechte Haltung** bedingt ist. Das Gefieder darf aber nicht gekräuselt sein. Es gibt auch **Schecken** und neuerdings zunehmend Vögel mit **weißer** oder **roter** Grundfarbe. Die Farbe spielt aber immer nur eine untergeordnete Rolle. Viel wichtiger ist die schlanke, aufrechte Gestalt, das zierliche Köpfchen am vor- und herabgestreckten Hals und das **Arbeiten**.

Wegen der Knappheit an Zuchtvögeln nach und zwischen den Weltkriegen musste sehr stark Inzucht getrieben werden. Dadurch waren Vögel dieser Rasse noch lange recht empfindlich und ihre Zucht nicht so ergiebig wie die einfacher Kanarienvögel. Doch heute sind wieder kräftige, schöne Bultkanarien zu sehen, vor allem in ihrer Heimat.

## Scotch Fancy

Der Name lässt es schon erkennen, dass dieser Vogel aus Schottland stammt. Glasgow war seine eigentliche Heimat, weshalb er früher auch **Glasgow Don** genannt wurde. Dort ist er schon vor etwa 170 Jahren als „Zirkel-Vogel“ beschrieben worden. Diesen Namen verdankt er seiner **Figur**, bei der die äußere Kontur einen Teil des Kreises bildet. Bis zum Anfang des 20. Jahrhunderts war der Scotch Fancy in Schottland und England ein sehr beliebter und häufig ausgestellter Vogel, ging in seinem Bestand dann aber so weit zurück, dass er dem Aus-

**Standard und Bewertung für den Scotch Fancy.**

| Merkmal | Idealform | Punkte |
|---|---|---|
| Positur | Wenn sich der Scotch Fancy in Positur stellt, zeigt er seine hübsch bogenförmige Kopf-Rücken-Schwanz-Linie sehr deutlich. Er streckt den Kopf vor, stellt sich aufrecht und hält die Beine ziemlich steil. Die Brust soll nicht vorstehen, sondern flach oder gar nach innen gewölbt sein. Der Scotch Fancy soll möglichst oft und lange in Positur gehen. Für eine gute Form und Figur erhält er bis zu 20 Punkte in der Bewertung. | 20 |
| Größe | Die Größe des Scotch Fancy liegt bei 17 bis 18 cm. Nach oben sind keine Grenzen gesetzt. Es werden 10 Punkte für die richtige Größe bewilligt. | 10 |
| Kopf und Nacken | Kopf und Nacken spielen bei dieser Rasse eine sehr wichtige Rolle. Der Kopf soll klein, flach und fein geschnitten sein, der Schnabel ebenfalls klein und wohlgeformt, harmonisch passen. Der Hals ist lang und schlank und wird etwas gebogen getragen. Gute Kopf- und Halsform bringen dem Vogel bis zu 10 Punkte ein. | 10 |
| Haltung | Für eine makellose, aufrechte Haltung, etwas hochgezogene Schultern und schön gebogene Rückenlinie erhält der Scotch Fancy 20 Punkte zugesprochen. | 20 |
| Verhalten | Ebenso wichtig wie die gute Figur ist, dass der Vogel sie auch zur Schau stellt. Er muss also in Positur gehen und „arbeiten", wenn er im Ausstellungskäfig vor dem Betrachter steht. Dies wird dem Vogel zu einem großen Teil antrainiert. Er ist dann lebhaft und aufmerksam, ohne scheu herumzuflattern. Einem gut trainierten, schön in Positur gehenden Vogel können bis zu 20 Punkte gegeben werden. | 20 |
| Beine | Die Beine lang, schlank und gerade, die Schenkel gut befiedert. Macht 5 Punkte. | 5 |
| Schwanz | Der Schwanz soll gut geschlossen getragen werden, lang, schmal und nach innen gebogen sein. Im Idealfall führt er die geschwungene Rückenlinie harmonisch fort. Dafür werden bis zu 5 Punkte gegeben. | 5 |
| Konditon und Schönheit | Kondition und Schönheit sind Grundvoraussetzungen für einen Vogel auf der Schau. Er soll kraftvoll wirken, trotz seiner elegant schlanken Figur. Lebhaftigkeit, ein aufmerksames, klares Auge gehören ebenso dazu, wie Gesundheit und Sauberkeit. Ferner sind Gefiederzustand und anliegender Sitz der glatten Federn von Wichtigkeit. Nur an Brust, Bauch und Flanken können die Federn etwas lockerer sitzen, dürfen aber nicht lockig sein. Bis zu 10 Punkte werden für Kondition und Schönheit vergeben. | 10 |

sterben nahe war. Erst in jüngster Zeit wurde die Rasse wieder vermehrt und fand nicht nur in Großbritannien, sondern auch in Deutschland und anderen Ländern des europäischen Festlandes ihre Liebhaber. Heute können Scotch Fancies auf allen größeren Schauen gesehen werden. Die Entstehung des Scotch Fancy ist nicht mehr bekannt. Eine gewisse Ähnlichkeit mit dem Belgischen Bult- oder Buckelkanari ist jedoch nicht abzustreiten. Da die belgische Rasse die ältere ist, kann angenommen werden, dass der Scotch Fancy mit seiner Hilfe entstanden ist. Auch sollen die holländischen Frisierten zur Verbesserung seiner Größe herangezogen worden sein. Die häufigste **Gefiederfarbe** beim Scotch Fancy ist reines **Gelb**. Auch Gelbe mit leichter grüner Zeichnung oder **Scheckung** sind nicht selten. Weiße, blaue, braune und isabellfarbene Scotch Fancies sind dagegen noch Seltenheiten und wenig typgerecht.

Die **Zucht** großer, schlanker, gut „arbeitender" Scotch Fancies ist nicht einfach. Nach dem Zweiten Weltkrieg, als ihr Bestand nur noch wenige Tiere betrug, musste stark Inzucht betrieben werden. Dies hat sich nachteilig auf die Rasse ausgewirkt, indem sie sich **wenig produktiv** und **unzuverlässig in der Zucht** zeigte. Ferner trug sie aus dieser Zeit eine Anfälligkeit gegenüber **Darmkrankheiten** davon. Dank einer harten Auslese durch die ernsthaften Züchter sind diese Nachteile und Schwächen heute weitgehend überwunden. Die Züchter, die zur größeren Beliebtheit und weiteren Verbreitung des Scotch Francy beitragen wollen, tun gut daran, keine Ammenzucht zu betreiben, sondern nur brutbiologisch intakte und dem Rasseziel voll entsprechende Elterntiere zu verwenden. Dies und das Vermeiden von zu starker Inzucht sind für die Fortentwicklung der Rasse unerlässlich.

Münchener, schwarz gelb intensiv, Männchen.

## Münchener Gestaltskanarienvogel

Von etwa 1870 bis zum Ausbruch des Ersten Weltkrieges im Jahre 1914 hatte der Münchener Holländer, ein **Frisierter**, seine Blütezeit. Er stammte vom französischen „Frisé de Roubaix“ ab, der wiederum ein Abkömm-

**Standard und Bewertung für den Münchener Gestaltskanarienvogel.**

| Merkmal | Idealform | Punkte |
|---|---|---|
| Haltung | Bei der Bewertung auf Schauen wird vor allem auf die aufrechte Haltung, das leichte Nachvornbeugen des Halses und Kopfes und auf die Größe Wert gelegt. Letztere sollte wenigstens 15 bis 16 cm betragen. Höchstspunktzahl 25. | 25 |
| Kopf | Der Kopf soll möglichst klein sein, der Hals lang und schlank. Hierfür können im Bestfall 20 Punkte vergeben werden. | 20 |
| Schultern und Brust | Schmale Schultern und eine schmale Brust gehören ebenso zum Rassenbild wie lange und anliegende Flügel. Diese Merkmale sind ebenso wichtig wie Körperhaltung, Kopf und Hals und werden darum ebenfalls mit bis zu 20 Punkten bewertet. | 20 |
| Schwanz | Der Schwanz soll lang und schmal sein und senkrecht gehalten werden. Sind hierbei keine Fehler, gibt es 5 Punkte. | 5 |
| Beine | Die Beine sollen lang und dünn sein. Sie werden nicht ganz durchgedrückt, sondern etwas gewinkelt gehalten. Bestnote: 10 Punkte. | 10 |
| Gefieder | Das Gefieder soll glatt sein. Es liegt teilweise locker an, vor allem an Brust und Bauch, darf aber keine Locken bilden. Alle Farben sind zulässig. Sie sollen möglichst feurig und wirkungsvoll sein. Das ergäbe ebenfalls bis zu 10 Punkte. | 10 |
| Verhalten | Kondition, Lebhaftigkeit, Sauberkeit und Gepflegtheit sind Voraussetzung für einen Schauvogel und sollten die hierfür angesetzten 10 Punkte bringen. | 10 |

Japan Hoso, schwarz gelb gescheckt, Männchen.

ling des „Pariser Trompeters“ und des Bossu Belge war. Im Jahre 1917 wurde in München der „Verband der Deutschen Figuren- und Farbenkanarienzüchter“ gegründet. An die Stelle des Münchener Holländers rückte der Münchener Gestaltskanarienvogel, **glattfiedrig** und in der Gestalt zwischen dem Frisé de Roubaix und dem Scotch Fancy stehend. Seine Erzüchtung wurde mit Hilfe **Münchener Holländer** und einfacher **Landkanarien** vorgenommen. Er erfuhr seine Glanzzeit in den Jahren vor dem Zweiten Weltkrieg, wurde durch die Kriegswirren aber so gut wie ausgerottet. Heute sind hin und wieder Münchener Gestaltskanarienvögel zu sehen, doch sind die Züchter noch auf dem Wege, Vögel vom gleichen Typ und der Größe wie in den 1930er-Jahren zu erzielen. Der Münchener Gestaltskanarienvogel ist eine **lebhafte**, **große** Rasse mit **aufrechter** Haltung und einem glatten, lebhaft gefärbten Gefieder.

## Japan Hoso

Diese Rasse stammt aus Japan, wo sie vor rund 60 Jahren aus Bossu Belge und Scotch Fancy von dem Züchter Hoso herangezüchtet wurde. Der Japan Hoso hat in den letzten Jahrzehnten in Europa zunehmend Liebhaber gefunden. Seiner Abstammung wegen passt er in den Rassenkreis der Scotch, Bossu und Münchner. Er muss viel weniger „arbeiten“, um in **Positur** zu kommen, als die anderen Rassen. Seine **Haltung** findet dieser schlanke Vogel auf ganz **natürliche** Weise. Er steht sehr **aufrecht** und braucht dafür die Beine nicht einmal ganz durchzudrücken. Für die Bewertung gelten die Rassemerkmale wie in der Tabelle rechts.

Der Japan Hoso soll in der **Zucht** recht **zuverlässig** sein. Da seine Haltung kein In-Positur-ziehen verlangt, ist das **Schautraining** für ihn etwas **einfacher** als beispielsweise für den Bossu Belge und den Scotch Francy. Der Japan Hoso kann darum auch weniger erfahrenen Züchtern empfohlen werden. Doch ist es nicht einfach, gute Zuchtvögel zu erwerben.

## Pariser Trompeter

Der Pariser Trompeter oder **Frisé Parisien**, wie er in seinem Heimatland genannt wird, ist zur Zeit die **größte aller Kanarienrassen**. Mit ihrer **Lockenfülle** ist sie auch die imposanteste Rasse. Wie vor Jahrhunderten hat sie auch heute ihre begeisterten Liebhaber. Die Beliebtheit dieser Rasse ist sogar im Zunehmen begriffen, und zwar überall auf der Welt. In Deutschland ist der Pariser Trompeter wieder häufiger auf den Schauen zu sehen, in Italien und vor allem in Südamerika ist er eine der beliebtesten Rassen überhaupt.

Wann und wie der Pariser Trompeter entstanden ist, kann leider nicht mehr ermittelt werden. Es wird angenommen, dass die ersten Vögel mit Frisuren schon gegen Ende des 17. Jahrhunderts in Paris existierten. Die schwungvollen Frisuren würden auf die Erzüchtung zur Zeit des Barocks schließen lassen, auch die Frisurenfülle.

**Standard und Bewertung für den Japan Hoso.**

| Merkmal | Idealform | Punkte |
|---|---|---|
| Haltung | Die Haltung des Japan Hoso ist fast aufrecht. Dafür muss er nicht in Positur gehen. Die Form ist sehr elegent und schlank. Alles an ihm sind fließende Linien. Dabei zeigt er eine schön geschwungene Einbuchtung als Nackenlinie zwischen Kopf und Rücken. Für ideale Haltung in Verbindung mit einer zierlichen, schlanken Form kann der Vogel bis zu 40 Punkte erringen. | 40 |
| Kopf | Der Kopf soll schön gerundet und zierlich sein. Der Schnabel ist kurz, doch von kräftiger Kegelform. Hals und Nacken sind schlank und führen in schönem Schwung vom Kopf zur Brust und zum Rücken. Auch hierbei sind 10 Punkte für das Ideal vorgesehen. | 10 |
| Körper | Der Körper soll langgestreckt und schlank sein. Es dürfen keine vorstehenden Schultern (wie beim Bossu Belge) oder eingezogener Bauch (wie beim Scotch Fancy) zu sehen sein, sondern ein gleichmäßig gerundeter und langer Rumpf. Die Körperform wird mit 15 Punkten bewertet. | 15 |
| Gefieder | Ein weiches, glattes und gut anliegendes Gefieder ist erwünscht. Alle Farben außer Rot sind zugelassen, auch gescheckte Vögel. Für gute Befiederung sind bis zu 15 Punkte ausgesetzt. | 15 |
| Größe | Als zierliche Rasse soll der Japan Hoso nur 11 bis 12 cm messen. | 10 |
| Flügel und Schwanz | Als nächstes werden die Flügel und der Schwanz bewertet. Die Flügel sollen gut anliegend und geschlossen getragen werden. Nur über den Oberschwanzdecken stehen die Flügelspitzen etwas ab, als Folge des etwas hängenden Schwanzes. Dieser ist lang, eng geschlossen und zeigt am Ende eine kleine, aber deutliche Gabelung. Flügel und Schwanz in Bestzustand, Form und Haltung erbringen 5 Punkte. | 5 |
| Kondition | Schließlich wird noch die Kondition des Vogels beurteilt. Seine Bewegungen, seine Lebhaftigkeit und sein zutrauliches Verhalten als Schauvogel spielen ebenso eine Rolle bei der Vergabe der Punkte, wie seine Sauberkeit und die des Schaukäfigs. | 5 |

Ebensogut kann aber auch das Rokoko im 18. Jahrhundert mit seiner Vorliebe für die **Muschelform** maßgebend an der Verwirklichung des Frisé Parisien beteiligt gewesen sein. Es soll damals im Norden Frankreichs schon eine aufrechte, große und frisierte Rasse gegeben haben. In Roubaix, in Brabant und Mecheln sind sie gezüchtet worden. Ihre Frisuren waren noch nicht so groß und den ganzen Vogel einhüllend. Das geschah erst in Paris. Doch könnten diese Vögel als Vorfahren des Pariser Trompeters angesehen werden. Eine weitere Rasse, die es auch heute noch gibt, hat sich aus dem „Nordfranzösischen" entwickelt, nämlich der **Nordholländer**. Sein Name soll übrigens aus einem Irrtum entstanden sein. Der Vogel wurde früher „**Hollandais du Nord**" genannt. Hollandais war der Name einer damals beliebten Frisur. Demzufolge wäre mit diesem Vogel der Nördliche Frisierte gemeint, und nicht ein Nordholländer. Im Gegensatz dazu gab es den „**Hollandais du Sud**", aus dem, ebenfalls durch Sprachirrtum, der Südholländer gemacht wurde. Er soll, als Südlicher Frisierter, aus dem Süden Frankreichs stammen, aber nicht aus Südholland. Dieses ist eine Theorie, die durchaus zutreffen könnte.

Vielleicht sind diese Vögel aber doch in Holland entstanden. Die Engländer beziehen sich schon seit über 100 Jahren auf den alten **Dutch Canary**, einen großen Frisierten, der bei der Entstehung des Lancashire Coppy Pate gestanden haben soll. Ob nun holländischen, nordfranzösischen oder bel-

**Standard und Bewertung für den Pariser Trompeter**

| Merkmal | Idealform | Punkte |
|---|---|---|
| Größe | Die Größe des Pariser Trompeters sollte mindestens 19 cm betragen. Nach oben sind keine Grenzen gesetzt. In Itallien und Südamerika sollen einige Vögel 24 cm messen, die doppelte Länge des Urahns Kanarengirlitz auf den Kanarischen Inseln. Bei der Größe wird auch die Harmonie des Körperbaus mitbewertet, ferner die stattliche Figur, wie sie durch das Gefieder und die Frisuren insgesamt zustande kommt. Für die Größe und den Eindruck der Stattlichkeit werden bis zu 15 Punkte vergeben. | 15 |
| Gefieder | Das Gefieder soll lang, weich und von feiner Struktur sein. Die einzelnen Federn müssen gut ausgebildet, breit und ohne Lücken in den Fahnen sein. Die intensiven A-Vögel haben etwas schmalere Federn, wodurch die Frisuren nicht so voll sind wie die der nicht intensiven B-Vögel. Ihre Federn sind straffer, ihre Farben etwas leuchtender. Es werden alle Kanarienfarben zugelassen, jedoch keine rotfaktorigen Vögel. Es kann 10 Punkte für ideales Gefieder geben. | 10 |
| Haltung | Die Haltung des Pariser Trompeters soll aufrecht sein, wobei der Vogel die Beine fast ganz gerade stellt. Die Beine sind oft aber etwas gewinkelt, vor allem bei den größten, schwersten Vögeln. Dieses ist kein Fehler, wenn der Körper nicht zu flach gehalten oder gar auf die Sitzstange aufgelegt wird. Vom Kopf bis zum Schwanz soll die Oberseite eine gerade Linie bilden. Für eine aufrechte, elegante Haltung kann der Vogel bis zu 10 Punkte bekommen. | 10 |
| Mantel | Der Mantel (manteau) ist die Frisur des Rückens. Ein langer, gerader Scheitel teilt die Frisur in zwei gleiche Hälften. Die Federn sollen lang sein und in großer Fülle die Schultern überdecken. Bei einigen Vögeln wachsen die Federn mehr aus einem Mittelpunkt als aus einem Scheitel. Sie sind dann nach allen Seiten gerichtet wie die Blütenblätter eines Gänseblümchens oder anderer Compositen. Dadurch heißt eine solche Frisur auch Blume (bouquet), eigentlich Blumenstrauß, oder Rosette (rosace). Diese hübsche Frisur ist noch wertvoller, als die mit Scheitel und wird darum auch höher bewertet. Es gibt für die Mantelfrisur bis zu 10 Punkte. | 10 |
| Brustfrisur | Die Brustfrisur (jabot) hat im Französischen die Bedeutung der Hemdkrause. Die Frisur soll also ähnlich wie die reich verzierte, hervorquellende Hemdbrust der Rokoko-Edelleute wirken. Beim Pariser Trompeter legen sich die langen, hübsch gebogenen Federn von beiden Brustseiten zur Brustmitte körbchenförmig zusammen. Die Brustfrisur soll gleichmäßig und symmetrisch in großer Fülle Brust und Bauch umschließen. Auch diese Frisur erhält bis zu 10 Punkte. | 10 |
| Stützfedern | Die Stützfedern oder Flankenfrisuren (flanquartes), die auch Flossen (nageoires) genannt werden, entsprießen den Flanken und streben in großer Fülle aufwärts. Sie müssen auf beiden Seiten vorhanden sein, und zwar so symmetrisch wie möglich. Die Flankenfrisuren sind besonders wichtig und werden darum mit bis zu 15 Punkten bewertet. | 15 |
| Hals | Der Hals wirkt durch die Frisuren kurz. Die Frisur des Kinns wird Lätzchen (bavette) genannt. Oft sind es nur gewellte Federn in normaler Lage. Am besten streben die langen Lätzchenfedern seitwärts in die Frisuren des Kragens oder der Halskrause (collerette). Die Federn des Halses streben symmetrisch seitwärts und aufwärts. Sie sind ein reizender Übergang vom Kopf zu den Frisuren des Körpers. Nur 2 Punkte sind für eine gute Halsfrisur zu erlangen. | 2 |
| Hahnenfedern | Die Hahnenfedern, im Französischen Olive (olive) genannt, sind Bürzelfedern, die seitwärts über die Schwanzdecken herabhängen. Sie sollen möglichst lang, breit und sichelförmig sein. Für diese Frisur erhält der Vogel im Idealfall 5 Punkte. | 5 |

**Standard und Bewertung für den Pariser Trompeter**

| Merkmal | Idealform | Punkte |
|---|---|---|
| Kopf | Der Kopf des Pariser Trompeters darf nicht zu klein sein. Er soll breit sein und auch genügend Rundungen zeigen. Frisuren am Kopf sind für diese Rasse vorgeschrieben, können aber unterschiedlich sein. Die schönste Kopffrisur ist das Käppchen (calote), bei der von beiden Hinterkopfseiten die Federn über dem Hinterkopf zusammenstoßen. Eine andere Frisur wird Mütze und Helm (casque) genannt. Bei ihr streben die Federn auf der einen Kopfseite nach oben, um im Bogen zur anderen Seite zu fallen. Die Federn können aber auch nur hochstehen oder den Hinterkopf einrahmen, und zwar immer von einer Seite. Die dritte Kopffrisur ist der Backenbart (favorite), bei dem die Federn aus beiden Wangen lang und voll herauswachsen. Kopf und Kopffrisur beim Pariser Trompeter können bis zu 6 Punkte erbringen. | 6 |
| Flügel | Die Flügel sind lang, werden gut geschlossen und fest anliegend getragen. Sie können bis zu 5 Punkte einbringen. | 5 |
| Beine | Die Beine sind lang und kräftig. Die Schenkel sollen gut befiedert sein. Die Zehen sind kräftig und müssen die Sitzstange gut umgreifen können. Die Krallen wachsen bei dieser Rasse fast immer korkenzieherartig. Dieses abnorme Wachstum ist beim Pariser Trompeter zu einem Rassenmerkmal erhoben worden. Korkenzieherkrallen sind also erwünscht. Beine, Füße und Krallen bringen bis zu 3 Punkte ein. | 3 |
| Schwanz | Ein langer, breiter, aber gut geschlossener Schwanz ohne Gabelung kann 4 Punkte erlangen. | 4 |
| Gesamteindruck | Bei der Beurteilung des Gesamteindruckes wird der Schauwert des Pariser Trompeters, seine Eleganz, Kondition und Sauberkeit berücksichtigt. Auch Sauberkeit des Schaukäfigs wird mitbewertet. Bis zu 5 Punkte werden für den Gesamteindruck bewilligt. | 5 |

gischen Ursprungs, die Frisierten sind **alte Rassen**, die es in diesem Gebiet schon lange gab. Dort waren damals so viele Unruhen und Machtwechsel, dass es erstaunt, dass Menschen noch Zeit fanden, Kanarien zu züchten. Der Einfluss und zeitweilige Besitz dieser Gebiete durch die Spanier mag mitbestimmend dafür gewesen sein, dass hier die Wiege einer Reihe von Kanarienrassen gestanden hat.

Der Pariser Trompeter heißt in Frankreich ja Frisé Parisien. Wie er zu dem Namen **Trompeter** gekommen ist, wird auch unterschiedlich interpretiert. Die einen meinen, der Name käme von der aufrechten Haltung und von den Namen einiger seiner Frisuren, zum Beispiel „Mantel" und „Epauletten". Andere wieder führen seinen **Gesang** als Grund für den Namen „Trompeter" an. Nun, sein Gesang mag tatsächlich laut und trompetenhaft klingen. Dieser ist eben **nicht** so **kultiviert** worden, was bei den Zuchtzielen Größe, aufrechte Haltung und vor allem duftige Federfülle in herrlichen Frisuren ja auch nicht verwundert. Ein Harzer Roller hat eben auch nur seinen Gesang als Besonderheit vorzuweisen.

## Zucht

Wie aus dem Katalog der vielen verschiedenen Positionen im Standard ersichtlich, ist es nicht einfach, einen makellosen Pariser Trompeter zu züchten. Es ist so viel **Spezialisierung** notwendig, wie kaum bei einer anderen Rasse. In Paris gibt es seit mehr als 100 Jahren einen Verein, dessen Mitglieder sich ausschließlich mit der Zucht dieser Rasse beschäftigen.

Viel **Inzucht** ist notwendig, um die Rassemerkmale zu erhalten. Durch die Verwandtschaft der Vögel untereinander kommt es manchmal zu **Blindheit** auf einem oder beiden Augen. Auch fehlen die Frisuren der einen Seite bei einigen Vögeln, oder ihre **Schwungfedern** wachsen nicht

Pariser Trompeter, gelb schimmel, Männchen.

ordentlich nebeneinander, sondern verquert durcheinander.

Es gibt Pariser Trompeter, die nicht nur die Paarung schaffen, sondern die auch ihre Jungen einwandfrei aufziehen. Dieses sind aber die Ausnahmen, weil viele Züchter **Ammen** eingesetzt haben und einsetzen. Natürlich lässt bei einer so großen und so spezialisierten Rasse die **Fruchtbarkeit** und der **Brut- wie Füttertrieb** nach.

Es sollten aber nicht nur Vögel von besonderer Schönheit, sondern auch solche mit gutem Brutverhalten, beides schließt sich nicht gegenseitig aus, als wertvoll betrachtet werden. Nur eine Rasse, die in der Lage ist, sich selbstständig zu erhalten und zu vermehren, hat Zukunft. Die Beliebtheit des Pariser Trompeters wächst und hoffentlich auch ihre Eigenständigkeit.

Es ist selbstverständlich, dass für diese Rasse nur die paarweise Haltung in Frage kommt. Die Bauer sollten circa 1 m lang und wenigstens 60 cm hoch sein. Ebenso sollten Nistkästen und Nistkörbchen einen größeren Durchmesser besitzen.

## Mehringer

Die Kanarienrasse „Mehringer" ist ein Mini-Pariser Trompeter. Er ist die kleine Ausgabe des Pariser Trompeters, mit seiner Länge bis zu 24 cm die größte Friseé-Kanarienrasse. Dem Züchter Karl Franke aus dem bayerischen Mehring kam 1982 der Gedanke, eine neue Rasse zu erschaffen, beim Besuch einer Kaninchenausstellung, bei der es ja auch Zwerg- und Riesenrassen der gleichen Art gibt.

Schon 1983 begann Franke mit der Zucht des **Mini-Pariser Trompeters**. Für die Erzüchtung wählte er kleine Pariser Trompeter, Nordholländer, Farbenkanarien und Gloster aus. Die Pariser Trompeter verpaarte er mit Vertretern der anderen drei Rassen. Die Jungvögel der $F_1$-Generation und der Folgegenerationen verpaarte Franke nach den Mendelschen Gleichförmigkeits- und Spaltungsgesetzen. Dabei nahm er eine starke Zuchtauslese vor.

Von Jahr zu Jahr kamen die gezüchteten Vögel den Vorstellungen Frankes immer näher. Wie er berichtete, waren die Kopffrisuren lange Zeit noch nicht gut genug und die Vögel insgesamt zu groß für einen Kanarienzwerg. Erst 1989 entsprachen die Vögel seinen Vorstellungen und er stellte einige von ihnen auf der AZ-Bundesschau in Offenburg und der Deutschen Meisterschaft des DKB in Saarbrücken aus, um sie den Kanarienfreunden vorzustellen. Bei diesen fand der Mini-Pariser Trompeter so lebhaftes Interesse, dass er heute auf manchen Schauen ausgestellt wird.

Als Namen für die neue Rasse gab Franke der Technischen Kommission AZ/DKB „Mehringer" an, weil er sie dort erzüchtet hat. Einen ausführlichen Bericht und die

**Standard und Bewertung für den Mehringer.**

| Merkmal | Idealform | Punkte |
|---|---|---|
| Größe | Für die Größe von nicht mehr als 13 cm werden bis zu 20 Punkte vergeben. | 20 |
| Haltung | Der Mehringer soll eine aufrechte Haltung aufweisen, wobei Kopf, Rüken und Schwanz eine gerade Linie bilden, was bis zu 5 Punkte in der Bewertung bringt. | 5 |
| Gefieder | Qualität und Lückenlosigkeit des Gefieders ist bis zu 5 Punkte wert. | 5 |
| Rückenfrisur | Die Rückenfrisur,, auch Mantel genannt, ist durch einen möglichst langen, geraden Scheitel in zwei gleiche, voluminöse Frisurenteile gegliedert, wobei die Federn seitwärts streben. Eine weitere, aus weichen Federn bestehende Rükenfrisur, wird Strauß oder Bouquet genannt. Die Federn fallen duftig zur rechten wie zur linken Scheitelseite über den Rücken. Die perfekte Rückenfrisur ist 15 Punkte wert. | 15 |
| Brustfrisur | Auch die Brustfrisur bringt 15 Punkte. Bei ihr streben die Federn von beiden Körperseiten der Brustmitte zu und berühren sich dort. Das frisierte Bauchgefieder wird in dieser Position mitbewertet. | 15 |
| Stützfedern | Als Stützfedern werden die oberhalb der Schenkel befindlichen Flankenfedern mit maximal 15 Punkten bewertet. Dafür müssen sie voluminös sein und beidseitig symmetrisch aufwärts streben. | 15 |
| Kopf | Der Kopf soll breit sein und kräftig ausgeprägte Frisuren tragen. Als weitere Kopffrisur wird der Backenbart gezeigt. Das sind Federpartien, die beidseitig aus den Wangen herauswachsen sollen. Auch der Hals weist Frisuren auf, die ebenso wie der Kragen den harmonischen Übergang zwischen Kopf und Körper bilden. Die idealen Kopf- und Halsfrisuren sind 10 Punkte wert. | 10 |
| Schwanz | Weitere 5 Punkte sind für geschlossene, breite Schwanzfedern und Hahnenfedern vorgesehen. | 5 |
| Beine | Die Beine sollen nach dem Standard kurz und mit gut befiederten Schenkeln ausgestattet sein und Korkenzieherkrallen besitzen. Dann bringen sie 5 Punkte ein. | 5 |
| Gesamteindruck | Als Gesamteindruck werden nochmals die einzelnen Positionen des Vogels berücksichtigt. Weiterhin sind die Kondition und die Art, wie er sich im Schaukäfig präsentiert, sowie die Sauberkeit, auch die des Käfigs, entscheidend, ob er die 5 Punkte hierfür erhält. | 5 |

Beschreibung der Rasse hat er in den AZN veröffentlicht. Der Mehringer ist in allen Kanarienfarben, einschließlich Schecken, zugelassen. Der Ringdurchmesser beträgt 3,0 mm.

## Nordholländer

Dieses ist eine alte Kanarienrasse mit Ursprung in Nordfrankreich oder in Holland (siehe auch Seite 139). Der Name Nordholländer hat sich jedenfalls eingebürgert und steht für eine große, **kräftige**, **aufrechte** und mit **drei stattlichen Frisuren** ausgestattete Rasse. Für ihren Standard und ihre Bewertung gelten die in der Tabelle Seite 145 aufgeführten Richtlinien und Punkte. Der Nordholländer ist ein großer, temperamentvoller und kräftiger Vogel. Er hat sich, im Gegensatz zu anderen Frisierten, seine **volle Vitalität** erhalten können. Auch in der **Zucht** macht sich dieses bemerkbar, der er bei paarweiser Haltung

Oben: Nordholländer, rot schimmel, Männchen.

Rechts: Südholländer, gelb schimmel, Männchen.

zuverlässig und mit Eifer nachgeht. Wer mit der Zucht frisierter Kanarien beginnen möchte, sollte zuerst den Nordholländer wählen.

Jede Gefiederfarbe ist beim Nordholländer zugelassen. Es gibt Aufgehellte in Weiß, Gelb und Rot und Melaninvögel aller „klassischen“ Farben, ferner Schecken. Auf die Farbe des Gefieders wird für die Bewertung allerdings wenig Wert gelegt.

## Südholländer

Diese Rasse kleinerer, „gebogener“ Frisierter stammt entweder aus dem Süden Frankreichs oder Hollands (siehe auch Seite 138f.). Von einigen Autoren werden auch Pariser Trompeter und Bossu Belge als Eltern des Südholländers angenommen. Diese Kreuzung soll vor etwa 100 Jahren stattgefunden haben. Das Resultat ist ein sehr **graziler**, **zarter** und **sonderbar ausschauender Vogel**, der wie eine „7“ aussieht, wenn er in **Positur** „zieht“. Das aufrechte Stehen mit durchgedrückten Beinen und vorgestrecktem Hals und Kopf scheint dem Vogel einige Mühe zu bereiten, denn er kommt dabei ins Zittern und tritt von einem Fuß auf den anderen. Dieses **Ganzziehen**, wie es von den Züchtern genannt wird, kann der Vogel nur kurze Zeit bringen. Je länger und besser, desto höher wird er für das Posieren bewertet. In der Bewertung haben sich in einigen Positionen in letzter Zeit Veränderungen ergeben. Der heutige **Standard** sieht die Ideale und Punkte vor wie in Tabelle auf Seite 146 beschrieben.

In der **Zucht** ist der Südholländer zwar von guter **Fruchtbarkeit**, leider aber nicht so zuverlässig in der Brut und in der Aufzucht der Jungen. Von vielen Liebhabern werden darum **Ammen** für die Jungen eingesetzt. Die Zucht wird am besten in größeren Bauern durchgeführt, in denen das Paar das ganze Jahr über bleibt.

In **allen Kanarienfarben** kann der Südholländer angetroffen werden. Ob Aufgehellte, Melaninvögel oder Scheken, sie sind alle sehr apart, was vor allem auf die zarten Federn der Frisuren zurückzuführen ist.

Standard und Bewertung für den Nordholländer.

| Merkmal | Idealform | Punkte |
|---|---|---|
| Haltung | Die Haltung des Nordholländers ist aufrecht und gerade. Kopf, Rücken und Schwanz werden in einer geraden Linie gehalten. Die Beine sind lang und werden fast durchgedrückt gehalten, wenn der Vogel in Positur steht. Er ist temperamentvoll und stattlich zugleich. Seine Bewegungen sind kraftvoll, doch nicht nervös oder gar ängstlich wirkend. Seine gute Haltung bringt dem Nordholländer 15 Punkte ein. | 15 |
| Größe | Die Größe des Nordholländers beträgt zwischen 17 bis 18 cm. Die Proportionen des Körpers und der Frisuren müssen mit der Größe zusammen einen schlanken und eleganten Vogel ergeben. Hierfür gibt es bis zu 15 Punkte. | 15 |
| Rückenfrisur | Die Rückenfrisur, der Mantel (manteau) wird durch lange Federn gebildet, die seitwärts über Schultern und Flügel reichen. Entlang der Rückenmitte fällt diese Frisur durch einen langen, geraden Scheitel in zwei symmetrische Hälften. Die Rückenfrisur kann bis zu 15 Punkte bringen. | 15 |
| Brustfrisur | Die Brustfrisur oder Brustkrause (jabot) soll gleichmäßig und in schönem Schwung von beiden Brustseiten zur Mitte hin wachsen. Dort treffen die Federn aufeinander. Die Brustkrause wird auch „Körbchen“ genannt. Sie wird ebenfalls mit bis zu 15 Punkten bewertet. | 15 |
| Stützfedern | Die Stützfedern oder Flankenfrisuren (flanquartes) streben von den Flanken seitwärts nach oben und erreichen die Spitzen der Mantelfrisuren, wobei sie die Flügelkanten überdecken. Volle lange Flankenfrisuren in symmetrischer Anordnung ergeben weitere 15 Punkte. | 15 |
| Bauchgefieder | Im Gegensatz zum Pariser Trompeter trägt der Nordholländer das Bauchgefieder glatt, also ohne Frisur. Es werden 5 Punkte für ein Bauchgefieder gegeben, das wie bei einem Unfrisierten liegt. | 5 |
| Kopf | Der Kopf ist ohne Frisuren, also glatt. Er sollte kräftig sein und harmonisch zum Körper passen. Der Schnabel ist ebenfalls kräftig, ohne zu groß und plump zu wirken. Der Hals ist mittelschlank, nicht sehr lang und ebenfalls glatt befiedert. Kopf und Hals erhalten bis zu 10 Punkte. | 10 |
| Gesamteindruck | Zum Schluss wird auch bei dieser Rasse der Gesamteindruck bewertet, und zwar maximal mit 10 Punkten. Hierbei wird der Schauwert des Vogels insgesamt, die Harmonie von Figur, Haltung, Frisuren beurteilt, ferner Kondition, Sauberkeit und Lebhaftigkeit. | 10 |

## Schweizer Frisé

Der Schweizer Frisé, auch **Frisé de Suisse** genannt, sieht wie ein frisierter Scotch Fancy aus. Er zeigt die gleiche **sichelförmige Haltung** wie der Scotch, doch eine **Befiederung** wie der Südholländer. Wie bei diesem ist sein Körper in die drei Frisuren **Manteau**, **Jabot** und **Flanquartes** gehüllt. Weitere Frisuren sind bei dieser Rasse nicht zugelassen, sodass Kopf und Hals glattes Gefieder tragen, ebenso der Bauch. Diese in der Schweiz entstandene Rasse ist dort recht beliebt, in anderen Ländern jedoch weniger bekannt. Allerdings wird sie hier und da in Süddeutschland gezüchtet und ausgestellt. Vielleicht erfreut sich der Schweizer Frisé bald einer weiteren Verbreitung. Seine Bewertung ist in der Tabelle Seite 147 dargestellt.

**Standard und Bewertung für den Südholländer.**

| Merkmal | Idealform | Punkte |
|---|---|---|
| Haltung | Die Haltung in Positur ist eine senkrechte. Rücken und Schwanz werden in einer geraden Linie senkrecht gehalten, wobei der Schwanz die Sitzstange berührt. Die Schultern sind hochgezogen und bilden den höchsten Punkt des Vogels. Der Kopf wird weit vorgestreckt gehalten. Mit dem Hals zusammen bildet er den waagerechten Teil der „7". Auf senkrecht durchgedrückten Beinen steht der Vogel in Positur. Wurden dem Südholländer früher für die Idealhaltung 20 Punkte bewilligt, so sind es jetzt nur 10. | 10 |
| Größe | Die Größe von 16 bis 17 cm sollte von dieser Rasse weder über, noch unterschritten werden. Da dieses Maß für den ausgestreckten Vogel gilt, wirkt er durch die gewinkelte Positur kleiner. Es gibt für die richtige Größe 10 Punkte. | 10 |
| Gefieder | Das Gefieder ist glatt, weich, gut anliegend und nicht lückenhaft. Dies gilt für die Gefiederteile ohne Frisuren. Es werden auch hier 10 Punkte vergeben. | 10 |
| Rückenfrisur | Die Rückenfrisur, also der Mantel (manteau) wird durch lange Federn gebildet, die von einem möglichst langen Scheitel in Rückenmitte seitwärts über Schultern und Flügel fallen. Je gleichmäßiger verteilt die Frisur ist, desto besser. Es können bis zu 10 Punkte vergeben werden. | 10 |
| Brustkrause | Die Brustkörbchen, wie die Brustkrause (jabot) auch genannt wird, soll möglichst voll und gleichmäßig sein. Die Federn der Brustseiten streben dabei in schön geschwungenem Bogen zur Brustmitte, wo sie aufeinandertreffen und das Körbchen bilden. Auch diese Frisur wird mit 10 Punkten bewertet. | 10 |
| Stützfedern | Als dritte der geforderten Frisuren sind die der Flanken (flanquartes) zu nennen. Diese Stützfedern streben symmetrisch an beiden Seiten empor. Sie sind bei dieser Rasse selten so lang und voll wie beim Nordholländer oder gar beim Pariser Trompeter. Für große und gleichmäßige Stützfedern erhält er 10 Punkte. | 10 |
| Beine | Besonderer Wert wird auf lange Beine gelegt, die senkrecht und gut durchgedrückt während des Posierens gestellt werden. Die langen Schenkel müssen gut befiedert sein. Leider ist das nicht immer der Fall. Wurden früher 10 Punkte für vollkommene Beine gegeben, so sind es jetzt sogar 15 Punkte. | 15 |
| Schwanz | Der Schwanz ist lang, schmal und zeigt nur eine kleine Einkerbung an der Spitze. Er wird in Positur mit dem Rüken in einer geraden Linie senkrecht getragen. Es sind 5 Punkte in dieser Rubrik zu gewinnen. | 5 |
| Flügel | Die Flügel sollen trotz der hochgezogenen Schultern gut anliegend getragen werden. Lange Flügel sind erwünscht. Die Position Flügel bringt bis zu 5 Punkte. | 5 |
| Kopf und Hals | Kopf und Hals werden gemeinsam bewertet, und zwar mit zusammen 10 Punkten gegenüber je 10 Punkten früher. Sie sollen eine Einheit sein, indem sie eine waagerechte Linie bilden. Der Hals ist schlank und lang, der Kopf flach, klein und oval. Der Schnabel soll dazu passen und kurz und zierlich sein. Meistens ist er jedoch etwas größer. | 10 |
| Gesamteindruck | Die letzten 5 Punkte werden für den Gesamteindruck vergeben. Hierbei wird die Harmonie der einzelnen Positionen zueinander, die Art des Vogels im Schaukäfig, seine Kondition und Sauberkeit bewertet. Auch der Schaukäfig muss in einem tadellosen Zustand sein. | 5 |

**Standard und Bewertung für den Schweizer Frisé.**

| Merkmal | Idealform | Punkte |
|---|---|---|
| Haltung | In der Rubrik Haltung wird der Schweizer Frisé bewertet wenn er „arbeitet", also in Positur zieht. Dabei sollen Kopf, Nacken, Rücken und Schwanz eine sichelförmig gebogene Linie bilden. Die Beine drückt der Vogel beim Arbeiten senkrecht durch. Für einwandfreie Haltung erhält er 10 Punkte. | 10 |
| Größe | Die Größe des Schweizer Frisé beträgt im Idealfall 16 bis 17 cm, wofür er ebenfalls 10 Punkte bekommt. | 10 |
| Gefieder | Das Gefieder ist glatt, glänzend und fest anliegend. Die Frisuren werden in diese Bewertung nicht einbezogen, die bis zu 10 Punkte einbringt. | 10 |
| Mantelfrisur | Die Frisur des Mantels (manteau) wird durch einen langen, geraden Scheitel in zwei gleiche Frisurhälften geteilt. Die Federn sollen lang sein und den Rücken nach beiden Seiten bedeken. 10 Punkte sind die Idealnote für diese Frisur. | 10 |
| Brustfrisur | Bei der Frisur der Brust (jabot) kommen die langen Federn von den Seiten und treffen sich in schönem Bogen in der Brustmitte. Auch hier werden bis zu 10 Punkte verteilt. | 10 |
| Stützfedern | Bei den Stützfedern (flanquartes) sind weitere 10 Punkte zu erobern. Diese schönen Frisuren der Flanken sollen symmetrisch sein und nach oben weisen. | 10 |
| Beine | Lange Beine und glatt befiederte Schenkel können sogar 15 Punkte einbringen. Sie sind für das „Ganzziehen", das Zeigen der Positur ja von großem Wert. | 15 |
| Schwanz | Der Schwanz ist schmal, wird stets eng geschlossen getragen und besitzt eine kurze Kerbe an der Spitze. Er kann bis zu 5 Punkte bringen. | 5 |
| Flügel | Anliegende, gut geschlossen getragene und lange Flügel sind weitere 5 Punkte wert. | 5 |
| Kopf | Der Kopf sollte klein, oval und etwas flach sein. Ein kurzer und dünner Schnabel paßt am besten dazu, ebenso ein langer, schlanker Hals. Diese wichtigen Merkmale können bis zu 10 Punkte einbringen. | 10 |
| Gesamterscheinung | Zuletzt wird der Vogel in seiner Gesamterscheinung, seinem Schauverhalten, seiner Kondition und Sauberkeit bewertet. Hierbei werden nochmals 5 Punkte vergeben. | 5 |

## Paduaner

Dieses ist eine große, hübsche Frisékanarienrasse mit Haube, die ihren Ursprung in Padua, Italien hat. Sie besitzt ein herrlich frisiertes Gefieder, eine sehr **aufrechte Haltung** und kommt nur **einfarbig** in **allen Kanarienfarben** vor, außer in Gelb und Grün, die nicht zugelassen sind. Die **Zucht** des Paduaners ist insofern schwierig, weil bei einer Verpaarung Haubenvogel × Haubenvogel mit dem **Letalfaktor** gerechnet werden muss. Es gibt somit zwei Formen des Paduaners, den **Haubenvogel** und den **Ungehäubten**. Letzterer ist praktisch identisch mit dem **Mailänder Frisé**, der wegen dieser großen Übereinstimmung als eigenständige Rasse aufgegeben wurde.

Werden gehäubter- und glattköpfiger Paduaner miteinander verpaart, können etwa je zur Hälfte Ungehäubte und Haubenvögel erwartet werden. Letztere besitzen nur einen Haubenfaktor und sind darum lebensfähig und vital. Im Standard und in der Bewertung werden die Punkte berücksichtigt wie in der Tabelle Seite 148 dargestellt.

**Standard und Bewertung für den Paduaner.**

| Merkmal | Idealform | Punkte |
|---|---|---|
| Kopf | Der Kopf ist breit und von einer Größe, die harmonisch zum Körper paßt. Die Haube ist halbrund und reicht vom Mittelpunkt auf dem Scheitel aus über Augen und Schnabel. Der hintere Teil der Haube ist frisiert, sodass von der Kopfhaube zu Rücken und Brust die Frisur lückenlos erscheint. Idealnote für Kopf und Haube: 15 Punkte. | 15 |
| Grundfarben | Als Grundfarben sind nur Weiß und Orange bis Rot zugelassen. Die Farben müssen rein und klar sein. Nur in der Haube dürfen kleine Sprenkelungen in der Melaninfarbe vorhanden sein. Die Haube darf auch gänzlich dunkel sein. Für die Gefiederfarbe sind bis zu 15 Punkte vorgesehen. | 15 |
| Gefieder | Für die Qualität des Gefieders werden dem Paduaner 10 Punkte bewilligt. Das Gefieder muss seidig, aber fest und elastisch sein, um die Frisuren halten zu können. | 10 |
| Größe | Die Größe des Paduaners sollte mindestens 18 cm betragen. Es sind dafür bis zu 10 Punkte vorgesehen. | 10 |
| Rückenfrisur | Die Frisur des Rückens wird Mantel (manteau) genannt. Sie soll in der Rückenmitte einen möglichst langen, geraden Scheitel bilden, von dem aus die Federn des Mantels nach beiden Seiten den Rücken bedecken. Je länger und voller die Federn sind, desto besser. Es gibt bis zu 10 Punkte dafür. | 10 |
| Brustfrisur | Die Federn der Brustfrisur oder der Brustkrause (jabot) sind von beiden Seiten in schönem Bogen zur Brustmitte gerichtet. Auch die Bauchfedern sind in gleicher Weise gelockt. Für die Frisur der Vorderseite sind ebenfalls 10 Punkte vorgesehen. | 10 |
| Stützfedern | Die frisierten Federn der Flanken werden als Stützfedern (flanquartes) bezeichnet. Sie streben aufwärts und stützen sozusagen die gesamte Frisur. Um die Höchstzahl von 10 Punkten zu erreichen, müssen sie groß, voll und symmetrisch sein. | 10 |
| Flügel | Die Flügel sollen gut anliegend getragen werden und schön lang sein. Sie reichen etwas über die Schwanzwurzel hinaus. Die Flügel können 5 Punkte bringen. | 5 |
| Schwanz | Der Schwanz soll geschlossen getragen werden, aber breit sein. An ihm dürfen sich keine gelockten oder gebogenen Federn zeigen, dann sind hierfür auch 5 Punkte vorgesehen. | 5 |
| Haltung | Die Haltung ist noch mehr aufgerichtet, als sie es beim Mailänder war. Das liegt an der Haube. Um besser sehen zu können, richtet sich der Vogel höher. Wird der Schwanz außerdem in einer Linie mit dem Rücken getragen, sind für die Haltung 5 Punkte vorgesehen. | 5 |
| Gesamteindruck | Schließlich werden noch 5 Punkte für den Gesamteindruck vergeben. Diese erreicht der Vogel, wenn er in allen vorigen Positinen dem Ideal nahekommt, wenn er sich anmutig und vertraut zeigt, eine einwandfreie Kondition hat, und wenn er und der Schaukäfig einen gepflegten Eindruck machen | 5 |

Als **Fehler** gelten unreine Farben, Melaninflecke im aufgehellten Gefieder oder umgekehrt, struppiges Gefieder, Lücken im Gefieder, besonders in den Frisuren, zu kleiner Kopf, zu kurze Beine, Korkenzieherkrallen, gefächerter Schwanz. Beim Paduaner wird nur der Haubenvogel ausgestellt. Für den Ungehäubten ist leider keine Bewertung vorgesehen. Vielleicht sollte er dem fast identischen Mailänder keine Konkurrenz

Linkes Bild: Paduaner, rot schimmel, Männchen.

Rechtes Bild: Fiorino, braun gelb gescheckt. Dies ist eine junge, frisierte Rasse aus Florenz, Italien.

machen. Doch da dieser eben wegen der Übereinstimmung als eigenständige Rasse aufgegeben wurde, sollte der **glattköpfige Paduaner** ebenfalls zur Bewertung auf Schauen zugelassen werden, ist er doch für die Zucht und Verbesserung der Rasse ebenso wichtig wie der Haubenvogel. Bei den britischen Rassen Crested/Crestbred, Lancashire Coppy/Plainhead und Gloster Corona/Consort ist das Ausstellen beider Formen ja auch möglich und wird gern praktiziert.

## Fiorino

Diese in den 1970er Jahren in Florenz, Italien, aus Gloster Corona und Nordholländern erzüchtete Frisé-Kanarienrasse trägt den italienischen Namen Fiorino, zu deutsch Florentiner. Ab Anfang der 1980er Jahre war dieser regelmäßig, wenn auch in kleiner Zahl, auf deutschen Schauen zu sehen. Nachdem der Fiorino von der COM anerkannt wurde hat die Technische Kommission AZ-DKB 1989 auch einen Standard veröffentlicht (siehe Seite 150). Es handelt sich um eine **kleine Frisé-Kanarienrasse** mit **Haube**, die in **allen Kanarienfarben**, einschließlich der **Schecken**, zugelassen ist. Er zeigt sich in **aufrechter Haltung** und darf nur die **drei Hauptfrisuren** Mantel, Brustfrisur und Flanken aufweisen. Der Ringdurchmesser beträgt 3,0 mm.

## Gibber Italicus

Dieses ist eine kleine italienische Frisékanarienrasse, die eine Positur einnimmt, wie sie der Südholländer zeigt. Er gleicht also auch

**Standard und Bewertung für den Fiorino.**

| Merkmal | Idealform | Punkte |
|---|---|---|
| Größe | Die Länge des Fiorino soll unter 13 cm sein. Trifft dies zu, kann er für die Position Größe 15 Punkte bekommen. | 15 |
| Haltung | Der Fiorino soll aufrecht stehende Haltung zeigen, wobei er Kopf, Rücken und Schwanz in eine gerade Linie zu bringen hat. Das ist 10 Punkte wert. | 10 |
| Gefieder | Das Gefieder bringt 10 Punkte, wenn es, mit Ausnahme der Frisuren, glatt anliegend und seidig ist. | 10 |
| Mantelfrisur | Der Mantel soll einen möglichst langen und geraden Scheitel aufweisen, der in zwei gleichen, voluminösen Frisurenteilen nach beiden Seiten über den Rücken fällt. Entspricht die Frisur dem Standard, bringt sie 10 Punkte ein. | 10 |
| Stützfedern | Die Stützfedern, die an den Flanken, also oberhalb der befiederten Schenkel, aufwärts streben, müssen für die möglichen 10 Punkte voluminös und beidseitig symmetrisch wachsen. | 10 |
| Brustfrisur | Die Federn der Brustfrisur streben von beiden Körperseiten der Brustmitte zu, wo sie sich berühren. Die Brustfrisur soll in sich geschlossen sein und nicht bis zum Hals reichen. Dann kann sie 10 Punkte wert sein. | 10 |
| Haube und Kopf | Die runde Haube verläuft in gerader Linie bis unmittelbar über den Augen und geht ohne erkennbaren Übergang in das Gefieder des Nackens über. Beim haubenlosen Vogel soll der Kopf, von vorn gesehen, breit und abgeflacht, von oben betrachtet, groß und rund sein. Der Glattkopf soll so stark ausgeprägte Augenwülste haben, dass die Augen, von oben nicht zu sehen sind. Der kräftige und glatt befiederte Hals soll sich gut von Mantel und Brustfrisur absetzen. Für den idealen Kopf und Hals gibt es 15 Punkte. | 15 |
| Flügel | Wenn die Flügel gut anliegen, die Schwanzwurzel bedecken und sich nicht kreuzen, kann es 5 Punkte dafür geben. | 5 |
| Beine | Die Beine des Fiorino sind kurz, die Schenkel gut befiedert. Dann sind 5 Punkte zu vergeben. | 5 |
| Schwanz | Ebenfalls 5 Punkte bringt der Schwanz, sofern er kurz, schmal und geschlossen ist. | 5 |
| Gesamteindruck | Für den Gesamteindruck werden 5 Punkte vergeben. Dabei wird seine Kondition und die Art, wie er sich im Schaukäfig präsentiert, sowie die Sauberkeit, auch die des Käfigs, berücksichtigt. | 5 |

einer „7", wenn er „arbeitet", also in **Positur** steht. Der Gibber ist aus dem Südholländer hervorgegangen. Wie dieser trägt er die **drei Hauptfrisuren**, wenn auch wesentlich **spärlicher**. Durch fortwährende Verpaarung von intensiven A-Vögeln wurde ein Gefieder erreicht, in dem die einzelnen Federn fest und sehr kurz sind. Auf der Brust und am Bauch sind die Federn so spärlich, dass kahle Stellen zu sehen sind. Die Schenkel sind sogar völlig kahl. Auch auf die Größe von nur 14 bis 15 cm ist der Gibber Italicus durch die Verpaarungen von Intensiv × Intensiv zurückgegangen. Es ist eine sehr **zarte, zierliche** und **wärmebedürftige** Rasse, die unter den Vogelliebhabern und speziell den Kanarienzüchtern viel Kontroverse ausgelöst hat. Es ist auf jeden Fall nicht einfach, eine Rasse wie diese erfolgreich und nach **Standard** zu züchten. Dazu gehört viel Erfahrung, Fingerspitzengefühl und Geduld. Es ist verständlich, dass sich manche Züchter einer

**Standard und Bewertung für den Gibber Italicus.**

| Merkmal | Idealform | Punkte |
|---|---|---|
| Haltung | Die Körperhaltung während der „Arbeit" soll aufrecht sein. Rücken und Schwanz bilden eine senkrechte Linie. Die Schultern sind hochgezogen und der höchste Punkt des Vogels. Kopf und Hals werden nämlich vorgestreckt und etwas nach unten gehalten. Die Beine werden steif durchgedrückt senkrecht gehalten. Für eine einwandfreie Haltung kann der Vogel 20 Punkte erlangen. | 20 |
| Größe | Die Größe des Gibber Italicus beträgt im Idealfalle 14 bis 15 cm.. | 6 |
| Kopf | Der Kopf soll klein, etwas flach und, von der Seite gesehen, oval sein. In der Ohrgegend hat der Gibber Italicus kahle Flecke, die erwünscht sind und als Rassemerkmale gelten. Der Schnabel sollte zum Kopf passen, also klein und nicht zu wuchtig sein. Auch in der Bewertung des Kopfes werden bis zu 6 Punkte vergeben. | 6 |
| Hals | Der Hals wird mit bis zu 15 Punkten hoch bewertet, denn er ist schlank und lang eines der wichtigsten Rassemerkmale. | 15 |
| Beine | Ebenso werden für lange, gerade Beine 15 Punkte vergeben. Die Schenkel müssen unbefiedert und ebenfalls lang sein. Bei der spärlichen Bauchbefiederung treten sie in voller Länge in Erscheinung. | 15 |
| Flügel | Für lange, gut am Körper anliegende Flügel erhält der Gibber Italicus 6 Punkte. | 6 |
| Schwanz | Auch der Schwanz, der lang und schmal sein muss, wird mit 6 Punkten bewertet. Die Einkerbung der Schwanzspitze darf nur klein sein. | 6 |
| Rückenfrisur | Die Rückenfrisur, der Mantel (manteau), wird durch einen möglichst langen und geraden Scheitel in zwei Teile gelegt, bei denen die Federn lang nach den Seiten fallen sollen. Die Rückenfrisur ist bis zu 10 Punkte wert. | 10 |
| Brustfrisur | Die Brustfrisur, die Brustkrause (jabot) soll schwungvoll von beiden Brustseiten zur Mitte hin wachsen. Die Federn stehen dabei etwas vom Körper ab und bilden ein Körbchen. Dieses ist wegen der kurzen, intensiven Federn nicht ganz geschlossen. Auch ist das Untergefieder so kurz, dass die Brustmitte kahl bleibt. Dieses ist jedoch kein Fehler, sondern ein Rassemerkmal des Gibber. Die Brustfrisur kann in der Bewertung ebenfalls bis zu 10 Punkte einbringen. | 10 |
| Flankenfrisur | Die Flankenfrisuren (flanquartes) sollen von den Flanken möglichst symmetrisch aufwärts streben. Sie werden auch Stützfedern genannt, weil sie die anderen beiden Frisuren abstützen. Dies gilt jedoch nur für so vollfrisurige Rassen wie Pariser Trompeter, Mailänder, Paduaner und Nordholländer. Der Gibber Italicus erhält für seine Flankenfrisuren bis zu 6 Punkte. | 6 |

solch außergewöhnlichen Rasse widmen. Sie verschreiben sich geradezu diesen Vögeln, die in der Zucht viele Enttäuschungen bereiten. Sie sind nicht sehr produktiv und auch nicht sehr zuverlässig in der **Zucht**. Gelegentlich kreuzen die Züchter des Gibber Italicus den Südholländer ein, damit Körperbau und Gefieder nicht noch mehr Substanz verlieren.

Für den Standard gelten die oben aufgeführten Beschreibungen und Bewertungspunkte.

Als Frisérasse besitzt der Gibber Italicus **drei Frisuren**. Es sind die gleichen, wie sie beim Südholländer und beim Nordholländer verlangt werden, nur eben kleiner, spärlicher.

Gibber Italicus, gelb intensiv, Männchen.

## Giboso Español

Als eine gebogene Frisékanarienrasse stellt sich der Giboso Español vor. Er ähnelt dem Gibber Italicus, trägt den Kopf aber wesentlich tiefer, sodass seine **Arbeitsfigur** einer „1“ gleicht.

Diese Rasse ist bisher überwiegend in ihrem Ursprungsland Spanien gezüchtet worden. Inzwischen hat sie auch in anderen Ländern Liebhaber gefunden, so auch in Deutschland. Ihr vorläufiger Standard beschreibt und bewertet die Rasse in ihren einzelnen Punkten wie in der Tabelle unten dargestellt.

**Standard und Bewertung für den Giboso Español.**

| Merkmal | Idealform | Punkte |
|---|---|---|
| Größe | Die Größe soll 17 bis 18 cm betragen, wofür der Vogel mit 10 Punkten bedacht wird. | 10 |
| Haltung | In der Haltung nimmt der Giboso Espanol die Form einer „1“ ein, wobei der Kopf und der Hals so weit nach unten gehalten werden, dass sie mit der senkrecht verlaufenden Rücken-Schwanz-Linie einen Winkel von 45° bilden. Hierfür erhält er 20 Punkte. | 20 |
| Gefieder | Das Gefieder, das in allen Farben zugelassen ist, soll seidig und fein sein, dem Körper knapp und glattbefiedert anliegen. Das macht 5 Punkte. | 5 |
| Rücken | Der Rücken zeigt eine symmetrisch geteilte Frisur, den Mantel oder Manteau, was weitere 5 Punkte ausmacht. | 5 |
| Brustfrisur | Die Brustfrisur, Jabot genannt, soll sehr klein sein und das Brustbein sichtbar werden lassen. Dann ist sie 10 Punkte wert. | 10 |
| Flankenfrisuren | Die Flankenfrisuren sollen symmetrisch nach oben streben, doch so klein sein, dass sie nicht bis zum Rücken reichen. Das macht 5 Punkte. | 5 |
| Kopf und Hals | Der kleine Kopf und der schlangenartig lange und dünne Hals gehören fein und glatt befiedert. Sie bilden ein wichtiges Kriterium und erhalten im Höchstfall 20 Punkte. | 20 |
| Flügel | Die am Körper anliegenden Flügel sollen sich nicht kreuzen, aber auch nicht hängen gelassen werden. Dann können sie 5 Punkte einbringen. | 5 |
| Beine | Die Beine sind lang und werden etwas nach vorne durchgedrückt. Die Schenkel müssen dafür unbefiedert und gut sichtbar sein. Sie können 10 Punkte bringen. | 10 |
| Schwanz | Der gerade Schwanz wird senkrecht in einer Linie mit dem Rücken getragen. Im Idealfall erhält der Vogel dafür 5 Punkte. | 5 |
| Gesamteindruck | Der Gesamteindruck bringt ebenfalls 5 Punkte. Dabei wird seine Kondition und die Art,wie er sich im Schaukäfig präsentiert, sowie die Sauberkeit, auch die des Käfigs, berücksichtigt. | 5 |

## Makige oder Japan Frisé

In Japan gibt es seit etwa 40 Jahren außer dem Japan Hoso, einer glatt befiederten Positurkanarienrasse auch eine frisierte. Sie heißt Japan Frisé oder „Makige“. Breitbeinig und hochgereckt steht der Vogel auf der Stange, um ja seine dreifachen Lockenpartien der Unterseite wirkungsvoll zu zeigen. Auf dem Rücken trägt er ebenfalls Locken in große Fülle. Sie sollen einer zarten Blume ähneln. Der Hals ist kurz, das Köpfchen klein, wodurch die Frisuren noch größer und wirkungsvoller erscheinen. Der Japan Frisé ist in seiner Heimat sehr beliebt. In Europa ist er jedoch noch ziemlich unbekannt.

Im Frühjahr 1983 wurden in einer Sendung 25 Paare per Flugzeug von Tokio nach Düsseldorf importiert. Sie kamen zu verschiedenen deutschen Züchtern, wie Paul und Elise Pütz im „Kanarienfreund“ Heft 10/83 berichten. Paul und Elise Pütz hatten vier Paare dieser Vögel erworben und auch sogleich Zuchterfolge erzielt, und zwar sehr gute. Ein Paar hatte fünf Eier, alle befruchtet, aus denen auch fünf Junge geschlüpft sind. Bei den anderen Paaren sollen diese Ergebnisse ähnlich gut gewesen sein.

Im gleichen Beitrag wird auch erwähnt, dass diese Vögel ein ungewöhnlich vertrautes, ruhiges Wesen zeigen. Sie flattern nicht gleich erschreckt umher, wenn man mit der Hand in den Käfig greift. Meiner Meinung nach macht sich hier der Umgang mit ihren einfühlsamen japanischen Züchtern bemerkbar und deren bewunderungswürdige Art der Zuchtauslese.

Ebenfalls berichtet das Ehepaar Pütz, dass die Vögel Hirse als Reiseverpflegung mitbekommen haben und auch bei ihnen gerne Hirse aufgenommen wurde. Sollte das nicht ein guter Hinweis sein, es den japanischen Züchtern nachzumachen und auch unseren Kanarien wieder mehr Hirse anzubieten?

Der Japan Frisé oder Makige ist auf den Schauen in Deutschland regelmäßig zu sehen. Inzwischen ist durch die Technische Kommission AZ-DKB ein Standard erstellt worden. Danach werden Makige folgendermaßen bewertet.

**Standard und Bewertung für den Makige.**

| Merkmal | Idealform | Punkte |
|---|---|---|
| Haltung | Der Vogel soll eine senkrechte Haltung zeigen, wobei die Beine breitgestellt und durchgedrückt werden. Der kleine Kopf und der schlanke Hals werden schräg nach vorne gerichtet, Rücken und Schwanz allerdings in einer senkrechten Linie gehalten, wobei sich die Flügelspitzen etwas kreuzen dürfen. Diese Position ist so wichtig, dass dafür bis zu 40 Punkte vergeben werden. | 40 |
| Kopf und Nacken | Der kleine Kopf und der Nacken sind glatt befiedert. Am schlanken Hals ist eine Gefiederscheitelung zu erkennen, was insgesamt 10 Punkte einbringen kann. | 10 |
| Rückenfrisur | Die „Mantel“ genannte Rückenfrisur besitzt im Idealfall einen langen, geraden Scheitel. Zu seinen beiden Seiten streben die Federn nach außen, die sich zwischen den Schultern besonders üppig geben sollen, was zusammen mit 10 Punkten bewertet wird. | 10 |
| Brustfrisur | Bei der Brustfrisur streben die Federn von den Körperseiten zur Brustmitte, wo sie zusammentreffen. Der Bauch ist mit frisierten Federn bedeckt, die zur Brustfrisur und den Stützfedern hin aufwärtsstreben. Hierfür werden bis zu 10 Punkte vergeben. | 10 |
| Schenkelbefiederung | Ein wichtiger Punkt ist auch die Schenkelbefiederung, die nach außen gerichtet sein soll. Sie und die Stützfedern darüber, die aufwärts streben, erhalten im Idealfall 10 Punkte. | 10 |
| Figur | Von vorne wie von hinten betrachtet, soll der Makige eine rechteckige Figur zeigen, was unter der Bezeichnung Umriß und Kontur für maximal 5 Punkte steht. | 5 |
| Schwanz | Ein langer, breiter Schwanz ist erwünscht. | 5 |
| Größe | Der Makige ist eine große Rasse und soll wenigstens 16 cm Länge aufweisen, ebenfalls 5 Punkte. | 5 |
| Gesamteindruck | Für den Gesamteindruck kommen 5 Punkte hinzu, wenn der Vogel in allen vorherigen Positionen einen guten Eindruck hinterlässt, er Kondition hat und Sauberkeit bei ihm und im Käfig herrscht. | 5 |

# Mischlinge

Grünling x Kanarienvogel, Mischling, schwarz rot intensiv, Männchen.

## Warum Mischlinge gezüchtet werden

Der Mensch ist neugierig und möchte gern immer neue Dinge ausprobieren. Die Vogelliebhaber sind darin keine Ausnahme. Sie finden einen großen Reiz darin, verschiedene Vogelarten miteinander zu verpaaren, um zu erfahren, ob daraus Mischlinge erwachsen und wie diese wohl aussehen.

Nicht jeder Vogel lässt sich mit irgendeinem etwa gleich großen Vogel einer anderen Art kreuzen. Es ist nötig, dass die Vögel **nahe verwandt** miteinader sind, um Mischlinge hervorbringen zu können. So kann ein Stieglitz nicht mit einer Nachtigall verpaart werden. Beide Arten sind zwar gleich groß, doch sind sie völlig unterschiedlich in ihrer Lebensweise, ihrer Nahrung, in Lautäußerungen und im Verhalten. Es kommt zwischen diesen beiden so verschiedenen Arten nicht einmal zu einer Paarung. Auch zwischen Stieglitz und Goldammer kann es zu keinen Mischlingen kommen. Zwar sind beide Arten überwiegend Körnerfresser und auch in der Lebensweise nicht gar so verschieden. Sie gehören aber nicht nur verschiedenen **Gattungen** an, sondern sogar verschiedenen **Familien**. Sie sind also viel zu weitläufig verwandt, als dass aus einer zwischen ihnen möglichen Verpaarung Junge hervorgehen könnten. Wird ein Stieglitzmännchen aber mit einem Dompfaffweibchen verpaart, kommt es regelmäßig zu Mischlingen, und zwar zu sehr schönen, wie das Bild auf Seite 169 erkennen lässt. Der Stieglitz gehört der Gattung *Carduelis* an, der Dompfaff zur Gattung *Pyrrhula*. Die Vögel sind also nicht sehr nahe miteinander verwandt, wenn sie auch der gleichen **Familie der Finken** (Fringillidae) angehören. Die Mischlinge aus dieser Verpaarung sind darum auch unfruchtbar.

Wie aus diesen Beispielen zu ersehen ist, kommt es auf den **Verwandtschaftsgrad** der Vögel zueinander an, ob Mischlinge erreicht werden oder nicht. Außer Spieltrieb und Neugierde ist es dieser Wissensdurst nach dem Verwandtschaftsgrad der einzelnen Finkenarten zueinander, der den Menschen zur Mischlingszucht bewegt. Da der Kanarienvogel zu den Finken gehört, haben sich viele Kanarienliebhaber der Mischlingszucht gewidmet und mit den Ergebnissen der **Wissenschaft** schon wertvolle Dienste geleistet. Natürlich müssen alle Einzelheiten über die Elternvögel, über die Brut und die Entwicklung der Jungen exakt festgehalten und in einer der **Fachzeitschriften** veröffentlicht werden. Wichtig ist in diesem Zusammenhang natürlich die Frage, ob die Mischlinge **fruchtbar** sind oder nicht. Dafür müssen sie miteinander oder mit den beiden Elternarten verpaart werden, was ein langwieriges und in den meisten Fällen enttäuschendes Unterfangen ist. Viel Platz und viel Geduld sind erforderlich, will ein Züchter außergewöhnliche Erfolge bei dieser Aufgabe erzielen. Hier hat schon oft vorzeitige Resignation manche positiven Ergebnisse vereitelt, denn wie inzwischen herausgefunden wurde, stellt sich bei vielen Mischlingen die **Fruchtbarkeit** erst im zweiten oder gar im dritten Jahr ein.

Ein weiterer und wohl der wichtigste Grund für die Mischlingszucht ist der nie erlahmende Versuch, mit Hilfe anderer Finken neue **Farben** oder **Farbmuster** in die Kanarien **einzukreuzen**. Warum sollte nicht ein ähnlicher, wenn auch kaum ein so spektakulärer Erfolg erzielt werden kön-

Schwarzzeisig x Kanarienvogel, Mischling, gelb schimmel, Männchen als Präparat.

nen, wie dies mit Hilfe des **Kapuzenzeisigs** gelang. Wie schon in anderen Kapiteln erwähnt, konnte durch den Kapuzenzeisig die **rote Gefiederfarbe** auf die **Kanarien** übertragen werden. Es war eine mühsame und langwierige Arbeit, denn nur wenige der Mischlingshähne waren fruchtbar, während fruchtbare Weibchen erst in der dritten, der sogenannten $F_3$-Generation auftraten.

Besondere Mühe haben sich zahlreiche Liebhaber mit dem Versuch gemacht, mit Hilfe anderer Finken **schwarze Kanarien** zu erzielen. Es wurden dafür Rotstirngirlitze, Mexikanische Zeisige, Trauerzeisige, Magellanzeisige, Schwarzbrustzeisige und Schwarzzeisige mit Kanarienweibchen verpaart. Mischlinge konnten mit allen Arten erzüchtet werden, doch blieben diese **unfruchtbar** und hinter den Erwartungen zurück, was die schwarze Gefiederfarbe betraf. Das Bild oben zeigt einen (leider präparierten) Mischling aus der Verpaarung Schwarzzeisig (*Spinus atratus*) × Kanari. Der Züchter, dem dieser seltene Erfolg gelang, hatte jahrelang mit Schwarzzeisigen experimentiert. Er hatte gute Verbindungen nach Südamerika und bekam die Vögel, die auch **Kordillerenzeisige** genannt werden, in großer Zahl. Doch waren diese Hochgebirgsvögel in unserem Klima sehr hinfällig und lebten zumeist nur Wochen oder wenige Monate. So wurden viele dieser sehr seltenen Vögel für ein Ziel geopfert, das dem Ehrgeiz eines oder einiger Liebhaber vorschwebte. In diesem Falle blieb der Erfolg aus. Heute werden Schwarzzeisige dank der neuen Tiermedizin über Jahre gehalten und gezüchtet.

Liebhaberei und Ehrgeiz sind notwendige Voraussetzungen für die Fortentwicklung der Kanarien- und Mischlingszucht. Der Wunsch, das noch nie Dagewesene zu erzielen, ist verständlich und wünschenswert. Doch nie sollte ein Ziel unter allen Umständen zu erreichen versucht werden, etwa um den Preis der Dezimierung einer seltenen oder bedrohten Art.

In der Mischlingszucht sind die meisten **Nachkommen unfruchtbar**. Dieses muss immer wieder bedacht werden! Diese Vögel, die keiner Art ganz zugehören, die in ihrem Verhalten und Wesen zerrissen sind, sind eigentlich bedauernswerte Geschöpfe. Trotz ihrer **Farben**, trotz ihres oft sehr schönen **Gesanges**, trotz des Erfolges, den der Züchter mit ihnen auf Schauen zu erringen hofft, sollten Mischlingszuchten mit seltenen Arten nur zu wirklich **wissenschaftlichen Zwecken** durchgeführt werden. Jeder Mischlingszüchter sollte es sich zur Pflicht machen, genauestens über alle Einzelheiten der Zucht, des Aussehens, der Lautäußerungen und des Verhaltens der Mischlinge **Buch zu führen** und **Veröffentlichungen** vorzunehmen. Ebenso ist es seine Pflicht, die Fortpflanzungsfähigkeit der Mischlinge über mehrere Jahre hinweg und mit verschiedenen Partnern zu erproben.

Jeder Mischling ist anders, auch vom gleichen Elternpaar. Man kann also immer wieder gespannt sein, wie die Jungen wohl aussehen werden. Die **Schwierigkeit der Mischlingszucht** ist für manche Züchter ein Ansporn. Richtig aufgefasst und betrieben, ist diese Art des Umgangs mit dem Tier nicht nur Hobby und Befriedigung eigenen Ehrgeizes, sondern Erforschung von Geheimnissen der Natur.

## Wie es zu Mischlingen kommen kann

In freier Natur verpaaren sich nur Artgenossen miteinander. Der Vermischung zweier Arten, und wenn sie noch so nahe verwandt miteinander sind, stehen Hindernisse im Wege: **Gefiederfärbung**, **Lautäußerungen**, **Balz** und **Brutverhalten** sind unterschiedlich, wenn oft auch nur geringfügig. Hierdurch fehlt die letzte Übereinstimmung, die zu einer Paarbildung, zu Brut und Aufzucht von Jungen notwendig ist.

Bei Vögeln in **Bauer** und Volieren kann das anders sein. Hier leben zwei **verschiedenartige Vögel** längere Zeit zusammen, ohne Kontakt zu Artgenossen zu haben. Sie gewöhnen sich aneinander, lernen das **Verhalten** des anderen zu **verstehen**, und kommen auf diese Weise zur Paarbildung und Aufzucht von Jungen.

**Hinweis**

Sind Artgenossen des einen Vogels im gleichen Bauer, in der gleichen Voliere oder auch nur in Sicht- oder Rufweite, dann wird es nie zu einer Bindung an einen artfremden Vogel kommen.

Voraussetzung für eine Mischlingszucht ist also, dass die Vögel sich gut kennen, längere Zeit zusammen untergebracht, und durch keine Artgenossen vom vorgesehenen Partner abgelenkt werden. Am leichtesten gelingt sie, wenn das **Weibchen** ein **Kanarienvogel** ist. Das **Wildvogelmännchen** kann, je nach Art und Temperament, für die ganze Brut- und Aufzuchtzeit beim Kanarienweibchen und den Jungen belassen werden, oder es muss nach Paarung und Ablage des ersten Eies aus dem Bauer genommen werden. Das wird notwendig sein, wenn das Männchen das Weibchen vom Nest und im Bauer herumjagt, wenn es die Eier anpickt oder das Nest zerstört. All diese Dinge können sehr leicht bei der Mischlingszucht und der Zucht mit zwei gleichartigen Wildvögeln in einem Bauer vorkommen. Das liegt an den **ungewohnten**, **unnatürlichen Haltungsbedingungen**. Der in Freiheit geborene und Freiheit gewohnte Partner braucht zum Ausleben seiner **angeborenen Verhaltensweisen** mehr Platz, als ihm im Bauer zur Verfügung steht. Weil **Revier-** und **Nistplatzsuche** und **Revierverteidigung** gegenüber Rivalen und **Feinden** fortfallen, wird häufig das andersartige Weibchen gejagt, das nicht als eigenes erkannte Nest oder Gelege zerstört.

Leichter ist die Mischlingszucht in einer **Zimmervoliere** oder **Gartenvoliere**. Wenn andere Vögel mit dem einen Paar in der Voliere leben, ist sehr darauf zu achten, dass es friedliche und möglichst entfernt verwandte Arten sind. Sonst könnte zur Brutzeit viel **Rivalität** einen Zuchterfolg vereiteln. Manche Mischlingszüchter setzen allerdings zu mehreren Kanarienweibchen einige Wildvogelmännchen verschiedener Arten und können damit oft sehr gute Erfolge aufweisen. Am besten gelingt die Mischlingszucht jedoch in einer Voliere, in der das **Paar alleine** untergebracht wird. Diese braucht nicht groß zu sein, solange sie mit einigen Zwergenadelbäumchen, mit Laubbäumchen, Gebüsch oder einigen Ginster- und Kiefernzweigen ausgestattet ist. Wenn beide Partner Wildvögel sind, oder auch nur das Weibchen, dann ist es sehr vorteilhaft, wenn sie das **Nest freistehend** im Gezweig bauen können. Auf diese Art ein wenig verborgen, fühlen sich die Weibchen während des Brütens und Huderns der Jungen auf dem Nest sicherer als bei einem Körbchen am Gitter oder an der Wand. Selbst Kanarienweibchen ziehen das versteckt **im Gebüsch** angebrachte Nistkörbchen dem offen an der Wand hängenden vor.

Gerade bei **Wildvogelweibchen** hängt der Erfolg oft von dem Vorhandensein geeigneten **Nistmaterials** ab. Darum sollten so unterschiedliche Gräser, Wurzelfasern, Flechten, Moose, Haare, Wolle und Federchen gegeben werden, wie nur möglich. Wer alte Nester von Finken in der freien Natur anschaut und vielleicht zerpflückt, wird am besten ersehen, welches Nistmaterial die verschiedenen Arten bevorzugen.

Die Vögel müssen die Gelegenheit haben, das Nest selbst zu fertigen, da das ein

**Hinweis**

Nicht der Einfachheit halber alte Nester mitnehmen, um diese den Vögeln heil oder zerpflückt als Nistmaterial zu bieten. Dadurch könnten Milben und andere Parasiten und Krankheitskeime eingeschleppt werden.

wichtiger Teil des gesamten Brut- und Aufzuchtablaufes ist.

Außer den draußen gesammelten Niststoffen können wir Kokosfasern, Sisalfasern und Scharpie reichen. Besonders wenn es sich um ein Kanarienweibchen handelt, wird es mit diesen Nistmaterialien zufrieden sein und daraus ein schönes Nest bauen. Nistunterlagen sind natürlich erforderlich, auch für Wildvogelweibchen. Es können Drahtkörbe oder aus grünem Drahtgeflecht geformte Unterlagen sein, die möglichst unauffällig in Astquirle gebaut werden. Die Haltbarkeit der Nester wird auch dadurch gesteigert, wenn zuerst nur grobe Nistmaterialien geboten werden, Scharpie, Federchen, Wolle usw. erst später zum Auspolstern.

Manche **Wildvogelweibchen brüten** nicht zuverlässig. Sie sind vielleicht noch nicht genügend eingewöhnt und damit zu scheu, oder es wurden ihnen nicht die erforderlichen Bedingungen hinsichtlich der Volierengröße und ihrer Ausstattung geboten. Andere Wildvogelweibchen **brüten** zwar fest, **füttern** dann aber nicht die Nestlinge. Hier ist die Umstellung auf ein gutes **Aufzuchtfutter** noch nicht gelungen. Oder es werden nicht die erforderlichen Insekten und anderen Futtertiere geboten. Bevor in all diesen Fällen zur **Ammenaufzucht** durch Kanarienweibchen geschritten wird, sollte versucht werden, die genannten Mängel abzustellen, auch wenn es erst für die nächste Brut oder die nächste Saison zu realisieren ist.

Nachfolgend sollen eine Reihe von Kreuzungen beschrieben werden. Es sind leichtere und schwierigere Versuche, um dem Neuling in der Mischlingszucht zu zeigen, worauf es ankommt, und was er erwarten kann. Neben den genannten Verpaarungen sind alle weiteren von **Finken** mit **Kanarien** und Finken untereinander möglich. Es gibt insgesamt etwa 180 Finkenarten. Von diesen sind manche nur sehr entfernt mit dem Kanarienvogel verwandt. Ferner könnten noch eine Reihe von Vögel aus dem Grenzbereich zu **anderen Vogelfamilien** für Kreuzungsversuche in Betracht kommen. Es ist also eine gewaltige Zahl von Vögeln, deren Verwandtschaftsgrad zum Kanarienvogel und der verschiedenen Arten zueinander durch Mischlingszucht noch zu prüfen wären – eine Aufgabe, der sich viele Liebhaber verschrieben haben.

**Hinweis**

Natürlich gibt es in der Mischlingszucht Fälle, in denen man zur Aufzucht der Jungen durch Ammen nicht herumkommt. Voraussetzung ist, dass einem oder mehreren zuverlässigen Kanarienpaaren zur gleichen Zeit Nistmaterial und Nistkörbchen gegeben werden wie den Kreuzungspaaren.

## Mischlinge aus Wildvogel × Kanari

### Girlitz × Kanari

Keine andere Mischlingszucht mit Kanarienweibchen verspricht so viel Erfolg wie diese. Der Girlitz *(Serinus serinus)* ist der **nächste Verwandte** des Kanarienvogels, die **Mischlingsmännchen** sind in jedem Falle **fruchtbar**. Das eröffnet dem Mischlingszüchter alle Möglichkeiten der Farbgebung. Da die meisten Kanarienfarben **geschlechtsgebunden** vererben (siehe Seite 64f.), können mit Hilfe von Kanarienweibchen die gewünschten Farben sofort auf die Mischlingshähne übertragen werden. Allerdings tragen sie den Faktor für die jeweilige Farbe unsichtbar **spalterbig** in ihrer Erbmasse. Bei Verpaarung mit Kanarienweibchen der gleichen Farbspielart können schon die Hälfte der Jungen der **$F_2$-Generation** in dieser Farbe erscheinen.

Am interessantesten sind Mischlinge, deren Mutter den **Rotfaktor** besitzt und entweder kupferrot, kupferrotachat, orangebraun oder orangerotisabell oder gar rotschwarz, rotachat, rotbraun oder rotisabell ist. Bei einem **dominantweißen** Weibchen sind unter den Jungen circa 50% **schieferfarben**. Sie können mit Hilfe von Braunen oder Opalvögeln zu silberbrauenen oder „blauen" Nachkommen weitergezüchtet werden.

Von ebenso großer Bedeutung wie die Farbenzucht könnte bei Verwendung von Girlitzen deren **geringe Größe** sein. Mit ihrer Hilfe ließe sich eine kleine Rasse, wie etwa der Gloster Fancy, bei dieser geringen Größe von 11 bis 11,5 cm halten. Vielleicht könnte mit ihnen auch eine noch kleinere „Zwergrasse" gezüchtet werden. Die Zierlichkeit und die Anmut des Girlitzes würden einer solchen Rasse gut anstehen. Kleine Kanarien, wie der erwähnte Gloster, sind als Partner für den Girlitz vorzuziehen.

Eine dritte Möglichkeit bei der Verpaarung von Girlitz × Kanari wäre das Einführen von **Farbspielarten** in die Girlitzzucht. Mit Hilfe der spalterbigen Männchen ist es kein großes Problem, **Girlitze** in verschiedenen **Farben** zu züchten. Dieser Aspekt wird bei der Verpaarung von Kanarienhähnen mit Girlitzweibchen näher beleuchtet.

Das **Girlitzmännchen** kann verhältnismäßig **wild** und **unduldsam** sein, nicht nur gegenüber anderen Männchen der gleichen Art, sondern auch gegenüber den Männchen der übrigen Finken einschließlich der Kanarien. Darum wird es am besten mit einem Kanarienweibchen im **großen Bauer** bzw. in der **Voliere** gehalten. Da das Girlitzmännchen bei der Fütterung der Jungen oft fleißig mithilft, sollten neben dem üblichen Kanarien-Aufzuchtfutter auch viele halbreife Gras- und Wildkrautsämereien geboten werden.

## Stieglitz × Kanari

Am häufigsten werden Mischlinge gezüchtet, von denen der Vater ein **Stieglitz** und die Mutter ein **Kanarienvogel** ist. Der Stieglitz mit seinen herrlichen **Farben** hat es den Vogelliebhabern seit je angetan, auch wenn er ein **stürmischer** und nicht einfach zu pflegender Vogel ist. Auch kommt es häufig vor, dass sich ein Stieglitzhahn kaum etwas aus einem Kanarienweibchen macht.

Eine **lange**, **gemeinsame Eingewöhnung** der beiden Vögel in Bauer oder Voliere ist notwendig, um zum Erfolg zu kommen. Dennoch kann es im ersten und sogar im zweiten Jahr zu Misserfolgen kommen. Das liegt häufig an einem unterschiedlichen **Brutrhythmus**, wodurch oft unbefruchtete Eier die Folge sind. Die Brutperiode des Stieglitz ist von Mai bis Juli. Kanarien werden dagegen oft schon im März brutlustig.

In einer gut bepflanzten **Gartenvoliere** zeigt sich der Stieglitzhahn oft als besserer Partner des Kanarienweibchens, als in einem Bauer, wo er es in vielen Fällen jagt und die Eier zerstört. Darum sollte dem Weibchen alleine die Brut und Aufzucht anvertraut werden. Ein Kanarienweibchen wird damit ja auch meistens gut fertig. Die Jungen sind mit normalem **Kanarien-Aufzuchtfutter** zufrieden und gedeihen dabei gut. Sie entwickeln sich **langsamer** als Kanarienjunge, werden aber **robuste**, hübsche Vögel. Männchen sind durchweg in der Überzahl. Sie sind wegen ihres sehr **schönen Gesanges** begehrte Vögel. Aber auch die Weibchen singen gut und fleißig. Je nachdem, welcher Farbe das Kanarienweibchen ist, können Mischlinge unterschiedlichsten **Aussehens** erzielt werden. Besonders schön sind die Nachkommen

Girlitz × Kanarienvogel rot schimmel. Dieser Mischling ist ein rotgrundiges Männchen.

**aufgehellt** roter, kupferroter, dominantweißer und mosaikgezeichneter Weibchen. Von den Mischlingsmännchen sind nur wenige fruchtbar, und dann auch erst im zweiten oder dritten Jahr.

Die **Zucht** kann sogar im Bauer gelingen, sofern das **Männchen** gut eingewöhnt oder gar ein **Selbstzuchtvogel** ist. Besser ist natürlich, wenn das Paar in einer Voliere untergebracht ist.

## Grünfink × Kanari

Wegen der **schlichteren Farbe** des Grünfinken werden bei uns Mischlinge dieser Art weniger häufig gezüchtet. Die Mischlinge sind meistens ziemlich matt graugrün, wenn sie als Mutter ein grünes, grüngeschecktes oder auch ein aufgehellt gelbes Kanarienweibchen haben. Sie besitzen allerdings mehr oder weniger deutlich ausgeprägte **gelbe Flügelbinden**. Schöner sind die Jungen, wenn die Mutter **orangerot** oder kupferrot ist. Dann erhalten die Jungen eine orange bis rötlich angehauchte Brust und orange Flügelbinden. Auch **gescheckte Mischlinge** treten auf, wenn aufgehellte Kanarienweibchen eingesetzt werden. Bei **dominantweißen** Kanarienweibchen kommt es schon in der ersten Generation zu **schiefergrauen** Jungen.

Da ein ziemlich hoher Prozentsatz der Mischlingsmännchen **fruchtbar** ist, lohnen sich Testverpaarungen mit Kanarien- und Grünlingsweibchen. Besonders der dominante **Weißfaktor** könnte ziemlich leicht in die Grünfinken übertragen werden. Das ergäbe schiefergraue, dominantweiße und Silber-Grünfinken. Mit Hilfe der schon vorhandenen **Lutino-Grünfinken** wäre es dann nicht mehr zu schwer, auch Albino-Grünfinken zu erzielen. Überhaupt tut sich eine ganze Palette von Farben in der Grünlingszucht auf, wenn diese Finkenart ihrer selbst wegen bei uns erst häufiger gezüchtet wird, wie dies in Großbritannien ja schon lange der Fall ist.

Figürlich können Mischlinge zwischen Grünfink und Kanari als **besonders schön** bezeichnet werden. Sie sind groß und kräftig, vor allem wenn sie mit den größeren Positurrassen verpaart werden. Im **Gesang** erreichen die Mischlinge manchmal ganz Erstaunliches. Sie nehmen recht leicht den Gesang anderer Finken- und der Kanarienmännchen an und verbinden sie oft geschickt mit dem Grünlinggezwitscher.

## Erlenzeisig × Kanari

Wegen seiner schlichten Farben und seines nicht so überragenden Gesanges wird der Erlenzeisig nicht so häufig zur Mischlingszucht herangezogen, wie er es verdient hätte. Dieser kleine, gewandte Vogel wird nämlich recht **zutraulich** und verpaart sich auch bereitwillig mit einem Kanarienweibchen. Er ist recht **nahe** mit dem Kanarienvogel **verwandt**, denn die Mischlingsmännchen erweisen sich häufig als **fruchtbar**. Dies sollte für die Mischlings- und Kanarienzüchter ein großer Anreiz sein, denn die ausgeprägten **Strichelungen**, die **Flügel-** und **Schwanzzeichnungen** und die schwarze Kopfplatte des Erlenzeisigmännchens könnte neue Farbzeichnungen oder einen neuen Geschlechtsdimorphismus beim Kanarienvogel erzeugen lassen. Es könnten aber auch Erlenzeisige in verschiedenen Farben gezüchtet werden, wie dies beim Grünfinken schon erreicht wurde.

Die Erlenzeisig-Mischlinge können sehr **gute Sänger** werden, wenn sie von guten Gesangskanarien oder anderen hübsch singenden Finken lernen können. Haben sie allerdings nur ihren Vater mit seinem einfach zwitschernden und knätschenden Gesang als Vorsänger, dann lernen sie kaum etwas anderes.

## Rotstirngirlitz × Kanari

Der aus Vorderasien stammende Rotstirngirlitz *(Serinus pusillus)* ist ein schmucker Vogel. In seinem schwarz und braunen Gefieder mit dem großen, leuchtend **roten Stirnfleck** sieht dieser dunkle Vogel nicht nach einem Girlitz aus. Dabei ist er ein ganz **naher Verwandter** des Kanarengirlitzes.

Als Gebirgsvogel ist er ähnlich empfindlich in der Eingewöhnung wie unser Zitronengirlitz. Hat er die ersten heiklen Monate überstanden, und wird er **naturgemäß ernährt**: viel gekeimtes Waldvogelfutter und viele Wildkräuter mit halbreifen Samen, dann kann er zu einem sehr widerstandsfähigen Vogel werden.

Für seine artenreine Zucht, die schon mehrfach gelungen ist, stehen leider nicht genügend Weibchen zur Verfügung. Sie wurden seltener importiert, da sie nicht so farbschön wie die Männchen sind. Durch die Überzahl an Männchen bietet sich die Mischlingszucht mit Kanarienweibchen geradezu an (Foto Seite 175). Diese **Zucht** ist auch nicht sehr schwer. Auf den Schauen sind wieder Mischlinge dieser Verpaarung zu sehen gewesen. Nur wenige Männchen der $F_1$-Generation sollen sich als fruchtbar erwiesen haben. Wegen der nahen Verwandtschaft sollten aber **alle Mischlingsmännchen** zwei bis drei Jahre lang mit **Kanarienweibchen zusammen gehalten** werden. Manche Männchen erweisen sich erst dann als fruchtbar.

## Birkenzeisig × Kanari

Aus dieser Kreuzung können nur farblich ansprechende Mischlinge erzielt werden, wenn die **Mutter** zu den **rotfaktorigen** Kanarien zählt. Sonst sind sie nur grüngrau oder graubraun, mit dunklen Strichelungen versehen und nur in wenigen Fällen mit kleinen roten Abzeichen an Stirn und Brust. Bei einem orangeroten Kanarienweibchen zeigen die **männlichen Nachkommen** dagegen sehr schönes, helles Rot auf Kopf, Brust und Bürzel.

Birkenzeisigmännchen können **sehr zutraulich** werden, sodass die Zucht in einem großen Bauer möglich ist. Bessere Bedingungen hat das Paar natürlich in einer Gartenvoliere, in der es Gebüsch und Gezweig vorfinden kann. Dort kommt es durchaus vor, dass sich das Männchen an der Brut aktiv beteiligt, also das Kanarienweibchen und später auch die Jungen füttert.

Der Gesang der Mischlinge ist nicht besonders hervorragend, denn es kehren in ihm die knätschenden Laute des Birkenzeisiggesangs wieder. Es ist jedoch ein recht fröhliches, oft langgezogenes Gezwitscher.

Ob fruchtbare Mischlinge aus dieser Kreuzung hervorgegangen sind und in welchem Verhältnis, ist noch nicht ermittelt oder veröffentlicht worden. Einige der Männchen könnten durchaus fruchtbar sein.

Hänfling x Kanarienvogel. Dieser Mischling ist ein Männchen weißgrundig schimmel.

## Berghänfling × Kanari

Der Berghänfling *(Acanthis flavirostris)* aus dem Norden Europas bildet ein Bindeglied zwischen unserem heimischen Hänfling und dem Birkenzeisig. Farblich ist er wenig hervorstechend, besitzt nur einen rötlichen Bürzel bei bräunlichem und dunkel gestri cheltem Gefieder.

Die Mischlingszucht unterscheidet sich nicht wesentlich von der mit einem Hänfling. Da der Berghänfling sich **ruhiger** und viel vertrauter als der Hänfling zeigt, gelingt seine Zucht mit Kanarienweibchen noch leichter. Die Jungen sind ziemlich schlicht gefärbt, außer solche aus Paarungen mit **rotfaktorigen** Kanarienweibchen.

Der Gesang der Mischlinge wird unterschiedlich bewertet. Ich habe ihn als recht weich und melodisch empfunden, während andere Autoren ihn als laut und eintönig bezeichnen. Es wird hier wohl wie beim Gesang der anderen Mischlinge sein: Manche singen sehr gut, während andere ausgesprochene Stümper bleiben.

## Hänfling × Kanari

Diese Mischlingszucht wird recht selten vorgenommen, und zwar wegen des **stürmischen** Wesens des Hänflings. Ist er allerdings erst gut eingewöhnt, dann kann er sich sehr ruhig und zuverlässig zeigen. Er schließt sich auch dem Kanarienweibchen stärker an, als das die meisten anderen Wildvogelhähne tun. So kann die Mischlingszucht schließlich sogar im geräumigen Bauer gelingen.

Farblich sind die meisten Mischlinge aus dieser Verpaarung nicht besonders schön, doch der **Gesang** der Männchen kann ganz **hervorragend** sein. Aus diesem Grunde lohnt es sich schon, die Verpaarung eines Hänflings mit einem Gesangskanarienweibchen zu versuchen. Die Mischlinge sind zu einem Teil fruchtbar, sodass Rückkreuzungen mit beiden Elternarten vorgenommen werden können und sollten.

## Karmingimpel × Kanari

Der Karmingimpel aus dem Osten Europas, dessen Heimat auch Vorderasien und weite Gebiete Zentralasiens sind, ist ein sehr guter Partner für Kanarienweibchen. Weibchen des Karmingimpels wurden viel seltener importiert, als die auf Kopf, Brust und Bürzel roten Männchen.

Diese werden in einem sehr großen Bauer und in einer Voliere bald recht vertraute Vögel. Werden sie mit rotfaktorigen Weibchen verpaart, zeigen die Mischlinge sehr schönes rötliches Gefieder bei unterschiedlicher Melaninzeichnung. Das beim Karmingimpel ziemlich einheitliche Braun auf der Oberseite kann sehr schöne **Strichelzeichnung** haben, wenn die Mutter zu der **Schwarz-** oder **Braunreihe** der Melaninvögel gehört.

Nach guter Zusammengewöhnung der Partner ist es nicht selten, dass der Karmingimpelhahn bei der Aufzucht der Jungen mithilft. Von diesen Nachzuchten sollen einige Männchen fruchtbar sein, was auf eine **nähere Verwandtschaft** zum Kanarienvogel und damit zu den Girlitzen schließen lässt. Für die Aufzucht der Jungen ist **Eifutter** und gekeimtes **Körnerfutter** nötig. Halbreife Unkrautsamen werden besonders gern genommen und sind für die Jungen wertvolle, vitaminreiche Nahrung.

## Mexikanischer Karmingimpel × Kanari

Der in Mexiko und im Westen der USA verbreitete Mexikanische Karmingimpel *(Carpodacus mexicanus)* wird auch **Hausfink** genannt, weil er sich in der Nähe des Menschen besonders wohl fühlt und in Kletterpflanzen an Häusern übernachtet und häufig auch brütet.

Er ist bis auf seine sehr leuchtende, rot gefärbte Stirn, Kinn, Kehle und Bürzel ein ziemlich sperlingsartig graubraun gefärbter Vogel. In Haltung und Pflege unterscheidet er sich nicht wesentlich vom euroasiatischen Karmingimpel und er kann mit **gleichem Erfolg** in der Mischlingszucht mit Kanarien eingesetzt werden. Diese gelingt schon in einem sehr großen Bauer, weit besser ist allerdings die Unterbringung in einer Voliere.

## Wüstengimpel × Kanari

Der aus Nordafrika stammende Wüstengimpel *(Bucanetes githagineus)* wird wegen seines trompetenden Rufes auch **Wüstentrompeter** genannt. Das Männchen, das gelegentlich eingeführt wurde, trägt zur Brutzeit ein rosenrot überhauchtes Gefieder und einen **roten** Schnabel. Außerhalb der Brutzeit ist das Gefieder bräunlich und der Schnabel gelblich.

Der Wüstengimpel hat sich als ein **sehr guter Partner** für Kanarienweibchen gezeigt. Mischlinge sehen besonders gut aus, wenn das Weibchen orangerot bis rot in der Grundfarbe ist. Es sind sehr **hübsche Vögel** auf den Schauen der letzten Zeit zu sehen gewesen.

Die Zucht gelingt in einem großen Bauer ebenso wie in der Voliere. In einigen Fällen hat das Männchen dem Kanarienweibchen bei der Aufzucht der Jungen geholfen, in anderen wurde dem Weibchen die Aufzucht alleine überlassen.

Der Wüstengimpel nimmt mehr mehlhaltige Sämereien wie Glanz und Hirse auf, ferner **tierische Nahrung**. Außer ei- und insektenhaltigem Weichfutter mag er gern Mehlwürmer und andere Futterinsekten (siehe Seite 48).

## Grauedelsänger × Kanari

Die Mischlinge aus dieser Kreuzung sind farblich kaum besonders ansprechend. Sie zeigen vielmehr ein schlicht grau und schwarzbraun gestreiftes Federkleid, das ein wenig Gelb oder blasses Orange aufweisen kann, je nach Farbe des Kanarienweibchens. Was sie an Schönheit nicht besitzen, können sie mit ihrem oft ganz **hervorragenden Gesang** mehr als wettmachen. Ist die Mutter ein **Harzer Roller**, dann vererbt sich der milde und wohlklingende Gesang dieser Rasse mit dem abwechslungsreichen und feurigen des Grauedelsängers. Ich habe diesem schönen Gesang immer mit besonderer Freude gelauscht. Nur schade, dass die Mischlinge aus dieser Verpaarung allesamt **unfruchtbar** zu sein scheinen.

Die Zucht gelingt in einem größeren Bauer recht gut. Das **Männchen schließt sich** dem Kanarienweibchen meistens so **eng an**, als wäre es ein artgleiches. Es wird dann in der Anpaarung, die oft sehr **stürmisch** sein kann, und während der Brut sehr **fürsorglich** von ihm gefüttert. Später überträgt er seine Aufmerksamkeit auf die Nestlinge und füttert sie noch bis zu deren Selbstständigwerden.

## Mosambikgirlitz × Kanari

Der gelb und graubraun sehr ansprechend gefärbte Mosambikgirlitz erweist sich als ein sehr **zuverlässiger** und **sorgsamer Partner** für das Kanarienweibchen. Besonders gelbe, grüne oder Schecken in diesen Farben werden von ihm wie ein Weibchen der eigenen Art behandelt. Er füttert seine Auserwählte und hilft auch bei der Fütterung der Jungen mit. Natürlich verpaart er sich auch mit einem **Weibchen**, das orange bis **rotes Grundgefieder** trägt. Ob es aufgehellt oder ein Melaninvogel ist, spielt dabei keine Rolle. Dann sind die **Mischlinge** vom Kinn bis zum Bauch **zart orange** oder sogar orangerot. Bei einem aufgehellten Weibchen zeigen manche Mischlinge schon Scheckenzeichnung.

Einen solchen Vogel mit ganz ausgezeichnetem Gesang hatte ein Bekannter von mir. Trotz stürmischen Benehmens im Zuchtbauer hatte er mit seinem Kanarienweibchen stets nur **unbefruchtete** Eir. Als dem Paar vier Kanarieneier ins Nest gegeben wurden und daraus Junge schlüpften, half der Mischling sehr fleißig bei ihrem Füttern mit.

Es ist gut, wenn alle afrikanischen Girlitze neben Kanarien- und Waldvogelfutter auch **Prachtfinkenfutter** bekommen, also viel Hirse, auch in gekeimtem Zustand. An **Lebendfutter** wie Mehlwürmer machen sie sich manchmal auch heran.

## Alario × Kanari

Diese seltene Züchtung ist Georg A. Radtke mehrmals gelungen. Die Kanarien-Mutter war eine **Deutsche Haube** in Lipochrome rot schimmel. Darum zeigt der Jungvogel neben kräftigem Braun und Schwarz vom Vater auch rötlichen Anflug an Brust, Bauch und über den Augen. Sein Kopf ist breit, ebenfalls ein von der Mutter ererbtes Merkmal. Da Alarios an sich nicht leicht zu züchten sind, ist dieser Erfolg mit den interessanten Mischlingen recht hoch anzusiedeln.

## Gelbbauchgirlitz × Kanari

Dieser etwas größere Verwandte des Mosambikgirlitz kann ebenfalls als **ausgezeichneter Partner** für **Kanarienweibchen** angesehen werden. Zumeist wurden nur Männchen importiert, sodass Gelegenheit für eine Mischlingszucht ist.

Der Gesang dieser Art wie ihrer Mischlinge ist nett, aber nicht ganz so schön wie der von Mosambikgirlitz und Grauedelsänger. Sonst können alle Einzelheiten für die Haltung und Zucht übernommen werden, die bei den beiden zuvor behandelten Arten mitgeteilt wurden.

## Gelbbürzelgirlitz × Kanari

Diese Mischlinge sind wegen des grauen und nur auf dem Bürzel gelben Gefieders des Vaters farblich nicht so interessant wie etwa die vom Mosambikgirlitz abstammenden. Für den **Gesangs**freund sind die Mischlinge dafür um so begehrenswerter, denn sie erben von ihrem Vater einen ganz herrlichen, abwechslungsreichen Gesang. Dieser kann dadurch vielleicht noch gesteigert werden, wenn als Mutter ein **Harzer-Roller-Weibchen** genommen wird und den jungen Hähnen außer einem Gelbbürzelgirlitz ein sehr gut singender Harzer Roller als **Vorsänger** gegeben wird.

## Kapuzenzeisig × Kanari

Die Verpaarung mit den größten Auswirkungen auf die Kanarienzucht war die von Kapuzenzeisig × Kanarienvogel. Bis Mitte der 1020er Jahre waren orange und rote Kanarienvögel völlig unbekannt. Durch das Einkreuzen des Kapuzenzeisigs aus Venezuela wurden Mischlingsmännchen erster Generation erzüchtet. Von diesen erwiesen sich einige als fruchtbar.

Durch weitere Verpaarungen der Mischlinge mit den damals noch **gelben** oder **weißen Kanarienweibchen** konnten schließlich in vierter Generation Weibchen erzielt werden, die den **Rotfaktor** trugen und **fruchtbar** waren. Ab dann war es nicht mehr so schwer, durch Selektion orange und schließlich **rote Kanarienvögel** zu erzüchten. Durch eine Mischlingszucht konnte in diesem Falle also eine ganz neue Farbe in eine Art hineingekreuzt werden.

Die Zucht mit Kapuzenzeisigmännchen und rotfaktorigen Kanarienweibchen bringt die besten Jungvögel, was die Farbe betrifft. Da Kapuzenzeisige wieder häufig sind, und zwar hier gezüchtet, auch sehr **zutrauliche** und **unempfindliche** Vögel, hat die Mischlingszucht mit ihnen wieder zugenommen.

Sie brauchen **mehr Wärme** als Kanarien, können aber ohne Weiteres in einem großen Bauer zur Zucht gebracht werden. Wenn kein Kapuzenzeisig-Weibchen in der Nähe ist, schließt sich das Männchen einem Kanarienweibchen oft sehr fest an und füttert es auch. Oft kann es während der Brut und der Aufzucht der Jungen im Bauer bleiben.

Der Gesang der jungen Mischlingshähne ist recht hübsch und kann durch geeignete **Vorsänger** noch gesteigert werden, denn sie sind **lernbegabt**.

## Schwarzbrustzeisig × Kanari

Der kleine mittelamerikanische Schwarzbrustzeisig *(Spinus notatus)* ist ein ganz **hervorragender Sänger**. Auch seine Färbung (gelb und schwarz) ist sehr ansprechend. Er wurde nicht selten importiert. Leider gehörten den Sendungen viel weniger Weibchen an, da sie farblich schlichter sind. Aus diesem Grunde wurden die Männchen häufig zur Mischlingszucht benutzt.

Mir ist ein Fall bekannt, in dem der Schwarzbrustzeisig sich in einer großen Gesellschaftsvoliere selbst ein Kanarienweibchen auserwählt und mit ihm zwei erfolgreiche Bruten durchgeführt hat. Er hat das Weibchen und später auch die Jungen sehr gut gefüttert. Andere Züchter haben ihn selbst in Bauern mit Kanarienweibchen zur Zucht angesetzt und **gute Erfolge** erzielt. Fast immer sind sämtliche Eier eines Geleges **befruchtet**, und die Jungen schlüpfen einwandfrei.

Diese Tatsachen lassen darauf schließen, dass eine recht **nahe Verwandtschaft** zwischen beiden Arten besteht. Über die Fruchtbarkeit der Mischlinge liegen noch keine Berichte vor, doch sind Testverpaarungen im Gange.

Der Schwarzbrustzeisig, der auch häufig Schwarzkopfzeisig genannt wird, braucht eine ähnliche Ernährung wie der Kapuzenzeisig und wie die übrigen amerikanischen Zeisige. Von diesen wird der **Magellanzeisig** ebenso häufig für die Mischlingszucht eingesetzt wie der Schwarzbrustzeisig.

## Rotfuß-Atlaswitwe × Kanari

Dem Züchter Klaus Krüger aus Büdelsdorf ist im Jahre 1976 eine Mischlingszucht gelungen, die es eigentlich nicht geben kann. Er hatte sie auch nicht geplant, sondern zu einem Pärchen **aufgehellter**, **rein gelber Kanarienvögel** ein **Atlasfinken-Männchen** mit in die Voliere gesetzt. Das Resultat war ein graugrüner Mischling mit einigen schwarzen Federn im Brust- und Bauchgefieder. Ein Fuß des Mischlings trug eine verkrüppelte Zehe, und auf dem linken Auge war der Vogel blind. Derartige Erscheinungen sind bei Mischlingen sehr entfernt verwandter Vögel nicht selten. Ganz zart waren Überaugstreif, Wangenzeichnungen und Färbung der Flügeldecken wie beim Atlasfinken im Ruhekleid beziehungsweise beim Atlasfinken-Weibchen zu erkennen.

War dieser Mischling zufällig zustande gekommen, so hat Herr Krüger im Frühling 1977 vergeblich versucht, einen weiteren Mischling dieser Art zu züchten. Die Eltern hatten sich recht gut angefreundet.

### Weitere Möglichkeiten

Wer das inzwischen leider vergriffene Buch „**Farbenkanarien**" von Julius Henninger gelesen hat, wird darin eine Liste **ungewöhnlicher Kanarienmischlinge** finden. In neuerer Zeit sind viele der darin genannten Mischlinge als völlig unmöglich bezeichnet worden.

Bei der Gewissenhaftigkeit, mit der Henninger seine Studien und Nachforschungen betrieben hat, kann nicht angenommen werden, dass er alle Meldungen von ungewöhnlichen Mischlingen kritiklos übernommen hat. So berichtet er unter anderem von 13 Meldungen der Kreuzung **Haussperling × Kanari**. Als vor wenigen Jahren wieder von einem solchen Mischling gesprochen wurde, hielten Experten diesen für ausgeschlossen.

Die Kreuzung Rotfuß-Atlaswitwe × Kanari und der daraus resultierende Mischling könnten ebenso angezweifelt werden wie der Sperlingsmischling, der ironisch „Spanarienvogel" genannt wurde. Doch der Züchter, und mit ihm mehrere seiner Vereinskollegen, verbürgen sich für die Echtheit dieses Mischlings. Sie sind alle idealistisch eingestellte Vogelliebhaber und mir seit langem bekannt, und darum möchte ich dieser Mischlingszucht glauben und sie hier veröffentlichen.

Außer den beschriebenen Verpaarungen sind in letzter Zeit noch eine Reihe anderer gelungen, bei der ein Wildvogel Vater und ein Kanarienweibchen Mutter war.

Die nachfolgende Aufzählung soll einen Überblick über weitere Erfolge geben, ohne den Anspruch der Vollständigkeit zu erheben.

**Weitere gelungene Verpaarungen**

- Buchfink × Kanari
- Fichtenkreuzschnabel × Kanari
- Zitronengirlitz × Kanari
- Himalayagrünfink × Kanari
- Chinagrünfink × Kanari
- Alario × Kanari
- Mexikozeisig × Kanari
- Magellanzeisig × Kanari
- Trauerzeisig × Kanari
- Schwarzzeisig × Kanari

## Mischlinge aus Kanari × Wildvogel

### Kanari × Girlitz

Es gibt viele Girlitzweibchen, die sehr zuverlässig in der **Voliere** brüten. Es sollte möglichst **natürliches Gebüsch** wie Holunder, Flieder, Lebensbaum vorhanden sein, in deren Gezweig das Weibchen den festen Nestnapf baut. Wurzelfasern, weiche Pflanzenstengel und Moos werden als **Nistmaterial** gebraucht. Zur **Auspolsterung** sind Tierhaare, Federchen und vor allem Pflanzenwolle notwendig. Als **Aufzuchtfutter** sollten viele Wildkräuter mit halbreifen Samen von Löwenzahn, Disteln und anderen gereicht werden.

Mit Hilfe der Girlitzweibchen lassen sich durch **braune**, **Achat-**, **Isabell-** und **Pastell-Kanarienhähne** gleich in der $F_1$-Generation Mischlingsweibchen in diesen und noch anderen geschlechtsgebunden vererbenden Farben erzielen. Da die Mischlingsweibchen aber **unfruchtbar** sind, können sie nur als **Schauvögel** dienen. Wichtiger ist die Verpaarung von Girlitzweibchen mit **Mischlingshähnen** der **$F_1$-Generation**, die spalterbig in einer geschlechtsgebundenen Farbe sind oder den Dominantweiß-Faktor sichtbar tragen. Durch sie kann jede dieser Farben in die Girlitze eingekreuzt werden. Es würde sich also lohnen, die **Girlitzzucht** aufzubauen, und die **verschiedenen Far-**

**ben** der Kanarien bei ihnen einzuführen und zu festigen.

## Kanari × Grünfink

Wegen der recht leichten Zucht von Grünfinken ist es nicht mehr so schwer, an den Menschen, an Volieren und Bauer wie an Kanarien gewöhnte **Grünfinkenweibchen** zu bekommen. Diese werden fast immer **zuverlässig brüten** und die Jungen gut aufziehen und ein Kanarienmännchen als Partner akzeptieren. Diese Weibchen sind für das **Einkreuzen** besonders der **geschlechtsgebunden** vererbenden **Kanarienfarbspielarten** von großem Nutzen. Da es schon verschiedene Farbspielarten einschließlich braune und **Lutino-Grünfinken** gibt, und da die Mischlinge häufig fruchtbar sind, könnten weitere Farben von den Kanarien übertragen werden. Umgekehrt wären Lutino-Grünfinken zum Einkreuzen in die Kanarien von großem Interesse. Gerade echte Lutinos sind bei den Kanarien ja noch nicht aufgetreten. Sie könnten also mit Hilfe der Lutino-Grünfinken erzielt werden. Der **Lutino-Faktor** vererbt beim **Grünfinken geschlechtsgebunden**, wie wir dies ja auch vom Wellensittich und anderen Vogelarten her kennen. Um Lutino-Kanarien zu bekommen, ist die Verpaarung eines Kanarienhahns mit einem Grünfinkenweibchen am günstigsten. Alle männlichen Nachkommen sind dann spalterbig in Lutino. Mit ihrer Hilfe sollte es nicht schwer sein, die Lutino-Eigenschaft in die Kanarien einzukreuzen. Um dann auch Albino- und Rubino-Kanarien zu verwirklichen, wären nur weiße und rote Kanarien einzukreuzen. Das hört sich natürlich leichter an, als es in Wirklichkeit ist. Doch in Großbritannien werden Versuche in dieser Richtung schon seit einigen Jahren unternommen.

Es soll noch betont werden, dass Grünfinkenweibchen ihre Jungen in der Natur fast ausschließlich mit **kleinen**, **halbreifen Sämereien** aufziehen. Es ist daher ratsam, ihnen Löwenzahnköpfe, Sauerampfer, Breitwegerich, Hirtentäschel und andere Wildkräuter mit Fruchtständen zu bieten. Bei mir hat ein Grünfinkenweibchen die Jungen fast ausschließlich mit den noch weißlichen Samen des Stiefmütterchens aufgezogen. Wichtig ist auch **Keimfutter**, und zwar ein gutes Waldvogel-Mischfutter mit viel Nigersaat.

## Kanari × Erlenzeisig

Wegen der großen Vertrautheit des Erlenzeisigweibchens gelingt die Zucht mit einem Kanarienmännchen recht leicht, und zwar nicht nur in einer Voliere, sondern manchmal auch im Bauer. Bei Misserfolgen liegt es häufig an der nicht immer **guten Paarungsbereitschaft** des Kanarienhahns. Wie die Weibchen der meisten anderen Finken füttert auch das Erlenzeisigweibchen seine Jungen zuerst mit **kleinem Lebendfutter**. Wir geben ihm Blattläuse, Ameisenpuppen, Getreideschimmelkäferlarven und zerschnittene Mehlwürmer. Wer dieses Futter nicht in ausreichenden Mengen beschaffen kann, sollte die Eier besser einem Kanarienweibchen unterlegen.

## Kanari × Stieglitz

Diese Verpaarung wird recht **selten** vorgenommen. Eine Zucht gelingt auch nur in wenigen Fällen. Erstens verpaaren sich Kanarienhähne oft gar nicht mit Stieglitzweibchen, zweitens sind Stieglitzweibchen meistens viel zu **scheu** und **unruhig**, um eine erfolgreiche Brut durchzuführen, drittens brauchen sie zur Aufzucht ihrer Jungen Blattläuse, Ameisenpuppen und anderes **Lebendfutter**. Wenn sie erst einmal abgelegt haben, könnten die Eier auch Kanarienweibchen untergelegt werden, die sie ohne Lebendfutter mit dem üblichen **Kanarien-Aufzuchtfutter** großziehen. Die Jungen gedeihen dabei prächtig. Es ist also mehr die Gewohnheit des Stieglitzweibchens an Lebendfutter für die Nestlinge, als das Bedürfnis der Mischlingsjungen.

Für eine Verpaarung mit einem Kanarienmännchen sollte ein **Stieglitzweibchen** genommen werden, das **aus** einer **Volierenzucht** stammt. Dieses ist von klein auf an uns Menschen gewöhnt und zeigt darum nicht mehr die Scheu eines Wildvogels. Stieglitze werden zum Glück in Gartenvolieren regelmäßig gezüchtet.

Stieglitz x Kanarienvogel, Mischlinge, gelb intensiv und rot mosaik intensiv, Männchen.

Alle geschlechtsgebunden vererbenden Kanarienfarben können bei dieser Verpaarung vom Kanarienmännchen direkt auf die Weibchen unter seinen Mischlingsnachkommen übertragen werden. Das kann zu einer Reihe hübscher Farbkombinationen bei ihnen führen.

Besonders interessant sind Verpaarungen **mit Männchen** in **Braun**, **Achat**, **Isabell**, **Melaninpastell**, **Lipochrompastell**, **Mosaik** und **Satinet**.

## Kanari × Dompfaff (Gimpel)

Ist es so gut wie unmöglich, ein Dompfaffmännchen mit einem Kanarienweibchen zu verpaaren, so kommt es bei der umgekehrten Verpaarung eines Kanarienmännchens mit einem Dompfaffweibchen gelegentlich doch zu Nachkommen. Leider sind die meisten Gelege **unfruchtbar**, sodass der Züchter viel Geduld aufbringen muss.

Eine wichtige Voraussetzung ist ferner ein ganz **zuverlässig brütendes**, **zahmes Dompfaffweibchen**, das ständig mit dem Kanarienmännchen zusammen gepflegt werden sollte. Nur so können die beiden Vögel aneinander gewöhnt werden, dass sie sich als Partner akzeptieren.

Wird dem Dompfaffweibchen das Gelege belassen, ist dafür Sorge zu tragen, dass es an **Eifutter** gewöhnt ist, dass es ferner aber auch viele **Wildkrautsämereien**, vor allem **Löwenzahnsamen** und **Stiefmütterchensamen**, sowie **insektenreiches Weichfutter**, Mehlwürmer und andere **lebende Insekten** bekommt. Natürlich ist ein so reichhaltiges Futterangebot gut für das Gedeihen der Jungen, aber noch wichtiger für den Füttertrieb des Dompfaffweibchens. Die Jungen wachsen unter einer **Kanarienamme** mit viel **Eifutter** und **Grünfutter**, besonders **Vogelmiere**, fast ebenso gut heran.

Um besonders schöne Mischlinge zu bekommen, sollte dem Dompfaffweibchen ein orangeroter oder roter Kanarienhahn beigesellt werden.

Die großen Positurkanarien wie Norwich und Yorkshire ergeben in Verbindung mit dem stattlichen Dompfaff figürlich ganz besonders ansprechende Mischlinge. Leider sind alle **Mischlinge nicht fortpflanzungsfähig**.

### Kanari × Hänfling

Wie schon aus der umgekehrten Verpaarung zu ersehen ist, hängen Erfolg oder Misserfolg vom Grad der **Eingewöhnung** des Hänflingsweibchens ab. Hat es sich an den Menschen und an den Kanarienhahn gewöhnt, was häufig erst im zweiten Jahr der Fall ist, dann kann es sehr zuverlässig in der Zucht sein. Die Mischlinge sind nur dann von schöner Färbung, wenn ein **roter Kanarienhahn** der Vater ist.

Auch die Nachkommen eines dominantweißen Kanarienhahns könnten sehr apart aussehen, doch nimmt das Hänflingsweibchen diesen als Partner oft nicht an, wie mir von mehreren Züchtern berichtet wurde.

Für die Aufzucht der Jungen braucht das Hänflingsweibchen keine tierische Nahrung. Ihm sollten aber viele **Wildkräuter** mit **halbreifen Samen** gegeben werden. Am liebsten mag es die Samen der Vogelmiere, des Löwenzahns, aller Distelarten, des Vogelknöterichs, der Wegericharten und die verschiedener Gräser. Ein gutes Waldvogelfutter mit Mohn und einem hohen Anteil an Nadelholzsamen ist ebenfalls zu reichen.

Wie die Mischlinge mit einem Hänfling als Vater sind auch diese **sehr gute Sänger**.

### Kanari × Karmingimpel

Zwar selten, doch sogar schon auf Vogelschauen waren Mischlinge dieser Verbindung zu sehen. Sie sind ähnlich attraktiv wie die der umgekehrten Verpaarung, besonders bei **rotfaktorigen Kanarienhähnen** als Väter. Karmingimpelweibchen brüten sehr zuverlässig, wenn sie sich in der Voliere eingelebt haben. Da es jetzt auch in Volieren gezüchtete Karmingimpelweibchen gelegentlich zu erstehen gibt, sollte es bald noch leichter sein, Mischlinge mit Kanarienhähnen zu bekommen. Die Vögel könnten dann von klein auf aneinander gewöhnt werden. Karmingimpelweibchen bauen ihr **Nest** aus Gräsern gern **in niedriges Gebüsch**, etwa in Buchsbaum oder Lebensbaum. Sie polstern es mit Haaren und feinen Wurzelfasern aus. Zur **Aufzucht** der Jungen sollte ihnen viel Unkraut mit **halbreifen Samen**, viel **Vogelmiere**, **Keim- und Eifutter** gegeben werden.

Wildvogelweibchen stellen oft erheblich **höhere Anforderungen**, was den Platz, die Einrichtung der Bauer und Volieren und das Aufzuchtfutter betrifft. Es ist also ungleich schwerer, Mischlinge zu züchten, deren Mutter der Wildvogel ist. Außer den genannten Verpaarungen sollen hier noch einige aufgezählt werden, die in den letzten Jahren gemeldet wurden.

**Weitere gemeldete Verpaarungen**

- Kanari × Buchfink
- Kanari × Zitronengirlitz
- Kanari × Grauedelsänger
- Kanari × Magellanzeisig

## Mischlinge aus Wildvogel × Wildvogel

### Stieglitz × Dompfaff

Ganz besonders **farbenprächtige Mischlinge** entstammen der Verpaarung Stieglitz × Dompfaff. Diese Zucht kann sowohl im Bauer wie in der Voliere erfolgreich betrieben werden. Einfach ist sie in keinem Fall, doch werden die Vögel frühzeitig aneinander gewöhnt und von Seiten des Züchters Geduld aufgebracht, dann wird sich auch Nachwuchs einstellen. Am besten ist es, wenn **beide Vögel** von Anfang an aus **Volierenzuchten** stammen. Dann sind sie von klein auf an den Menschen gewöhnt. Ferner ist es notwendig, dass die Vögel **keine Artgenossen in der Nähe** haben. Sie dürfen diese weder sehen noch hören, denn dann lassen sie sich kaum mit einem Vogel einer anderen Art ein.

Die Dompfaffhenne baut ihr Nest gern an einen sehr versteckten Platz. Dicht am Stamm in einem kleinen Nadelholz- oder Lebensbaum, mitten im Buchsbaum und an ähnlichen Stellen errichtet sie ihr **Nest** aus kleinen Zweigstücken und Moos und polstert es mit Wurzelfasern aus. Auch im Bauer sollten ihr diese Materialien zum Nestbau gegeben werden, ferner ein **Kaisernest** oder ein **großer Nistkasten**, die mit Kiefernzweigen, Ginstergestrüpp oder anderem **dauerhaften Grün** „geschmückt" werden. Diese **Tarnung** verleiht dem brütenden Weibchen das Gefühl der Sicherheit. Es sitzt dann viel fester auf seinem Gelege.

Bei dieser Ehe zwischen Stieglitz und Dompfaff kann nicht erwartet werden, dass sich der Stieglitz in irgendeiner Form um das Weibchen und um die Jungen kümmert. Das Weibchen gehört ja einer **ganz anderen Art** an. Es könnte vom Stieglitz sogar gejagt werden. Häufig pickt dieser auch die Eier an. Der Stieglitz wird also fast immer vom Dompfaffweibchen getrennt, sobald er die Paarung vollzogen hat. In der Voliere braucht dies nicht unbedingt notwendig zu sein, weil er dort mehr Abwechslung hat. Das Dompfaffweibchen zieht die Jungen meistens sehr zuverlässig auf. Es wird deshalb wohl selten nötig sein, ein Kanarienweibchen als Amme heranzuziehen. Dies ist auch aus dem größeren Bedürfnis der Jungen für **tierische Nahrung** und feinen, halbreifen oder gekeimten **Wildkrautsämereien** nicht ratsam. Das Dompfaffweibchen weiß viel besser, was die Jungen benötigen.

Es ist selten, dass alle Eier eines Geleges befruchtet sind. Und von den befruchteten Eiern schlüpfen auch nur bei wenigen Junge aus. Die Verwandtschaft der beiden Arten ist eben nicht nah genug. Es ist schade, dass gerade diese schönsten aller Mischlinge darum auch alle **unfruchtbar** zu sein scheinen.

Der **Gesang der Mischlinge** enthält zumeist Elemente aus dem Gesang beider Eltern, stieglitzartiges, flottes Zwitschern und das weiche Flöten des Dompfaffen.

## Stieglitz × Grünfink

Immer häufiger werden Grünfinken in Volieren gezüchtet. Ein solch vollständig vertrautes Weibchen wäre für eine Mischlingszucht mit einem Stieglitzmännchen geeignet. Diese Kreuzung gelingt dann ziemlich leicht, doch wird sie wegen des etwas schlichten Aussehens der Jungen seltener betrieben.

Stieglitz (*Carduelis carduelis*) x Gimpel (*Pyrrhula pyrrhula*), Mischling Männchen der $F_1$-Generation.

Das Grünfinkenweibchen **brütet fest** und füttert auch die Nestlinge gut. Es braucht dafür viel **Vogelmiere**, Stiefmütterchensamen und andere **Wildkräuter** mit halbreifen Samen, ferner **gekeimtes Waldvogelfutter**. Es kann notwendig sein, den Stieglitzhahn nach der Paarung aus der Voliere zu entfernen, da er die Eier zerpicken und das Weibchen unnötig treiben könnte. Dies gilt vor allem für die Zucht in kleineren Volieren und in Bauern.

## Stieglitz × Himalayagrünfink

Ähnlich wie die Kreuzung Stieglitz × Grünling gelingt diese relativ leicht. Beide Vögel können sehr zutraulich werden, das Weibchen ein **zuverlässiger Brutvogel**. Als Nahrung dienen fast ausschließlich halbreife Sämereien, Keimfutter und Grünes.

Die Mischlinge dieser Verpaarung sind nicht besonders ansprechend gefärbt. Vom Stieglitz waren bei ihnen fast nur die gelben Flügelspiegel und der schlanke Schnabel zu erkennen. Das übrige Gefieder ähnelte mehr dem des Himalayagrünlings.

## Grünfink × Himalayagrünfink

Hochinteressant ist die Verpaarung unseres heimischen Grünfinken mit dem Himalaygrünfinken *(Carduelis spinoides)*. Wegen seiner gelben Kopf- und der schwarzen Wangenzeichnung, seiner Figur und seines

Verhaltens steht der Himalayagrünfink zwischen Grünfinken und Zeisigen, weshalb er auch Zeisiggrünfink, Gebirgszeisig und Himalayazeisig genannt wird. Er ist ein **robuster**, **streitlustiger** Vogel, für den die **Volierenhaltung** angebracht ist.

Um nun seine systematische Stellung und die Verwandtschaft zu Zeisig und Grünfink zu prüfen, sind Verpaarungen mit diesen Arten vorgenommen worden. Während mir über Mischlinge Zeisig × Himalayagrünfink nichts bekannt geworden ist, sind Mischlinge Grünfink × Himalayagrünfink schon öfter gezüchtet worden.

Der inzwischen verstorbene, bekannte Autor, Preisrichter und Züchter Georg A. Radtke hat diese Kreuzung bereits bis zur **$F_3$-Generation** vorangebracht und damit den Beweis der **sehr nahen Verwandtschaft** beider Arten geliefert.

Auch spielt es bei dieser Kreuzung keine Rolle, von welcher der beiden Arten das Männchen ist, denn auch beim Himalayagrünfinken als Vater sind die Jungen **fruchtbar**, sogar Weibchen, wie aus Berichten mehrerer Züchter hervorgeht.

Die Mischlinge aus diesen Verpaarungen sind recht hübsch gelb, grün und schwarz gezeichnete Vögel. Gesanglich ähneln sie unserem Grünfinken.

## Grünfink × Dompfaff

Die Zucht von Mischlingen dieser beiden Arten ist nicht einfach. Gut eingewöhnte, vertraute Vögel schreiten nicht nur in der Gartenvoliere, sondern auch in einem sehr großen Bauer zur Brut, doch es schlüpfen nur **wenige Junge** aus den Eiern. Zwar sind diese in der Regel **befruchtet**, doch wird es wohl an der unterschiedlichen Anordnung der Gene an den Chromosomen liegen, dem **Letalfaktor**, den wir ja schon bei bestimmten Faktoren der Verpaarung Kanari × Kanari kennengelernt haben.

Dompfaffweibchen brüten oft die Eier selbst zuverlässig aus. Manche Züchter ziehen es allerdings vor, sie von Kanarienweibchen erbrüten zu lassen. Die Jungen gedeihen bei **Kanarien-Aufzuchtfutter** und viel **Grünem** sehr gut. Sie sehen zumeist sehr hübsch aus, haben eine mehr oder weniger deutliche Kopfplatte, sind oft bräunlich, mit schwärzlichen Schwingen, die weißliche bis gelbe Binden oder Säume besitzen. Manchmal sind auch gelbe Schwanzzeichnungen vorhanden. Die Brust kann gelbbraun oder auch rötlich aussehen. Bei den Männchen sind die Farben ausgeprägter als bei den schlichteren Weibchen.

## Grünfink × Fichtenkreuzschnabel

Diese sehr seltene Zucht gelang dem AZ-Mitglied Josef Hipp aus Onstmettingen im Jahre 1972. Vier der fünf großgezogenen Jungen wurden auf der DKB-Meisterschaft im Januar 1973 als Kollektion ausgestellt. Um zu diesem **einmaligen Erfolg** zu kommen, hat der Züchter sehr viel Geduld aufgebracht, denn beide Vögel lebten schon seit drei Jahren in einer Voliere von 1,5 × 1,5 m und 2,4 m Höhe zusammen. Das Grünfinkenmännchen war von Herrn Hipp selbst gezüchtet worden, das Weibchen ein gekaufter Wildfang.

In die Voliere wurde öfter ein großer **Fichtenzweig** gehängt. Über die weitere Ausstattung oder **Bepflanzung** der **Voliere** sind in dem Bericht in den AZN 4/1973 keine Angaben gemacht worden. Das Nest aus altem, dürrem Gras und aus Moos wurde vom Weibchen in ein Nistkörbchen gebaut. Es wurden **drei Bruten** gemacht, wobei insgesamt elf Eier gelegt, und wovon fünf Junge großgezogen wurden. Das Grünfinkenmännchen hatte sich dem Weibchen sehr fest angeschlossen, denn er fütterte es während es brütete. Es kümmerte sich auch um die Jungen. Als **Aufzuchtfutter** wurden Kanarien-Gold und Waldvogelfutter von Vitakraft gereicht. Dieses enthielt Sonnenblumenkerne, Nigersaat, Hanf, Mohn, Glanz, geschälten Hafer, Rübsen, Kiefern-, Fichten- und Tannensamen. Ferner bekamen die Vögel Salat, Vogelmiere und Löwenzahnsamen.

Der Erfolg dieser Bruten war auf die **Vertrautheit der Vögel** zurückzuführen. So machte es dem Fichtenkreuzschnabel-Weibchen nichts aus, dass bei der zweiten Brut das Nest einige Tage lang tagsüber fortgenommen wurde. Es sollte nicht zu früh zu brüten anfangen, denn die Jungen der ersten Brut waren noch nicht selbstständig. Sie wurden dann auch von der Mutter noch einige Tage länger gefüttert.

Dieser Bericht soll dem angehenden Mischlingszüchter zeigen, dass **viel Geduld** nötig ist, dass ferner ein **liebevoller Umgang** mit den Vögeln und **außerdem Glück** dazugehören.

## Grünfik × Buchfink

In Großbritannien ist es dem Züchter T. D. Roberts zu Anfang der 1970er Jahre mehrmals gelungen, Mischlinge aus dieser Verpaarung zu erzielen. Er hielt mehrere verschiedene Finkenweibchen mit einem Grünfinken-Männchen in der Voliere. Den Nestbau, das Brüten und die Aufzucht der Jungen besorgte das Buchfinkenweibchen alleine und sehr zuverlässig. Viel tierische Nahrung ist für die Aufzucht der Jungen notwendig (siehe Bergfink × Buchfink).

## Dompfaff × Grünfink

Auch diese Verpaarung ist schon gelungen, wenn auch selten. Es gibt **Grünfinkenweibchen**, von Hand aufgepäppelt oder in der Voliere gezüchtet, die so **vertraut** sind, dass sie auch in einem Bauer zur Brut schreiten. Ebenso vertraute Dompfaffmännchen sind keine Seltenheit. Die Voraussetzung für eine Mischlingszucht wäre also gut, wenn die Vögel lange aneinander gewöhnt worden sind.

Die Schwierigkeiten liegen in dem **mangelhaften Schlupf** von Jungen. Nur selten kommen Junge aus den Eiern, obwohl die Embryonen zuerst heranwachsen. Die **Verwandtschaft** von Dompfaff und Grünfink ist wahrscheinlich nicht so nah, dass eine Lebensfähigkeit aller Keime zu erwarten wäre.

Das Aussehen der jungen Männchen ist dem des Vaters recht ähnlich. Sie sind allerdings bräunlicher auf der Oberseite und haben nicht eine so rote Brust. Schwanzzeichnungen und Flügelsäume in Gelb kommen vor. Weibchen sind ziemlich matte graubraune Vögel mit mehr oder weniger deutlichen schwarzen Kappen auf dem Kopf.

## Bergfink × Buchfink

Die Verpaarung dieser beiden hübschen, sehr **nahe** miteinander **verwandten** Finken sollte eigentlich recht leicht sein. Um Mischlingsjunge von ihnen zu erhalten, sind allerdings mehrere Hindernisse zu überwinden. Erstens stimmt die **Brutzeit** beider Arten nicht überein. Während der Buchfunk etwa Mitte April mit der ersten Brut beginnt, kommt der Bergfink erst Ende Mai in Brutstimmung. Seine Brutgebiete sind der Norden Skandinaviens und Rußlands. Nur allmählich kann das Bergfinkenmännchen zur früheren Zuchtbereitschaft gebracht werden. Trotzdem kann auch im zweiten Jahr das erste Gelege noch unbefruchtet sein. Die zweite Schwierigkeit besteht darin, dass diese beiden Finkenarten für die **Aufzucht** der Jungen **Insekten** benötigen. Es können Blattläuse, Ameisenpuppen, Getreideschimmelkäfer larven, Fliegenmaden, Mehlwürmer und vielerlei andere Insekten gegeben werden. Ein Züchter aus Großbritannien, T. D. Roberts, dem Mischlinge zwischen Bergfink und Buchfink mehrfach gelangen, hat **Fruchtfliegenkulturen** in die **Volieren** gestellt, wenn kleine Jungvögel im Nest waren. Außer der tierischen Nahrung wurden Glanz, Leinsaat, Rübsen und Sonnenblumenkerne gegeben, natürlich auch Grünfutter.

Die Zucht sollte in einer nicht zu kleinen Gartenvoliere versucht werden, in der eine Auswahl von **Büschen** und **Bäumen** vorhanden ist. Das Nest wird vom Buchfinkenweibchen sehr kunstvoll aus weichem Gras, Moos und Wurzelfasern gebaut. Zur Auspolsterung dienen Tierhaare, zur Tarnung der Außenwände Flechten und Spinngewebe. Je mehr dieser **Nistmaterialien** dem Pärchen geboten werden, das Bergfinkenmännchen hilft beim Sammeln, desto sicherer fühlt sich das Weibchen beim Bauen und beim Brüten.

## Rotstirngirlitz × Kapuzenzeisig

Diese beiden sehr schön gezeichneten und kleinen Verwandten des Kanarienvogels bringen, miteinander verpaart, hübsche

Mischlinge hervor. Rot und Schwarz sind die Farben beider Arten, dazu kommt Braun, Gelb und etwas Grau. Die Mischlinge zeigen **schöne rote Partien**, wenn auch dunkler und matter, als wir diese vom Kapuzenzeisig her kennen. Besonders interessant ist, dass die Mischlinge **häufig fruchtbar** sind, und nicht nur im männlichen Geschlecht, sondern auch im weiblichen. So wurde auf der AZ-Bundesschau im Dezember 1974 in Neumünster ein Vogel ausgestellt, dessen Eltern beide Mischlinge dieser beiden Arten waren. Der Vater gehörte der $F_1$-Generation an, während die Mutter schon zur $F_2$-Generation zählte, also selbst schon einen Mischling dieser beiden Arten zum Vater hatte. Hier ist die Möglichkeit gegeben, in einer oder beiden Arten mit den **Farbeigenschaften** der anderen Art domestizierte **Zuchtstämme** aufzubauen.

Rotstirngirlitz wie Kapuzenzeisig sind anfangs recht empfindliche Vögel, die **Wärme lieben**. Ihre Haltung und Zucht ist in großen Bauern oder in Zimmervolieren angezeigt. Bei sommerlichen Temperaturen können die Vögel tagsüber auch in eine Gartenvoliere gelassen werden. Für die **Ernährung** beider Arten kommt ein gutes **Waldvogelfutter**, viel Nigersaat und ein reichhaltiges Angebot an **Wildkrautsämereien** in Frage. Letztere können ganz nach Vorhandensein in halbreifem Stadium mitsamt den Stängeln und Wurzeln angeboten werden. Waldvogelfutter und Nigersaat sollten jederzeit auch gekeimt gereicht werden.

### Ausblick

Wie aus den Beschreibungen der verschiedensten Verpaarungen ersehen werden konnte, sind hier noch die überraschendsten Ergebnisse möglich. Diese Art der Mischlingszucht ist zu einem ständig wachsenden Zweig in der Kanarienliebhaberei geworden. Was außer den beschriebenen Verpaarungen in den vergangenen Jahren noch erfolgreich gekreuzt wurde, zeigt die nebenstehende Aufstellung.

**Weitere erfolgreiche Verpaarungen**

- Stieglitz × Hänfling
- Stieglitz × Erlenzeisig
- Stieglitz × Karmingimpel
- Grünfink × Erlenzeisig
- Grünfink × Wüstengimpel
- Erlenzeisig × Birkenzeisig (Foto Seite 73)
- Erlenzeisig × Stieglitz
- Erlenzeisig × Girlitz
- Erlenzeisig × Kapuzenzeisig
- Hänfling × Stieglitz
- Hänfling × Dompfaff
- Hänfling × Karmingimpel
- Chinagrünfink × Grünfink
- Himalayagrünfink × Grünfink
- Himalayagrünfink × Dompfaff
- Graukopfstieglitz × Himalayagrünfink
- Karmingimpel × Dompfaff
- Karmingimpel × Grünfink
- Mexikanischer Karmingimpel × Dompfaff
- Mexikanischer Karmingimpel × Grünfink
- Grauedelsänger × Grünfink
- Mosambikgirlitz × Grünfink
- Mosambikgirlitz × Dompfaff
- Mosambikgirlitz × Grauedelsänger
- Gelbbauchgirlitz × Mosambikgirlitz
- Kapuzenzeisig × Stieglitz
- Magellanzeisig × Stieglitz

## Die Bewertungsrichtlinien für Mischlinge

Alle Mischlinge werden nach den nationalen und internationalen **Schaurichtlinien** einheitlich mit maximal 100 Punkten bewertet.

**Standard und Bewertung für Mischlinge**

| Merkmal | Idealform | Punkte |
|---|---|---|
| Grundfarbe | Die Bewertung beginnt mit der Grundfarbe und Zeichnung. Die Grundfarbe ist Weiß, Gelb oder Rot oder Lipochrompastell von Gelb bis Rot. Wie bei den Farbenkanarien soll die Grundfarbe möglichst rein und gleichmäßig vorhanden sein. Die Zeichnungen des Wildvogels oder des Kanarienvogels oder eine Mischform der Zeichnungen sollen möglichst deutlich vorhanden sein, etwa eine Kopfplatte, Flügelbinden, Flügelspiegel, Zügel, Überaugstreif oder Kinnfleck. Besondere Farbspielarten der Melaninreihe wie Achat, Braun, Isabell, Melaninpastell, Opal und Satinet sind zu berücksichtigen. Ebenso werden in dieser Position die mehr oder weniger symmetrische Scheckenzeichnung und die Farbe einer evtl. vorhandenen Haube bewertet. Für Grundfarbe und Zeichnung bis 50 Punkte. | 50 |
| Gefieder | Das Gefieder soll glatt, anliegend und ohne Lücken sein. Der Schwanz wird geschlossen getragen und ist, je nach Eltern, schmaler oder breiter und mit mehr oder weniger deutlicher Kerbe. Die Qualität des Gefieders, auch das der Haube sind hierbei in Relation zur Gefiederstruktur des Wildvogels und der Kanarienrasse zu bewerten. Es gibt bis zu 15 Punkte für einwandfreie Gefiederbeschaffenheit. | 15 |
| Form | Die Form des Vogels wird mit bis zu 10 Punkten bewertet. Hierbei sind natürlich die Eltern mit ihren oft erheblich unterschiedlichen Figuren zu berücksichtigen. Die Mischlinge sollen eine möglichst harmonische Form besitzen. | 10 |
| Haltung und Abstammung | Ebenso wird und soll an der Haltung die Abstammung des Mischlings erkennbar sein. Auch soll der Vogel Schautraining zeigen, das heißt, nicht wild im Schaukäfig umhertoben. Für eine gute Haltung und vertrautes, lebhaftes Benehmen bekommt der Vogel ebenfalls bis zu 10 Punkte. | 10 |
| Gesamteindruck | Zum Schluss wird der Gesamteindruck des Vogels mit bis zu 15 Punkten beurteilt. Hierbei werden alle vorangegangenen Positionen nochmals berücksichtigt, ferner die Kondition und die Sauberkeit des Vogels wie des Schaukäfigs. | 15 |

Erlenzeisig (*Spinus spinus*) x Birkenzeisig (*Acanthis flammea*), Mischling, Männchen der $F_1$-Generation.

# Serviceseiten

## Fachwörterverzeichnis

*Albino* = ein Vogel mit totalem Farbstoffausfall, nicht nur im Gefieder, sondern auch in der Haut und in den Augen.

*Allel* = die einander entsprechenden Gene in einem normalen (doppelten) Chromosomensatz.

*Aufgehellte* = Vögel, denen sämtliche Melanine im Gefieder durch Mutation verlorengingen.

*autosomal* = freie, nicht geschlechtsgebundene Vererbung.

*A-Vögel* siehe intensiv und yellow.

*bereift* = ein Effekt, der durch die weißlichen Federsäume bei nicht intensiven B-Vögeln (Schimmel) auftritt.

*buff* = aus dem Englischen übernommene Bezeichnung für Vögel, deren Federn ausgeprägte, weißliche Säume haben. Da durch diese Federsäume das Gefieder in der Farbe matter erscheint, werden diese Vögel allgemein als nicht Intensive oder B-Vögel (Schimmel) bezeichnet.

*B-Vogel* siehe bereift, buff und nicht intensiv, schimmel.

*Canthaxanthin* = rotes Karotinoid.

*Chromosom* = fadenartige Gebilde (Kernschleife) im Zellkern, an dem die Gene (Träger der Erbanlagen) ihren Sitz haben.

*Consort* = der ungehäubte Partner eines gehäubten (Corona) Gloster Fancy Kanarienvogels.

*coppy* = altenglisch für Haube.

*Corona* = gehäubter Gloster Fancy Kanarienvogel (s. auch Consort).

*Crestbred* = ein nicht gehäubter, aber von einem Crested (gehäubten) abstammenden Vogel.

*Crested* = englische Bezeichnung für einen Haubenvogel.

*crossing over* = sich überkreuzende Cromosomenteile während der Reifeteilung der Keimzellen (s. auch Faktorenaustausch).

*Dimorphismus* = gleichzeitige Bestehen zweier Formen einer Tierart. Beim Kanarienvogel sind es Reste des Gefiederunterschiedes zwischen Männchen und Weibchen des Kanarengirlitzes und vor allem des Kapuzenzeisigs. Sie werden Geschlechtsdimorphismus genannt.

*domestiziert* = eine Vogelart wie der Kanarienvogel, der seit vielen Generationen von Menschen gezüchtet und in Farbe und/oder Form gegenüber dem Wildvogel verändert wird.

*dominant* = eine Erbeigenschaft, die sich stets sichtbar weitervererbt und alle anderen Erbfaktoren überdeckt, hier bei der Vererbung der Farben.

*Doppelfaktor* = von beiden Eltern wird der gleiche (Farb)faktor ererbt.

*Dunen* = die ersten, wolligen Federn bei Nestlingen und des Untergefieders bei erwachsenen Vögeln.

*Einfachfaktor* = wenn ein bestimmter (Farb)faktor nur von einem Elternteil ererbt wurde.

*Embryo* = der im Ei heranwachsende Vogel.

*Eumelanine* = die stäbchenförmigen Farbkörner von braun bis schwarz, die in den Federzellen eingelagert sind.

*Faktorenaustausch* = s. crossing over.

*Farbfutter* = rote Farbstoffe (Beta-Karotin, Canthaxanthin) im Futter oder Trinkwasser, mit deren Hilfe die gelbe bis rote Gefiederfarbe intensiviert werden kann.

Rechte Seite: Rotstirngirlitz x Kanarienvogel, schwarz rot schimmel, Männchen.

*Fettfarbe* = gelbe bis rote Grundfarbe, die der Vogel durch Aufnahme von Karotinoiden bildet.

*Flugfedern* = Schwingen und Schwanz eines Vogels.

*Gameten* = Geschlechtszellen, die von Männchen und Weibchen in einfacher Form zusammenkommen, um mit der Zygote (s. dort) den Beginn des neuen Lebewesens zu bilden.

*Ganzziehen* = das „Arbeiten" vieler Positurrassen. Sie nehmen dabei ihre typische Haltung ein und drücken die Beine gerade durch.

*Gene* = in den Chromosomen befindliche kleine Körper mit den Erbfaktoren.

*Genotyp* = Gesamtheit der Erbanlagen (sichtbare wie unsichtbare).

*Geschlechtsdimorphismus* = deutlich unterschiedliches Aussehen von Männchen und Weibchen.

*geschlechtsgebunden* = eine rezessive Vererbungsweise, bei der das Gen dafür in den Geschlechtschromosomen sitzt. Diese Art der Vererbung wird von der Mutter auf die Söhne weitergegeben.

*gezeichnet* = heller Vogel mit einem dunklen Fleck, oder ein dunkler Vogel mit einem hellen Fleck.

*Gonaden* = Keimdrüsen, sowohl Hoden der Männchen, wie Eierstöcke der Weibchen.

*Grundfarbe* = Weiß und Gelb bis Rot, an die alle anderen Farben angesetzt sind.

*heterozygot* = gemischterbig, in der Kanarienzüchtung ein in mehreren Farben spalterbiger Vogel.

*homozygot* = reinerbig.

*intensiv* = Federn, die keine oder nur schmale weißliche Säume tragen, lassen das Gefieder intensiver in der Farbe erscheinen. Darum werden Vögel mit solchem Gefieder als Intensive oder A-Vögel bezeichnet.

*intermediär* = ein Zwischenglied bildend, etwa der Schecke als Resultat aus einer Verpaarung Melaninvogel × Lipochromvogel.

*Inzucht* = die Verpaarung von Vögeln, die von naher Blutsverwandtschaft sind.

*Kanarienxanthophyll* = das kanariengelbe Karotinoid, das in den Federn von Stieglitz, Girlitz und besonders vom Kanarienvogel gefunden werden kann. Es ist ein Umwandlungsprodukt des Xantophylls, wie es auch bei anderen Finken vorkommt.

*Karotinoide* = fettlösliche Farbstoffe, die mit der Nahrung aufgenommen werden (s. auch Fettfarben und Lipochrome).

*Kollektion* = vier Vögel eines Züchters, die als Zuchtstamm gemeinsam bewertet werden sollen. Bei Gesangskanarien ist diese Bewertungsart üblich. Bei Farbenkanarien, Mischlingen und Wildvögeln können übereinstimmende Vögel auch als Kollektion ausgestellt werden.

*Kondition* = allgemeiner körperlicher Zustand des Vogels und die Beschaffenheit seines Gefieders.

*Kopulation* = Begattung, Paarung.

*Letalfaktor* = zwei Erbfaktoren treffen zusammen, die eine Lebensfähigkeit ausschließen (Haubenfaktor, Dominantweiße bei Kanarien). Die Jungen sterben vor dem Schlüpfen im Ei oder an den ersten Lebenstagen.

*Linienzucht* = Verpaarung verwandter Vögel miteinander, um im Stamm vorhandene, gewünschte Eigenschaften zu festigen.

*Lipochrome* = Fettfarben von gelb bis rot. Es sind fettlösliche Farbstoffe, die in Form von Karotinoiden mit der Nahrung aufgenommen werden (s. auch Karotinoide und Fettfarbe).

*Lipochromvögel* = werden alle Kanarienvögel genannt, denen Melanine im Gefieder fehlen, fälschlicherweise auch die Weißen, die keine oder kaum noch Lipochrome in ihrem Gefieder besitzen.

*Lutino* = wie Albino, doch bleibt die gelbe Grundfarbe erhalten.

*Mauser* = periodische Erneuerung des Gefieders.

*Melanine* = sämtliche unlöslichen Dunkelfarbstoffe von gelbbraun (beige) bis schwarz (s. auch Eumelanine und Phaeomelanine).

*Melaninvögel* = werden alle Kanarienvögel genannt, deren Gefieder Melanine enthalten.

*Mischling* = der Nachkomme aus einer Verpaarung zweier verschiedener Vogelarten oder zweier verschiedener Rassen einer Art.

*Mutation* = sprunghaft auftretende, erbliche Veränderung der Erbanlage, hier der Farbe oder der Form.

*nicht intensiv* = Bezeichnung des Gefieders, dessen Federn ausgeprägte weißliche Säume besitzen (s. auch buff oder schimmel).

*Phaeomelanine* = die rundlichen Farbkörner von gelbbraun (beige bis (rot)-braun, die in den Federzellen eingelagert sind.

*Phänotyp* = das Erscheinungsbild, im Gegensatz zu den nicht immer sichtbaren Erbanlagen des Genotyps.

*Pigmente* = sämtliche Farbstoffe, die in den Federzellen abgelagert werden, also die Melanine und die Lipochrome, im Gegensatz zu den Strukturfarben.

*Polymerie* = das Zusammenwirken mehrerer Gene zu einem Merkmal oder Erscheinungsbild hin.

*reinerbig* = ein Vogel, der Erbfaktoren für nur eine Farbe trägt.

*Repertoire* = Gesamtheit des Liedvortrags bei Gesangskanarien.

*rezessiv* = gegenüber dominanten Erbfaktoren zurücktretende Erbeigenschaften, die unsichtbar weitervererbt werden können, und erst sichtbar auftreten, wenn beide Elternvögel diese Eigenschaften (Farben) spalterbig in sich tragen.

*Rubino* = wie Albino, doch bleibt die rote Grundfarbe erhalten.

*Rückkreuzung* = die Verpaarung von Mutter und Sohn oder Vater und Tochter, um bestimmte Eigenschaften in einem Zuchtstamm zu festigen (s. Linienzucht).

*Schecken* = Vögel, bei denen ein teilweiser Ausfall von Melaninen helle Gefiederpartien entstehen lässt.

*schimmel* = nicht intensiv, B-Vogel.

*Selektion* = Auswahlzucht, um ein bestimmtes Zuchtziel zu erreichen.

*spalterbig* = der Vogel trägt einen Erbfaktor (rezessiv oder geschlechtsgebunden) verdeckt in seiner Erbmasse. In den Vererbungsregeln wird die Spalterbigkeit stets klein geschrieben und hinter einen Schrägstrich gesetzt.

*Stamm* siehe Zuchtstamm

*Strukturfarben* = Farben, die durch bestimmte Strukturen von Federzellen und der Lichtbrechung auf ihnen entstehen. Beim Kanarienvogel sind Strukturfarben in geringem Maße durch Mutationen (optischer Blaufaktor, Zitrongelbe, Opal-Kanarien) entstanden.

*Symmetrische Schecken* = Vögel, die auf beiden Körperseiten die gleichen Scheckenzeichnungen tragen.

*Teilmauser* = nur das Kleingefieder wird gewechselt, beim Kanarienvogel die Jugendmauser im Alter von 3 bis 6 Monaten.

*Verdünnter* = ein Vogel, der durch Mutation hellere Farben zeigt als ein normal gefärbter der gleichen Farbspielart. So ist Achat die Verdünnungsform von Schwarz, Isabell die Verdünnungsform von Braun.

*Vollmauser* = das gesamte Gefieder wird gewechselt (Flugfedern und Kleingefieder). Beim Kanarienvogel findet die erste Vollmauser im zweiten Lebensjahr und dann jährlich nach der Fortpflanzungszeit (postnuptial) statt.

*Wechselhecke* = eine Zuchtmethode, bei der ein Kanarienmännchen abwechselnd mit mehreren Weibchen verpaart wird.

*Xanthophyll* = gelbe bis gelbbraune Karotinoide, die aus Pflanzen stammen und von den Vögeln mit der Nahrung aufgenommen werden. Beim Kanarienvogel, den anderen Finken und manchen anderen Vögeln werden diese Karotinoide als Farbstoffe in die Federn eingelagert (s. auch Karotinoide, Fettfarbe, Kanarienxanthophyll und Lipochrome).

*X-Chromosom* = beim Männchen zweifach vorhandenes Geschlechtschromosom, an dem die Gene für eine geschlechtsgebundene Vererbung ihren Sitz haben. Weibchen besitzen nur ein X-Chromosom und können darum auch nicht spalterbig in einer geschlechtsgebundenen Farbe oder Eigenschaft sein.

*Y-Chromosom* = das zweite, beim Weibchenn vorhandene Geschlechtschromosom trägt (wahrscheinlich) keinerlei Erbfaktoren für Farbe und andere Eigenschaften, sondern ist nur für die Geschlechtsgebung des Nachwuchses zuständig. Trifft das Y-Chromosom des Weibchens auf ein X-Chromosom des Männchens, wird das Junge ein Weibchen. Verbinden sich dagegen je ein X-Chromosom vom Weibchen und vom Männchen miteinander, wird das Junge ein Männchen.

*yellow* = aus dem Englischen übernommene Bezeichnung für Vögel, deren Federn kaum oder keine hellen Säume haben. Dadurch kommt die Gefiederfarbe intensiv zur Geltung. Diese Intensiven werden auch A-Vögel genannt.

*Zuchtstamm* = eine Anzahl mehr oder weniger miteinander verwandter Vögel eines Liebhabers mit wünschenswerten Eigenschaften, mit denen Linien- und/oder Selektivzucht betrieben wird.

*Zygote* = befruchtete Eizelle

# Vereine und Fachzeitschriften

## Vereine

Als Kanarienliebhaber werden Sie vielleicht den Wunsch haben, mit anderen Freunden dieser beliebten Vögel Meinungsaustausch zu haben, vielleicht Rat suchen oder Tiere zu erwerben. Dann suchen Sie vielleicht nach einem Vogelliebhaberverein in Ihrer Stadt oder in der Umgebung Ihres Wohnortes. Oft bleiben solche Bemühungen ergebnislos, da die Vereine nicht im Telefonbuch stehen und meistens nicht sehr bekannt sind. Hier werden Ihnen die Anschriften der großen Züchterverbände und der Fachzeitschriften gegeben. Hier ihre Anschriften:

**Vereinigung für Artenschutz, Vogelhaltung und Vogelzucht (AZ) e. V.** Geschäftsstelle: Helmut Uebele, Postfach 1168, 7150 Backnang. Tel. (07191) 82439, Mo. 8 bis 12 und 13 bis 20 Uhr, Di. bis Fr. 8 bis 12 Uhr, Fax (07191) 85957. Die AZ hat etwa 25000 Mitglieder und fast 400 Orstgruppen in vielen Städten des gesamten Bundesgebietes. Im Herbst veranstalten die meisten Ortsgruppen ihre Vogelschauen. Außerdem werden dann die Landesschauen und, Anfang Dezember, die AZ-Bundesschau durchgeführt.

**AZ-Nachrichten** (AZN) ist das monatlich erscheinende Organ der „Vereinigung für Artenschutz, Vogelhaltung und Vogelzucht (AZ) e.V. Es wird allen AZ-Mitgliedern kostenlos zugesandt. In jedem Heft befinden sich interessante Fachbeiträge zur Vogelhaltung, auch mindestens einer, der Kanarien zum Thema hat. Außerdem finden sich darin immer zahlreiche Verkaufsanzeigen für Vögel.

**Deutscher Kanarien- und Vogelzüchter-Bund (DKB) e. V.**, Bundesgeschäftsführer: Dieter Wirges, Oberdorf 19, 64572 Büttelborn, Tel. 06152 – 927851, Fax 06152 – 911582. Im DKB sind viele Vogelliebhabervereine, vor allem Kanarienzuchtvereine, mit ihren rund 15000 Mitgliedern organisiert. Diese veranstalten überall lokale und regionale Vogelschauen. Im Januar wird die Deutsche Meisterschaft des DKB durchgeführt.

**Vogelfreund** heißt die Zeitschrift, die über Haltung und Zucht des Kanarienvogels und aller anderen exotischen und heimischen Vögel und den Vogelschutz berichtet. Diese Zeitschrift ist das Fachorgan des Deutschen Kanarien- und Vogelzüchter-Bundes, kann aber auch beim Hanke-Verlag GmbH abonniert werden. Sie erscheint monatlich. Geschäftsführer: Hans Kalis, Redaktion: Friedhelm Messow. Amrichshäuser Str. 88, 74653 Künzelsau, Tel. (07940) 544454, Fax. (07940) 544440

**Vereinigung Ziergeflügel- und Exotenzüchter (VZE) e.V.**, Geschäftsstelle der VZE e.V. Bärbel Graul, Bornaische Straße 210, 04279 Leipzig, Tel. (0341) 3332242, Fax (0341) 3332237. Der VZE gehören mehr als 200 Vogelliebhabervereine und an die 2000 Einzelmitglieder an. Die angeschlossenen Vereine veranstalten lokale und regionale Vogelschauen und als Höhepunkt findet jeden Herbst die VZE-Bundesausstellung statt.

**VZE Vogelwelt** ist die Monatszeitschrift die den Mitgliedern der Vereinigung Ziergeflügel- und Exotenzüchter (VZE) e. V. kostenlos zugestellt wird. Redakteur: Hans-Joachim Wöhrmann, Spreeaue 14, 03130 Spremberg, Tel. 03563 – 96823, Fax 03563 – 96550. Diese Zeitschrift bringt Beiträge aus allen Bereichen der Vogelhaltung und -zucht sowie Verkaufangebote unter der Rubrik „Vogelmarkt".

Österreichischer Kanarienzüchter und Vogelliebhaber-Bund, ÖKB von 1929, ÖKB-Redaktion: Michael Gandler, Judenwiese 2a, A-6230 Brixlegg.

**EXOTIS, Schweizerischer Verband für Zucht und Pflege exotischer Vögel**, Verbandspräsident Walter Mägerli, Schmittenackerstrasse 19, CH-4448 Laufelfingen, Tel. 0622991870.

Organ: **Gefiederter Freund**, Redaktion Markus Lüscher, Kestenholzerstr. 6, CH-4628 Wolfwil, Telefon: 056 4646156. Der GF erscheint monatlich für Mitglieder und Abonnenten.

**Ziervögel Schweiz**, Schweizerischer Verband für Vogelhaltung, Vogelzucht und Artenschutz. Servicecenter Ziervögel Schweiz, Postfach 326, CH-4563 Gerlafingen, Tel. 0326744289, Fax 0326753526, E-Mail: heinz.stephani@ordisa.ch

## Fachzeitschriften

Aktuelles aus der Vogelwelt ist eine Vereins- und verbandsunabhängige Fachzeitschrift für Vogelliebhaber und Freunde der Natur. Es gibt sie seit 20 Jahren in Österreich und bringt stets interessante Beiträge aus allen Bereichen der Vogelkunde einschließlich der Vogelhaltung und Vogelzucht. Ferner gibt es Nachrichten darüber, was sich im österreichischen Vereinsleben tut incl. Termine. Redaktion: Michael Geistlinger, Silberhofweg 468, A-8121 Deutschfeistritz, Telefon+Fax 03127 – 40982.

Die **Gefiederte Welt** & Die Voliere, Redaktion: Dietmar Schmidt, Aspacher Straße 15 A, 71522 Backnang,

Die GW erscheint monatlich im Verlag Eugen Ulmer, Wollgrasweg 41, 7000 Stuttgart 70, Tel. (0711) 45070, Fax (0711) 4507120. Diese Fachzeitschrift mit 140jähriger Tradition enthält stets interessante Beiträge und Fotos aus allen Bereichen der Ornithologie, der Vogelpflege, Haltung und Zucht sowie Hinweise auf Vögel, die von Züchtern abgegeben werden.

**Tierwelt** ist eine Zeitschrift in der Schweiz, die aus allen Bereichen der Tierwelt Beiträge, auch über Haltung und Zucht bringt. Die Seiten Vogelhaltung – Vogelzucht betreut Redakteur Lukas Kuhn, Sandgrubenstrasse 20, CH-8330 Pfäffikon, Telefon: 0786764241.

## Literatur


Horst Bielfeld: Zeisige , Girlitze, Gimpel und Kernbeißer. Verlag Eugen Ulmer, Stuttgart 2003.

Hans Claßen: Kanarien. Verlag Eugen Ulmer, Stuttgart 2001.

Franz Robiller: Das große Lexikon der Vogelpflege. Verlag Eugen Ulmer, Stuttgart 2003.

Franz Robiller: Vogelheime, Volieren und Teiche. Verlag Eugen Ulmer, Stuttgart 2007.

Klaus Speicher: Kanarien. Verlag Eugen Ulmer, Stuttgart, 1993.


## Register

## Bildquellen

### Zeichnungen

Rainer Benz, Stuttgart: Seite 16 oben links, 16 oben rechts, 16 unten, 18 unten, 18 oben, 20, 21, 22, 23, 28 oben, 28 unten, 30 links, 30 rechts, 31, 33, 34, 36, 39, 40 oben, 40 unten, 41, 57, 58, 108
Christiane Gottschlich, Berlin: Seite 65
S. Witzig: Seite 47

### Fotos

Hans Claßen: Seite 10, 52
Regina Kuhn: Seite 24, 25, 43, 46, 50, 54 links, 54 rechts, 67
ROCHER/ARIOKO: Titelfoto und Seite 3 (97), 75
Horst Bielfeld: Seite 1, 7, 9, 13, 15, 23, 48, 51, 57, 59 oben links, 59 oben rechts, 59 unten, 63, 69, 73, 76, 79 links, 79 rechts, 81 links, 81 rechts, 83 links, 83 rechts, 85 links, 85 rechts, 86, 87 links, 87 rechts, 89 oben, 89 unten, 93 oben links, 93 oben rechts, 93 unten, 94, 95, 98, 100, 101, 102, 103, 104, 107, 113, 115, 117, 121, 122, 127, 129, 131, 135 links, 135 rechts, 137, 138, 142, 144 oben, 144 unten, 149 links, 149 rechts, 152, 155, 156, 159, 161, 167, 169, 173, 175

### Haftungsausschluss

## Impressum

**Bibliografische Information der Deutschen Nationalbibliothek**
Die Deutsche Nationalbibliothek verzeichnet diese Publikation in der Deutschen Nationalbibliografie; detaillierte bibliografische Daten sind im Internet über http://dnb.d-nb.de abrufbar.


Wollgrasweg 41, 70599 Stuttgart (Hohenheim)
E-Mail: info@ulmer.de
Internet: www.ulmer.de
Lektorat: Dr. Eva-Maria Götz
Herstellung: Ulla Stammel
Umschlagentwurf: red.sign, Anette Vogt, Stuttgart
Satz: r&p digitale medien, Leinfelden-Echterdingen
Druck und Bindung: Firmengruppe APPl, aprinta druck, Wemding
Printed in Germany

**ISBN 978-3-8001-5660-3**

# Für alle Vogelfreunde

- für drinnen und draußen
- ausführliche Anleitungen
- aufschlussreiche Illustrationen

Wohlfühlwohnungen für Vogel und Mensch. Von der **Vogelstube** bis zur **Gartenvoliere** und zum Teich - dieses Buch beschreibt die vielen Möglichkeiten im Haus und darum herum, den verschiedensten Vogelgruppen ihrer Art entsprechende, **zweckmäßige** und **ästhetische Unterkünfte** zu gestalten. Die einzelnen Varianten werden detailliert geschildert und **Pläne, Bauanleitungen, Empfehlungen** für **Materialien** sowie das gesamte Management der Anlagen gegeben.

**Vogelheime, Volieren und Teiche.**

F. Robiller. 2007. 220 S., 63 Farbf., 136 Zeichn., 23 Tab., geb.

ISBN 978-3-8001-4930-8

- klar und übersichtlich gegliedert.
- Haltung und Pflege
- richtige Ernährung
- Krankheiten und Zucht
- Arten und Unterarten im Porträt

**Exotische Vögel** aus den Familien der **Zeisige** und **Girlitze**, der **Gimpelartigen** und der **Kernbeißer** sind liebenswerte und interessante Pfleglinge. Nicht übermäßig anspruchsvoll, doch abwechslungsreich in Zeichnung und Färbung, spannend zu beobachten und zum Teil äußerst gesangsbegabt. Wo diese Vögel herkommen, ihre **besonderen Eigenschaften** und wie sie **artgerecht gepflegt** und **gezüchtet** werden können, erfahren Sie in diesem Buch.

**Zeisige, Girlitze, Gimpel und Kernbeißer.**

Herkunft, Pflege, Arten. H. Bielfeld. 2003.

175 S., 82 Farbf., 34 Zeichn., 37 Verbreit.-Karten, geb.

ISBN 978-3-8001-3675-9

Ulmer www.ulmer.de